Optimierung mechanischer Strukturen

Vorwort

Dieses Buch ist aus Vorlesungen entstanden, die ich an der Universität Siegen, an der Technischen Universität Darmstadt, der Hochschule für Angewandte Wissenschaften Hamburg und der Bergischen Universität Wuppertal halte bzw. gehalten habe.

Das Buch ist geschrieben für Studierende sowie Ingenieure und Ingenieurinnen, welche die mathematischen Optimierungsverfahren für ihre Entwicklungsaufgaben einsetzen wollen. Hierzu bietet das Buch vertiefte Kenntnisse. Es hilft bei der Auswahl geeigneter Vorgehensweisen und Algorithmen. Nach dem Studium dieses Buches sollte die Einarbeitung in die unterschiedliche Software zur Optimierung kein Problem bereiten.

Die behandelten Methoden der Strukturoptimierung, die in einigen Industriebereichen bereits erfolgreich zum Einsatz kommen, werden in den nächsten Jahren auch auf andere Industriebereiche übertragen werden. Ich hoffe, dass die Leser und Leserinnen dieses Buchs mit den erlernten Fähigkeiten hierzu einen aktiven Beitrag leisten können.

Die meisten der vorgestellten Anwendungsbeispiele sind Standardaufgaben aus der Industrie, hauptsächlich aus dem Luftfahrt- und Automobilbereich. Sie sind so aufbereitet, dass die Leser und Leserinnen das daraus Gelernte auf Ihre eigene Optimierungsaufgabe übertragen können. Mit den zusammengestellten Übungsaufgaben kann das Gelernte an überschaubaren Beispielen vertieft werden. Die Bearbeitung komplexerer Optimierungsaufgaben bedarf mehr Vorbereitungszeit und sollte an den speziellen Anwendungen im Rahmen Ihrer eigenen Entwicklungsprojekte bzw. in Ihren Studien-, Diplom-, und Doktorarbeiten erfolgen.

Grundvoraussetzung für den erfolgreichen Einsatz der Strukturoptimierung ist die Analyse des Umfelds. Hilfestellungen dazu werden in Kapitel 2 gegeben. Bereits in der Industrie tätigen Ingenieuren und Ingenieurinnen wird der Inhalt sehr vertraut sein, weil sie sich täglich in dieser Umgebung bewegen. Wichtig erscheint mir Kapitel 2 aber zum „Abholen" der Studierenden und der Forscher/-innen außerhalb der Produktentwicklungsbereiche der Industrie.

Am Ende der einzelnen Kapitel finden Sie Übungsaufgaben, deren Lösungen im Anhang skizziert sind. Für die Bearbeitung dieser Aufgaben benötigen Sie unterschiedliche Hilfsmittel, welche in der Aufgabenstellung genannt werden. Die mit „H" gekennzeichneten Aufgaben sind mit Handrechnungen oder Computerprogrammen wie MS-Excel zu lösen. Für die Lösung der mit „FE" gekennzeichneten Aufgabe wird ein *Finite Elemente*

V

Programm benötigt. Viele Software-Hersteller bieten preiswerte oder kostenneutrale Versionen an, die meistens in der Anzahl der Knoten und Elemente eingeschränkt sind. Diese Versionen reichen aber für die Übungsaufgaben völlig aus. Zur Lösung der mit „OPT" gekennzeichneten Aufgaben ist ein Optimierungsprogrammsystem erforderlich. Für die Bearbeitung der mit „TOP" gekennzeichneten Aufgaben benötigen Sie spezielle Software zur Topologieoptimierung. In Ihrer Umgebung, sei es am Arbeitsplatz, an der Hochschule oder bei Ihnen zu Hause existiert in der Regel bereits Software zur Strukturberechnung bzw. Strukturoptimierung. Es bietet sich an, diese Software für die in diesem Buch behandelten Optimierungsaufgaben zu verwenden. Deshalb habe ich auf die Empfehlung spezieller Software verzichtet. Im Anhang finden Sie aber eine Liste der gängigen Software und die zugehörigen Vertreiberadressen und Homepages.

Optimierung ist eine Philosophie. In unserem täglichen Tun streben wir nach mehr Anerkennung, mehr Erlebnissen, mehr Geld und mehr Freizeit. Das sind alles Zielfunktionen, die wir miteinander in Einklang bringen (müssen). Optimierung mechanischer Strukturen ist ebenfalls eine Philosophie, wenn auch mit speziellerem Fokus. Ich hoffe, Sie mit diesem Buch, mit meiner Begeisterung für die mathematische Optimierung anstecken zu können. Ich hoffe aber auch, dass ich Ihnen mit diesem Buch wichtige Grundlagen liefere, die Ihre tägliche Arbeit vereinfacht.

Viele Anwendungen sind im Rahmen von Forschungsprojekten der DFG und des BMBF sowie während meiner Tätigkeit bei der Adam Opel AG entstanden. An dieser Stelle möchte ich mich bei meinen Kolleginnen und Kollegen für ihre Unterstützung herzlich bedanken. Ganz besonders möchte ich Prof. Dr. Marion Bartsch, Prof. Dr. Klaus Bellendir, Roland Hierold und Prof. Dr. Lothar Harzheim für die vielen Diskussionen und Hilfestellungen während der Entstehung der ersten Auflage des Buches im Jahre 2005 danken.

Die vorliegende zweite Auflage habe ich korrigiert, aktualisiert und leicht erweitert. Basis hierzu waren die zahlreichen Gespräche mit Studierenden und Partnern in Forschungs- und Industrieprojekten. Mein aufrichtiger Dank gilt auch den vielen Leserinnen und Lesern, die mich durch Ihre Zuschriften sehr unterstützt haben.

Wuppertal, Frühjahr 2013   Axel Schumacher

Inhaltsverzeichnis

Einführung

1

Bei der Konstruktion, bei jeder Entwicklung und bei jeder Handlung geht es immer darum, das Beste „herauszuholen". Doch was ist das Beste? Wie findet man es? Woher weiß man, dass die gefundene Lösung die Beste ist? Mit diesen Fragestellungen sind fast alle Menschen beschäftigt. Sei es bei der Suche nach dem schnellsten Weg ins Kino, bei der Jobsuche oder beim Bau einer Holzbrücke in einem Freizeitcamp. Oft ist es gar nicht mal die Tiefe der mathematischen Kenntnisse, sondern Intuition mit entsprechender Kreativität, die bei der Lösung von Optimierungsaufgaben entscheidend ist. Was damit gemeint ist, soll ein Beispiel aus einer Studie zur Didaktik der Mathematik in einer 9. Klasse (Danckwerts 1997) illustrieren:

Stellen Sie sich vor, Sie haben einen Bindfaden, knoten beide Enden zusammen und spannen dann mit Ihren Händen ein Rechteck auf, welches Sie variieren können. Dabei ändert sich der Umfang des Rechtecks nicht, wohl aber seine Fläche. Bei welchen Abmaßen wird der Flächeninhalt am größten sein? Vielleicht vermuten Sie so schnell wie viele Schüler, dass der Inhalt am größten sein wird, wenn alle Seiten gleich lang sind, also ein Quadrat vorliegt. Das ist richtig: Unter allen umfangsgleichen Rechtecken hat das Quadrat den größten Inhalt. Aber: Wie ist das schlüssig zu begründen? Oder anders, wie kann man jemanden davon überzeugen, dass es so sein muss? Hier die Annäherung einer Schülerin der 9. Klasse an die Aufgabe am Beispiel eines Rechtecks mit dem Umfang von 40 cm: „Ich glaube, dass es ein Quadrat sein muss." Auf die Frage, warum sie sich so sicher sei, argumentiert sie: „Das Quadrat hat die Seitenlänge 10 cm und den Inhalt 100 cm^2. Wenn ich an der einen Seite etwas wackele, sagen wir, sie um 2 mm verlängere, muss ich die andere Seite um 2 mm verkürzen. Das entsprechende Rechteck hätte dann die Fläche (10 + 0,2) mal (10 − 0,2) gleich $10^2 - 0,2^2$ und wäre damit kleiner als das Quadrat. So kann ich das mit jeder Abweichung machen. Also ist das Quadrat am größten". Beeindruckend, wie sie ohne Kenntnis der Begriffe „Zielfunktion", „Ableitung" usw. von der Lösung aus argumentiert hat.

Auch die Anwendung der mathematischen Werkzeuge zur Optimierung erfordert manchmal Kreativität, die man neben dem Kenntnisgewinn trainieren muss.

A. Schumacher, *Optimierung mechanischer Strukturen*,
DOI: 10.1007/978-3-642-34700-9_1, © Springer-Verlag Berlin Heidelberg 2013

1.1   Strukturoptimierung als Entwicklungswerkzeug

Die Strukturoptimierung ist als Entwicklungswerkzeug zu verstehen. Überall dort, wo Verbesserungspotenzial besteht, kann die Optimierung eingesetzt werden. Ein kleines Rechenbeispiel soll das Potenzial der Strukturoptimierung verdeutlichen: Schafft man es durch Optimierungen beispielsweise das Gewicht von Fahrzeugen zu senken, sodass der Kraftstoffverbrauch um 1 % sinkt, so hat man allein in Deutschland bei 30 Millionen Fahrzeugen mit einer Laufleistung von jeweils 15.000 km pro Jahr und einem durchschnittlichen Verbrauch von 10 Liter auf 100 km eine Ersparnis von 450.000.000 Liter pro Jahr; das sind mindestens 15.000 Tanklastwagenfahrten weniger.

Die beiden folgenden Aufgabenformulierungen sind typisch in der Strukturoptimierung:

1. Minimiere das Gewicht einer Tragstruktur, sodass die zulässigen Spannungen und eine bestimmte Verformung nicht überschritten werden.
2. Maximiere die erste Eigenfrequenz, sodass das Gewicht gleich dem der Ausgangsstruktur ist und höhere Eigenfrequenzen nicht verringert werden.

Für Strukturoptimierungen braucht man ein Modell des mechanischen Verhaltens. Dieses Modell, im Folgenden *Analysemodell* genannt, ist zentraler Bestandteil der Optimierungsrechnung. Nur mit einem verifizierten *Analysemodell* wird eine Optimierungsrechnung erfolgreich sein. Die Strukturanalyse kann auf unterschiedlichen Methoden beruhen. Für einfache Aufgabenstellungen genügen analytische Ansätze. In der Regel werden numerische Methoden eingesetzt, wie z. B. die *Methode der Finiten Elemente*. Ein Analysemodell kann aber auch aus einer aus vorhandenen Datenpunkten aufgebauter Approximation bestehen.

Allgemein gesprochen, ist es das Ziel der Strukturoptimierung, die Bauteileigenschaften hinsichtlich der gegebenen Anforderungen zu verbessern. Die Definition dieser Anforderungen ist die erste Aufgabe bei einer Strukturoptimierung. Die Fragestellungen lauten:

- Was ist die Zielsetzung der Optimierung? Kann man für die Aufgabe Zielfunktionen definieren, die abhängig von den Einflussgrößen, den sog. Entwurfsvariablen, sind?

Abb. 1.1 Optimierungsschleife

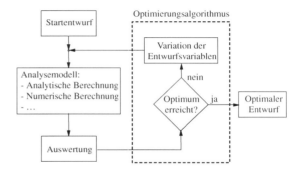

- Welche Nebenbedingungen (Restriktionen) können definiert werden? Sind diese Restriktionen ebenfalls von den Entwurfsvariablen abhängig?

Die zweite Aufgabe ist die Definition der Entwurfsvariablen. Es stellen sich folgende Fragen:

- Welche Größen im *Analysemodell* der Bauteilstruktur können verändert werden?
- Von welchen Größen kann welcher Einfluss auf das Bauteilverhalten erwartet werden?

1.2   Aufbau einer Optimierungsprozedur

Nach einer Definition der Ziele wird nun der prinzipielle Aufbau einer Optimierungsprozedur beschrieben. Kern der Prozedur ist die Kopplung des Analysemodells mit einem Optimierungsalgorithmus, welcher die Entwurfsvariablen so verändert, dass die Bauteilstruktur verbessert wird. In Abb. 1.1 ist ein einfacher Optimierungsprozess skizziert. Mit den Werten der Entwurfsvariablen aus dem Startentwurf wird die Aufgabe analysiert und ausgewertet. Der Optimierungsalgorithmus verbessert die Bauteilstruktur. Die skizzierte Schleife wird so lange durchlaufen, bis das Optimum (noch genauer zu spezifizieren) erreicht ist.

Die Optimierung realer Bauteile erfordert modular aufgebaute Optimierungsprogrammsysteme, in denen unterschiedliche *Analysemodelle* integriert werden können. Die eingesetzten Optimierungsverfahren müssen der angestrebten Bearbeitung von Konstruktionsaufgaben in Teams (z. B. Team 1 für die statische Dimensionierung und Team 2 für die Crash-Auslegung eines Fahrzeugs) gerecht werden. Außerdem ist zu berücksichtigen, dass die Arbeiten auf unterschiedlichen Detaillierungsebenen erfolgen. So werden beispielsweise auf der Ebene der Konzeptfindung andere Ziele verfolgt als auf der Ebene der Detailoptimierung von Komponenten. Diese zum Teil gegenläufigen Ziele sind Bestandteil eines guten Optimierungsprozesses.

Mit Hilfe von mathematischen Optimierungsalgorithmen soll der Prozess der Strukturverbesserung effektiver gestaltet werden. Neben der Erhöhung der Effektivität wird man zu Ergebnissen kommen, die man „von Hand" nicht erreichen würde. Die Aufgaben erstrecken sich von der optimalen Abstimmung von Wanddicken bis zur Generierung neuer Konstruktionsideen. Es ist jedoch utopisch, beispielsweise den kompletten Entwicklungsprozess eines Fahrzeugs mithilfe der mathematischen Optimierung durchführen zu wollen. Mathematische Optimierungsverfahren sollen hingegen Hilfsmittel für die tägliche Arbeit der Ingenieure und Ingenieurinnen sein.

1.3   Klassifizierung der Strukturoptimierungsaufgaben

Strukturoptimierungsaufgaben werden nach der Art der Entwurfsvariablen unterteilt, weil danach auch die anzuwendenden Lösungsstrategien auszuwählen sind (Schmidt und Mallet 1963) (Abb. 1.2):

Wahl der Bauweise:

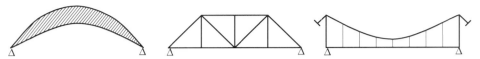

Wahl der Materialeigenschaften:

Aluminium   **Stahl**   **Verbundwerkstoffe**

Topologieoptimierung:

Formoptimierung:

Dimensionierung:

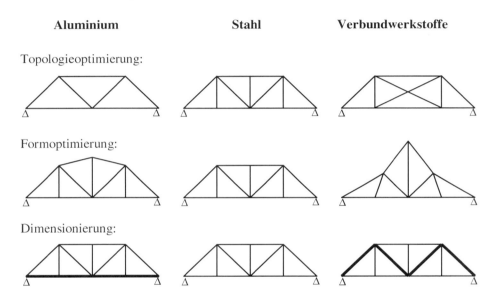

Abb. 1.2 Klassifizierung von Strukturoptimierungsaufgaben nach der Art der Entwurfsvariablen

- Dimensionierung: Wanddicken und Querschnittsgrößen sind die am einfachsten zu behandelnden Entwurfsvariablen.
- Formoptimierung: Die Entwurfsvariablen beschreiben die Form des Bauteilrandes. Es kann die Geometrie des Bauteils verändert werden. Das Einbringen neuer Strukturelemente wie Hohlräume und Streben ist dabei ausgeschlossen.
- Topologieoptimierung: Die Entwurfsvariablen beschreiben die Lage und Anordnung von Strukturelementen.
- Wahl der Materialeigenschaften (z. B. Stahl, Aluminium, Magnesium, Verbundwerkstoffe).
- Wahl der Bauweise: Es ist zu entscheiden, ob z. B. ein Vollwandträger, eine fachwerkartige Struktur oder eine Verbundstruktur eingesetzt werden soll.

1.4   Erstellung von Spezifikationslisten

Die Optimierungsaufgabe muss möglichst genau definiert sein. Das Hilfsmittel zur Definition ist die *Spezifikationsliste*. Sie soll die vorhandenen Möglichkeiten zur Veränderung der Struktur (Entwurfsvariablen), die Anforderungen an das Bauteil (Ziel- und Restriktionsfunktionen) und die zu berücksichtigenden Lastfälle enthalten. Die *Spezifikationsliste* muss von allen beteiligten Fachabteilungen (Disziplinen) erstellt werden. Fehlen eine oder mehrere Anforderungen in der *Spezifikationsliste*, kann man davon ausgehen, dass ein Optimierungsalgorithmus einen optimalen Entwurf findet, der diese Anforderungen nicht erfüllt. Das gilt für Restriktionsfunktionen und Lastfälle gleichermaßen. Die Aufgaben 1.1 und 1.2 am Ende dieses Kapitels üben das Aufstellen von für konkrete Anwendungen. Lösungen finden sich im Anhang A.1.

1.5   Hinweise zum Analysemodell

Die Angaben der Spezifikationsliste dienen u. a. zur Erstellung des *Analysemodells*. In der Regel haben wir es mit Analysemodellen zu tun, die Ergebnisse nur für einzelne Entwürfe ermitteln. Um den Entwurfsraum abtasten zu können, muss das *Analysemodell* automatisch veränderbar sein. Diese Veränderung wird auf der Eingabeseite mit den Entwurfsvariablen gesteuert. Auf der Ausgabeseite müssen Zahlenwerte ausgelesen werden können, mit denen die Ziel- und Restriktionsfunktionen auszuwerten sind. Die Eingaben und Ausgaben des *Analysemodells* erfolgen also mit veränderlichen Zahlen, den *Parametern*. Ist dies nicht unmittelbar möglich, so muss das *Analysemodell parametrisiert* werden, d. h. das *Analysemodell* muss so aufgebaut werden, dass es mit *Parametern* gesteuert werden kann. Nur so kann ein universell arbeitender Optimierungsalgorithmus auf spezielle Aufgabe angewendet werden.

Das *Analysemodell* beinhaltet in der Regel ein *Finite Elemente Modell*. Eventuell sind Zusatzprogramme, wie z. B. Verfahren zur Strömungsberechnung, zur Betriebsfestigkeitsrechnung oder zur Fertigungssimulation, zu integrieren. Außerdem sind die Materialdaten und Lastfälle zu bestimmen (Welche Lastfälle sind zu berücksichtigen? Wie müssen diese Lastfälle kombiniert werden?).

In die *Finite Elemente Programme* haben die Software-Hersteller einfache Verfahren zur Simulation verschiedener Zusatzeffekte (z. B. Akustik und Aeroelastik) integriert, mit denen die Wechselwirkungen dieser Effekte mit der Strukturmechanik beschrieben werden. Sind allerdings genauere Verfahren (z. B. zur Strömungsberechnung) erforderlich oder werden Verfahren benötigt, die noch nicht standardmäßig gekoppelt sind, so muss der/die Benutzer/-in die Kopplung der Verfahren selbst vornehmen, was sehr aufwendig sein kann.

1.6 Wesentliche Begriffe der Strukturoptimierung

Im Folgenden sind die wichtigsten Begriffe der Strukturoptimierung definiert:

Optimierungsalgorithmus	Mathematisches Verfahren zu Minimierung einer Zielfunktion mit/ohne Berücksichtigung von Restriktionen
Optimierungsverfahren	Zusammenstellung der Optimierungsansätze und Optimierungsalgorithmen zur Lösung von Optimierungsaufgaben
Optimierungsprozedur	Software zur Behandlung einer Optimierungsaufgabe
Optimierungsstrategie	Vorgehensweise zur Reduktion komplexer Optimierungsaufgaben auf einfache Ersatzprobleme, die mit einem Optimierungsal-gorithmus zu lösen sind
Zielfunktion(en)	Mathematische Formulierung eines oder mehrerer Konstruktions- bzw. Auslegungsziele
Restriktionen	Mathematisch formulierte Forderungen an die Konstruktion (einzuhaltende Bedingungen)
Analysemodelle	Mathematische Beschreibung der Modelleigenschaften (In der Strukturmechanik ist es das Strukturmodell, allgemein kann es auch als Simulationsmodell bezeichnet werden.)
Zustandsvariablen	Antworten des Analyse- bzw. Simulationsmodells
Entwurfsvariablen	zu variierende Konstruktionsgrößen
Entwurfsraum	Bereich, in dem die Optimierung durchgeführt werden soll. Er wird in der Regel durch die Festlegung der unteren und oberen Grenzen der Entwurfsvariablen festgelegt
Startentwurf	Startwerte der Entwurfsvariablen

Folgende bildliche Vorstellung wird das Verstehen der Vorgehensweisen der in diesem Buch vorgestellten Optimierungsalgorithmen vereinfachen: Wir stellen uns einen blinden Bergwanderer in einem hügligen Gelände vor (Vanderplaats 1984). Er friert und will zu tiefsten Punkt mit dem Wissen, dass es dort wärmer ist. Er muss irgendwie den Weg nach unten finden. Dabei trifft er eventuell auf unüberwindbare Zäune, den Restriktionen. Zielfunktion ist die Minimierung der topographischen Höhe. Die beiden Entwurfsvariablen Längen- und Breitengrad.

1.7 Übungsaufgabe

Aufgabe 1.1 Spezifikationsliste für eine Antriebswelle
Erstellen Sie eine Spezifikationsliste für die Auslegung einer Antriebswelle. Berücksichtigen Sie dabei folgende Fragestellungen:

a) Welche Entwurfsvariablen kommen infrage?

b) Welche Ziel- und Restriktionsfunktionen sind bei der Auslegung einer Antriebswelle zu berücksichtigen?

c) Welche Rechnungen sind erforderlich?

Aufgabe 1.2 Spezifikationsliste für den Flügel eines Flugzeugs

Erstellen Sie eine Spezifikationsliste für die Konzeption und die erste Optimierung des Flügels eines Verkehrsflugzeugs. Berücksichtigen Sie dabei folgende Fragestellungen:

a) Welche Entwurfsvariablen kommen infrage?

b) Welche Ziel- und Restriktionsfunktionen sind bei der Auslegung eines Flügels zu berücksichtigen?

c) Welche Simulationsrechnungen sind erforderlich?

Literatur

Dankwerts R (1997) Was ist am Mathematikunterricht allgemeinbildend? Uni Siegen aktuell 1, Universität Siegen

Schmit LA, Mallet RH (1963) Structural synthesis and design parameters. Hier J Struct Div Proc Am Soc Civ Eng 89(4):269–299

Vanderplaats GN (1984) Numerical optimization techniques for engineering design: with applications. McGraw-Hill, New York

Grundwissen zur Entwicklung mechanischer Systeme

2

Die effiziente Anwendung von Verfahren der Strukturoptimierung erfordert die Kenntnis des eigenen Handlungsrahmens im Produktentwicklungsprozess. Um diesen abzuschätzen, sind Grundkenntnisse der Konstruktionsprinzipen, der Verfahren der Strukturanalyse und des Produktentwicklungsprozesses selbst notwendig. Werden die Rahmenbedingungen nicht berücksichtigt, lässt sich ein Optimierungsergebnis nicht in ein Produkt umsetzen. Dieses Kapitel umreißt das notwendige Basiswissen zur Abschätzung des eigenen Handlungsrahmens.

2.1 Konstruktionsprinzipien

Die häufigste Aufgabenstellung in der Strukturoptimierung ist eine Gewichtsminimierung unter Beachtung bestimmter Restriktionen, wie Festigkeit und Steifigkeit. In diesem Abschnitt werden einige Konstruktionsprinzipien des Leichtbaus behandelt, mit deren Kenntnis gute Startentwürfe generiert werden können. Für vertiefte Studien sei allerdings auf Spezialliteratur zu Leichtbauthemen verwiesen (Klein 2001).

2.1.1 Maßnahmen zur Gewichtsreduzierung

Im Folgenden sind wesentliche Maßnahmen zur reduktion aufgeführt:

* keine überhöhten Anforderungen an das Bauteil (Sicherheitsfaktoren, Lebensdauer, …),
* Materialauswahl: Hoch entwickelte Werkstoffe verwenden, Anisotropien ausnutzen, Beachten von Fertigungsschwierigkeiten, Ermüdungsgefahr und Rissempfindlichkeit,
* Lasten und Umweltbedingungen möglichst genau bestimmen: (a) Statistische Erfassung der Lasten: Es ist zu unterscheiden zwischen Ermüdungslasten und einmalig auftretenden

A. Schumacher, *Optimierung mechanischer Strukturen*,
DOI: 10.1007/978-3-642-34700-9_2, © Springer-Verlag Berlin Heidelberg 2013

Lasten wie z. B. beim Crash. Wichtig sind der Betrag und die Richtung der Belastung. (b) Verfeinerte Belastungsanalyse: Genauere Lastannahmen können zum einen durch Tests an einem ähnlichen Produkt, zum anderen durch Mehrkörpersimulationsprogramme (z. B. ADAMS®) erfolgen. Es sind auch Kombinationen aus beiden denkbar.

- Detailkonstruktion (z. B. die Berücksichtigung tragende Verkleidungen),
- statische und dynamische Analyse: Verfeinerte Methoden zum nichtlinearen Verhalten, zur Strukturdämpfung, zur Betriebsfestigkeitsrechnung usw.,
- Kontrolle und Qualitätssicherung: Verfeinerte Versuchstechnik, Abnahmeversuche, laufende Kontrolle der Fertigung, regelmäßige Inspektion, regelmäßige Wartung.

2.1.2 Gestaltungsprinzipien

Die folgende Liste skizziert die wichtigsten Gestaltungsprinzipien:

- Mehrzweckausführung: Eine Strukturkomponente sollte möglichst mehrere Aufgaben übernehmen. Beispielsweise wird ein vorderer Längsträger im PKW für die Energieaufnahme beim Frontalcrash ausgelegt, außerdem nimmt er ein Motorlager auf.
- kurze Lastübertragungswege: Wenn beispielsweise die Reduzierung der Länge eines durch eine Einzellast auf Biegung belasteten Trägers gelingt, so reduziert sich die maximale Durchbiegung erheblich, s. Tab. 2.1.
- Dimensionierung: Biegebeanspruchung vermeiden (Umgestaltungsbeispiele s. Abb. 2.1).
- Stabilitätsprobleme wie Knicken, Beulen und Kippen der Strukturen berücksichtigen.
- innere Kopplungen der Strukturkomponenten nutzen: In Abb. 2.2 besitzt der auf Druck beanspruchte Stab nach der Umgestaltung einen günstigeren Eulerfall für das Knicken. Sehr effektiv zur Erhöhung der Torsionssteifigkeit von Kästen sind z. B. Rippen.
- Einprägungen bzw. Sicken können je nach ihrer Gestaltung Bleche versteifen aber auch schwächen (Abb. 2.3). Die Verwendung von Sicken ist in der Regel effizienter als flache, offene Rippen.
- auf Spannungskonzentrationen an Krafteinleitungen, Ausschnitten und Kraftumleitungen achten.

Tab. 2.1 Durchbiegung in Abhängigkeit der Länge eines am Ende belasteten Balkens

$$w = \frac{FL^3}{3EI_y} = kL^3$$

z. B. $k = 10^{-6} \frac{1}{mm^2}$

L [mm]	w [mm]
100	1,00
110	1,33
126	2,00
200	8,00

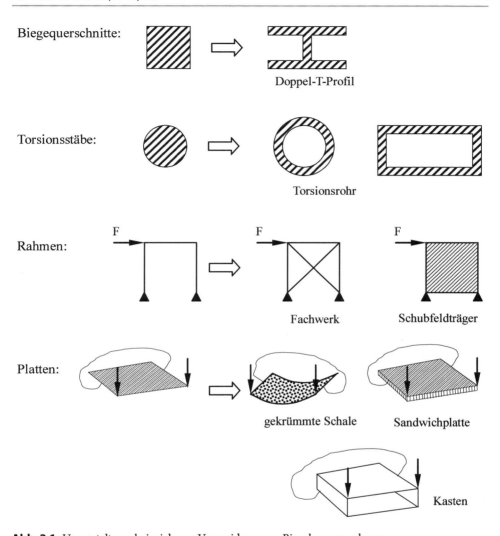

Abb. 2.1 Umgestaltungsbeispiele zur Vermeidung von Biegebeanspruchung

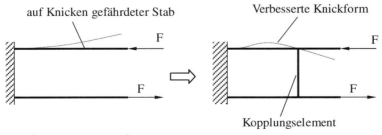

Abb. 2.2 Beispiel einer inneren Kopplung

Abb. 2.3 Blech mit
eingeprägten Sicken

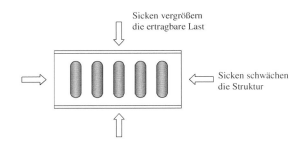

2.1.3   **Werkstoffauswahl**

Die nachfolgende Liste gibt Anhaltspunkte, die bei einer zur Gewichtsreduzierung
geplanten Werkstoffsubstitution beachtet werden müssen:

- spezifisches Gewicht $\gamma = \rho g$ (Dichte ρ, Erdbeschleunigung g). Statische Kennwerte
  werden zum Vergleich auf das spezifische Gewicht bezogen:
  - für Festigkeitsprobleme von Stabwerken wird der Kennwert σ_B/γ (mit der Bruchspannung σ_B),
  - für Steifigkeitsprobleme von Stabwerken der Kennwert E/γ (mit dem Elastizitätsmodul
    E),
  - für Knickprobleme der Kennwert $E^{1/2}/\gamma$ und
  - für Steifigkeitsprobleme von Biegeträgern und für Beulprobleme der Kennwert
    $E^{1/3}/\gamma$ verwendet.
- Betriebsfestigkeit: Ermüdung, Rissentstehung und Risswachstum,
- UV-Beständigkeit,
- Oberflächenbeschaffenheit (Aussehen, Haptik, Kratzfestigkeit),
- Korrosion,
- Chemische Eigenschaften (Geruch, …),
- Alterung,
- Fertigungsmöglichkeiten, z. B. Umformbarkeit, Verbindungstechniken,
- Qualitätssicherungsmöglichkeiten (visuell, Röntgen, Ultraschall),
- Verfügbarkeit (Mengen, Vorlaufzeit, Energiebedarf),
- Recyclingfähigkeit,
- Umweltverträglichkeit,
- Möglichkeiten zur Beschichtung,
- Kosten (Beschaffungs- und Fertigungskosten),
- Temperaturverhalten,
- Dämpfungseigenschaften,
- Elektrische Eigenschaften,
- Energieabsorptionsverhalten,
- Brandverhalten,
- Schlagzähigkeit,

Tab. 2.2 Materialkennwerte

Werkstoff	ρ [kg/dm^3]	σ_B [N/mm^2]	E [N/mm^2]	σ_B/γ [km]	E/γ [km]	$E^{1/2}/\gamma$	$E^{1/3}/\gamma$
Stahl	7,90	1000	210.000	12,90	2710	5,91	0,77
Al-Cu	2,80	450	72.000	16,38	2621	9,77	1,51
Titan	4,50	800	110.000	18,12	2492	7,51	1,09
Kiefer*	0,50	100	12.000	20,39	2446	22,33	4,67
GFK-UD*	2,00	1600	43.000	81,55	2192	10,57	1,79
AFK-UD*	1,35	1850	83.000	139,69	6267	21,75	3,29
CFK-UD*	1,70	1550	125.000	92,94	7495	21,20	2,99

- Schalldämmfähigkeit,
- Anisotropie,
- Simulierbarkeit.

Einige mechanische Kennwerte sind in der Tab. 2.2 aufgeführt. Das Materialverhalten der mit einem Stern gekennzeichneten Werkstoffe ist orthotrop. Angegeben sind die Werte der Hauptrichtung. Wenn nicht-lineares Materialverhalten simuliert werden muss, kann die Erstellung der Materialmodelle sehr aufwendig werden. Es sind Untersuchungen unter verschiedenen Temperaturen, mit mehr-achsigem Materialverhalten, mit unterschiedlichen Geschwindigkeiten usw. durchzuführen. Auch der Einfluss der Fertigung z. B. durch Gießen oder Tiefziehen muss berücksichtigt werden.

2.2 Praktische Konstruktion mechanischer Systeme

Neben der Simulation des physikalischen Verhaltens wird eine Vielzahl von Hard- und Software zur Konstruktion eingesetzt. Im Folgenden werden die für die Strukturoptimierung wesentlichen Schritte des Konstruktionsprozesses beschrieben.

2.2.1 Grundregeln

Es gibt einige allgemeine Grundregeln, die während der Konstruktion einer Komponente zu berücksichtigen sind:

- Gliederung der Tätigkeiten in Einzelschritte (Übersichtlichkeit),
- Benchmark-Recherche, Patent-Recherche, Recherche zu alten Konstruktionen (nicht alles neu erfinden),
- bei Gestaltung auf die Funktionsstruktur achten und gegebenenfalls die Betrachtungsrichtung ändern,

- Bereichsbetrachtung statt Bauteilbetrachtung, Kommunikation mit den Verantwortlichen der Nachbarbauteile,
- Ableitung einfacher Teilgeometrien aus der Wirkstruktur (Wirklinien, Wirkflächen) als Ausgangspunkt für die Gestaltung,
- Abstrahieren und Konkretisieren („Top-down" und „Bottom-up"),
- Wechselspiel zwischen Abstraktion, Intuition, Rationalität und Emotionalität zulassen (Lochner-Aldinger 2009)
- Variationen der gefundenen Lösungen (Parameterstudien),
- Iterationen zur Verbesserung,
- Lernen von Fehlern und von Erfolgen.

Aufgabe 2.1 übt das Aufstellen von Grundregeln zur Entwicklung von Fahrzeugkarosserien.

2.2.2 Flexible CAD-Modelle

Gängige CAD-Programme bieten unterschiedliche Ansätze zur Erstellung von Komponentenmodellen (Braß 2009). Man unterscheidet zwischen dem *expliziten Modellieren* und dem *parametrisch assoziativen Modellieren* (z. B. CATIA® und NX®) (Abb. 2.4a). Das *explizite Modellieren* liefert keine Abhängigkeit zwischen der Basisgeometrie und Anbauten bzw. Ergänzungen. Es wird derzeit z. B noch für Styling-Aufgaben in der Automobilindustrie eingesetzt. In den anderen Anwendungen kommt die *parametrisch assoziative Modellierung* zum Einsatz. Sie lässt sich unterscheiden in die Modellierung mit einfachen Volumen (Zylinder, Kegel, …) und die Modellierung mit *Skizzen* im Raum und anschließendem Extrudieren.

Ein Beispiel für eine *parametrisch* aufgebaute *Skizze* ist in Abb. 2.4b zu finden. Kontinuierlich variierbare *Parameter* sind in dieser *Skizze* die Längen p1 bis p4 und der

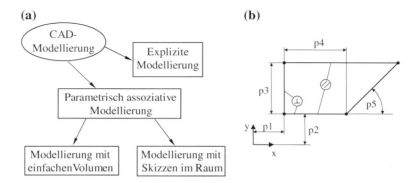

Abb. 2.4 Modellierungsmöglichkeiten in CAD-Systemen. **a** prinzipielle Unterteilung, **b** parametrische Skizze

(a)   **(b)**   **(c)**

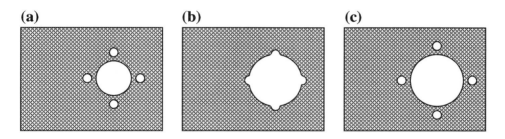

Abb. 2.5 *Parametrisch assoziative Konstruktion* einer Lochscheibe. **a** Basismodell, **b** Lochvergrößerung ohne assoziative Verbindung des Lochkranzes, **c** Lochvergrößerung mit assoziativer Verbindung des Lochkranzes

Winkel p5. Zur vollständigen Beschreibung werden zudem diskrete Beziehungen wie
Parallelität oder Rechtwinkligkeit von Linien herangezogen. Wird in der behandelten
Skizze beispielsweise der Winkel p5 zu klein, hat dies zur Folge, dass das Bauteil eine
sehr große Breite erreicht. Die dargestellte Anordnung erfordert also die gleichzeitige
Angabe der gültigen Wertebereiche.

Die *parametrisch assoziative Konstruktion* ist primär als Hilfsmittel zu verstehen, um
schnell Konstruktionsänderungen durchführen zu können (Tecklenburg 2010). Sollen
die *parametrischen* CAD-Modelle auch anderen am Konstruktionsprozess beteiligten
Personen zur Verfügung gestellt werden, so ist die *Parametrisierung* allgemein verständ-
lich zu dokumentieren.

Die Abb. 2.5 zeigt ein einfaches Beispiel: Während eine Vergrößerung der Zent-
ralbohrung ohne assoziative Verbindung des Lochkranzes zu Fehlern führt, wird der
Lochkranz bei einem assoziativen Aufbau ebenfalls erweitert.

Ein flexibles CAD-Modell wird von allen am Entwicklungsprozess beteiligten Fachdisziplinen als Basis verwendet. Es gibt für jede Komponente ein sog.
Mastermodel, aus dem spezielle Modelle für unterschiedliche Fachabteilungen
(z. B. Fertigung) automatisch ableitbar sind. Mit Hilfe der *Parameter* werden einzelne Bauteile bzw. Komponenten angepasst und optimiert. Die *Parameter* beschreiben hierbei die Topologie (Lage und Anordnung), Form und Dimensionen der
Komponenten. Am weitesten geht der *parametrisch assoziative* Ansatz, wenn man
parametrische Modelle zur Überführung von einer Variante zu einer anderen Variante
einsetzt, d. h. neue Varianten werden mithilfe der Veränderung der *Parameter* erzeugt
(Beispiel Fahrzeugbau: Stufenheck, Fließheck, Caravan, Coupe, Pick up und ganz neue
Nischenmodelle).

Abbildung 2.6 zeigt beispielhaft einen Achsschenkel eines Kraftfahrzeugs, dessen *parametrischer* Aufbau in Abb. 2.7 zusammengestellt ist. Neben den im Bild
sichtbaren Definitionen der *Parameter* zur Geometriebeschreibung sind im CAD-
Modell Beziehungen wie Rechtwinkligkeit und Parallelität abgelegt. Diese werden
z. B. mit den skizzierten Nummerierungen der Linien beschrieben. Außerdem sind

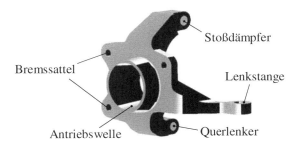

Abb. 2.6 Achsschenkel (Schumacher et al. 2002b)

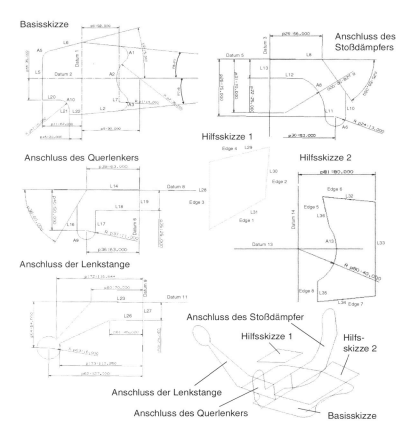

Abb. 2.7 *Parametrischer* Aufbau des Achsschenkels aus Abb. 2.6

algebraische Gleichungen, welche die *Parameter* zueinander in Relation setzen, abgelegt. Eine Anpassung der Form ist durch die Veränderung der *Parameter* leicht möglich.

Diese flexiblen Modelle werden nicht nur in der Konstruktion verwendet, sondern auch für Änderungsarbeiten im Design, in der Strukturoptimierung, in Zusammenbauuntersuchungen und in der Fertigung herangezogen.

Die effiziente Verwendbarkeit eines *parametrisch assoziativen* CAD-Modells im Entwicklungsprozess hängt entscheidend von seinem logischen Aufbau ab. Die Erstellung von *parametrisch assoziativen* Konstruktionen ähnelt in der Arbeitsweise eher Programmierarbeit als Zeichenarbeit. In der Praxis haben sich bestimmte Regeln für die CAD-Modellierung bewährt. Im Folgenden findet sich ein grober Auszug (Schumacher et al. 2002a):

1. Untersuchungen mit *parametrischem* Ansatz beginnen,
2. Verwendung von Regelgeometrien, Vermeidung von Freiformflächen (Rechenzeiten),
3. vom Groben zum Feinen arbeiten,
4. unparametrische Referenzdaten (Anschlussgeometrie oder Stylingflächen) nicht zum assoziativen Aufbau verwenden,
5. *parametrische Skizzen* so einfach wie möglich halten,
6. Ausrunden so spät wie möglich,
7. geometrische Komponenten, z. B. Bohrungen, löschen und nicht verdecken (Speicherbedarf für das Modell),
8. Klassifizierung der *Parameter* in unterschiedliche Hierarchie-Ebenen.

„Knowledge Based Engineering" (KBE)

In den Fällen, in denen Parameter nicht ausreichen, werden wissensbasierte Systeme zur Komponentenoptimierung verwendet. Unter dem Begriff „Knowledge Based Engineering" werden Ansätze erarbeitet, bei denen die Modellierung durch wissensbasierte Programmiermethoden unterstützt wird. Das umfasst Konstruktionsregeln oder andere Regeln für eine Bauteiloptimierung. Solche Regeln sind zum Beispiel: Anzahl von Versteifungsrippen oder Sicken und deren Abstand in Abhängigkeit von der Länge eines Halters. In Kombination mit *parametrisch assoziativen* CAD-Modellen kann der Einsatz sehr effektiv sein. Es werden in Zukunft nicht nur Produktdaten sondern auch Produktwissen gespeichert.

„CAD-Wizards"/ „Power-Copies"

Für immer wiederkehrende Aufgaben können in den CAD-Programmen Routinen erstellt werden (CAD-Wizards in NX® und Power-Copies in CATIA®). Sie stellen vorgefertigte Menüs bereit, in denen die aktuellen Produktdaten eingetragen werden, aus denen automatisch ein CAD-Modell erstellt wird. Die Anwendung solcher Routinen ist sehr schnell lernbar. Es ist aber im Einzelfall der wirtschaftliche Nutzen zu prüfen, da der Flexibilität natürlich Grenzen gesetzt sind und man auf konzeptionelle Neuerungen nicht schnell reagieren kann.

Überprüfung der parametrischen Konstruktionen

Die reichhaltigen Möglichkeiten der parametrischen Strategien führen zu immer komplexeren Modellstrukturen. Diese Komplexität kann für eine Weiterverarbeitung nachteilig sein. Je nach Verknüpfung können beispielsweise Modelländerungen in einem Bereich zu Änderungen in einem nicht beachteten anderen Bereich führen. Solche unbeabsichtigten Änderungen müssen verhindert werden. Dazu muss die Logik des Modells überprüft werden. Im günstigsten Fall laufen Checkprogramme bereits während des Konstruierens mit und geben dem/der Konstrukteur/-in direkt Hinweise auf eventuelle Probleme. Andererseits erfolgen diese Checks zum Verstehen fremder Konstruktionen und in Form von Eingangskontrollen. Basis der Checks ist vor allem die Analyse der *Eltern/Kind*-Beziehungen, also die Frage, welches Konstruktionselement auf welchem basiert. Wichtig ist die Qualität der Daten, also die Datenkonsistenz und die Datenstruktur.

2.2.3 „Digital Mock-up" (DMU)

Ein *Digital Mock-Up* (DMU) basiert auf den erstellten CAD-Daten und stellt ein komplettes Produkt als verbindliches, dreidimensionales, digitales Modell für alle am Entwicklungsprozess beteiligten Fachbereiche zentral zur Verfügung (Lehmann 1999). Man spricht auch von *Virtual Prototyping*. Bei einem DMU-System interessiert nicht die geometrische Entstehungsgeschichte, und die Genauigkeitsanforderungen sind nicht so hoch wie in einem CAD-Modell. Dafür muss der Grafikaufbau sehr schnell erfolgen. Die Existenz solcher DMUs ermöglicht eine Vielzahl von Untersuchungen in einer frühen Phase des Entwicklungsprozesses:

- Probleme der Konstruktion können bereits in einem sehr frühen Entwicklungsstadium festgestellt werden (z. B. Kollision zweier Bauteile oder das Nichteinhalten von Mindestabständen, Ermittlung des notwendigen Platzbedarfs, …)
- Darstellung und Bewertung einer großen Zahl an Varianten. Das sind zum Teil sehr umfangreiche Analysen, die in regelmäßigen Abständen, häufig über Nacht, durchgeführt werden.

Ein effizienter DMU-Einsatz bei einem Systemhersteller zeichnet sich folgendermaßen aus:

- konsequenter Einsatz eines *Product-Data-Management*-Systems (PDM), keine „privaten" Daten mehr,
- Daten sind einfach zu finden.
- keine redundanten Daten,
- Kommunikation kann ohne persönlichen Kontakt erfolgen.
- vereinfachter Datenaustausch mit den Zulieferern.

Die freigegebenen Daten der Konstruktion werden z. B. automatisch über Nacht in das
DMU eingebaut. Jeder Fachbereich sollte für seine eigenen Daten verantwortlich sein.
Der Einbau der Daten im DMU ist Voraussetzung für die Freigabe der Komponenten.

Die Entwickler von Komponenten brauchen sehr detaillierte Modelle, die aber für
den Zusammenbau bei den Systemherstellern viel zu detailliert sind. Es wird in Zukunft
Hierarchien von Detaillierungsgraden der Modelle geben. Beispielsweise ist das Emblem
des Komponentenherstellers im DMU des Gesamtsystems ohne Bedeutung und würde
nur für hohe Rechenzeiten sorgen.

2.2.4   „Virtual Reality" (VR)

Mit *Virtual Reality* (VR) wird das mechanische System virtuell visualisiert und sinn-
lich erfahrbar gemacht. Basis für den Einsatz von Anlagen der *Virtual Reality* (VR) in
der Entwicklung mechanischer Systeme ist das DMU. Mit VR ist eine besonders effek-
tive Überprüfung des DMUs möglich, weil mit einer dreidimensionalen Visualisierung
die Anordnung der Bauteile zueinander vom Menschen schneller erfasst wird. Mit dem
Datenhandschuh kann man zudem erfühlen, ob man zu Montagezwecken an bestimmte
Stellen im mechanischen System kommt oder eine andere Komponente den Weg
versperrt.

Virtual Reality ist außerdem bei der Darstellung von Ergebnissen aus der Simulation
hilfreich, z. B. für die Auswertung der Simulation eines Fahrzeugcrashs. Durch die
Möglichkeit, einzelne Teile oder Aggregate auszublenden, lässt sich vom Innenleben
des Fahrzeugs virtuell erheblich mehr erkennen, als die beste High-Speed-Kamera
beim realen Crash zeigen könnte. Die bereits in vielen Unternehmen installierten VR-
Anlagen lassen sich also nicht nur zu Werbezwecken einsetzen sondern auch produktiv
nutzen.

2.2.5   Hilfe von „Außen"

In Bezug auf die immer stärker werdende Integration der Zulieferer in den Prozess der
Systementwicklung geht es um folgende Fragestellungen:

- Welche Beiträge können von außerhalb geleistet werden? Wegen der langen
  Rechenzeiten ist es derzeit beispielsweise sehr uneffizient, wenn sich ein Hersteller
  von Stoßfängern oder Crashboxen mit der Crashauslegung beschäftigt, weil dazu das
  Crashverhalten des Gesamtfahrzeugs berücksichtigt werden muss. Um jedoch früh-
  zeitig die herstellbedingten Möglichkeiten zu berücksichtigen, ist eine integrierte
  Zusammenarbeit von in diesem Fall dem Automobilhersteller (*Original Equipment
  Manufacturer*, OEM) und Zulieferer notwendig. Anderenfalls ist mindestens
  Doppelarbeit vorprogrammiert.

- Wie kann man firmenübergreifende Spezifikationen finden? Jede große Firma hat derzeit ihre eigenen Spezifikationen. Dieser Umstand bedeutet extremen Aufwand und ist volkswirtschaftlich sehr unbefriedigend.
- Wie kann man Entwicklungen mit unterschiedlichen Softwaretools integrieren? Für die Verwendung moderner Entwicklungsmethoden ist die Verwendung einheitlicher Software erforderlich. Das funktioniert innerhalb einer großen Firma sehr gut, nicht aber für kleine Firmen, die für mehrere Kunden unterschiedliche CAD-Software oder unterschiedliche Simulationssoftware verwenden. Extrem aufwendig wird es, wenn sich beispielsweise ein OEM Software anpassen lässt, die den Zulieferern nicht zur Verfügung steht.

In Zukunft wird deshalb die Kommunikation nicht nur über das Projektmanagement der Partnerunternehmen erfolgen. Die steigende Komplexität erfordert eine intensivere Kommunikation zwischen den Fachabteilungen der Zulieferer und der OEM.

2.2.6   Berücksichtigung des Fertigungsprozesses

Durch die Integration von Fertigungsfragen fallen Entwicklungsschleifen weg, und es kann Zeit gespart werden. Vor allem im Werkzeugbau werden annähernd die gleichen CAD-Werkzeuge verwendet, wie sie in der Produktentwicklung genutzt werden. Im Werkzeugbau und in der Fabrikplanung existieren spezielle Softwaretools. Mit Hilfe der Simulation des Fertigungsprozesses können beispielsweise lokale Materialeigenschaften ermittelt werden. Zu nennen ist hier die Gießsimulation, mit der z. B. Porenbildung und Eigenspannungen vorhergesagt werden können (Software: z. B. MAGMASOFT®). Mit Hilfe der Tiefziehsimulation werden lokale Materialverfestigungen und Ausdünnungen vorhergesagt (Software: z. B. AUTOFORM®, LS-DYNA®).

2.3   Simulation des Verhaltens mechanischer Strukturen

Der effiziente Einsatz von Simulationsmethoden zur Ermittlung des Verhaltens mechanischer Strukturen erfordert das Wissen um die Möglichkeiten und Grenzen der jeweiligen Verfahren. Beispielsweise ist die Simulation von Kunststoffbauteilen mit einem linearen *Finite Elemente Programm* mit größter Vorsicht durchzuführen, da Kunststoffe auch bei geringer Belastung nicht-lineares Materialverhalten zeigen. Vor dem standardisierten Einsatz von Simulationsrechnungen im Entwicklungsprozess sind umfassende Studien zur Validierung erforderlich.

Im Automobilbau beispielsweise werden derzeit folgende Bereiche mit Simulationsmethoden abgedeckt (Meywerk 2007):

- Fahrdynamik (Nachgiebigkeiten, Ermittlung von Lasten, Handhabung des Fahrzeugs, Kalibrierung von Kontrollsystemen, …),
- Aerodynamik (Widerstandsbeiwerte, Strömungskräfte, Aeroakustik, …),

- Crash (Energieaufnahme, Insassenbeschleunigung, …),
- Fertigbarkeit (Tiefziehsimulation, …),
- Thermische Auslegung (Klima-Auslegung, Enteisung von Scheiben, …),
- Betriebsfestigkeit (Lebensdauerberechnung, …),
- Akustik (Schwingungsformen, Schalldruck-Niveaus, …).

Durch die vielseitigen Möglichkeiten gibt es immer mehr simulationsgetriebene Entwicklungen. Neben der Simulation des Verhaltens des Gesamtfahrzeugs durch Berechnungsspezialisten/-innen werden einzelne Komponenten bereits am Konstruktionsarbeitsplatz berechnet und verbessert (Schumacher et al. 2002a).

Zur schnellen Strukturanalyse werden nach wie vor analytische Verfahren eingesetzt. Unabdingbar sind hier Kenntnisse der analytischen Mechanik. Die Aufgaben 2.2 bis 2.5 geben die Möglichkeit, die eigenen Kenntnisse zu testen bzw. aufzufrischen. Die Anwendungsbereiche sind allerdings durch die Voraussetzungen für Bauteilgeometrie und Randbedingungen eingeschränkt. Numerische Berechnungsverfahren können auf einen wesentlich größeren Problemkreis angewendet werden. Zur Lösung von Elastizitätsproblemen steht eine Reihe effektiver Verfahren zur Auswahl, die auf unterschiedliche Art das Bauteil in berechenbare Bereiche diskretisieren. Diese Bereiche werden nach der Lösung der jeweiligen Elastizitätsprobleme mithilfe von Verträglichkeitsbedingungen wieder zusammengefasst. Im Wesentlichen kommt die *Finite Elemente Methode* (FEM) zum Einsatz. Nicht so verbreitet, aber auch sehr effizient ist das *Randintegralgleichungsverfahren* (*Boundary Elemente Method*, BEM). Die BEM (Hartmann 1987) hat dabei gegenüber der FEM (Bathe 1990; Nasdala 2010; Steinke 2010; Zienkiewicz 1984) den Vorteil, dass die Beschreibung eines Problems um eine Dimension erniedrigt werden kann (z. B. 3-Dim. auf 2-Dim.). Die Spannungs- und Verschiebungsgrößen werden durch Zusatzrechnungen auf das Innere des Bauteils übertragen. Für praktische Probleme ist allerdings nicht unbedingt gewährleistet, dass das Spannungsmaximum am Bauteilrand auftritt, sodass die FEM für allgemeine Probleme zuverlässigere Ergebnisse liefert. Weiterhin ergeben sich für die Anwendung Vorteile durch die allgemeine Standardisierung der FE-Software, durch die Vielzahl zur Verfügung stehender Elemente (Lösungsansätze) und durch die gute Anbindung an CAD-Programme. Trotz des vorhandenen Nachteils der FEM, durch den Verschiebungsansatz hohe Spannungsgradienten nur sehr grob zu erfassen und damit eine sehr kleine Diskretisierung in *Finite Elemente* zu benötigen, ist die *Finite Elemente Methode* hinsichtlich der Strukturoptimierung derzeit das leistungsfähigste Verfahren zur Strukturanalyse. Für die Fälle, bei denen sich der Einsatz der BEM rentiert, bieten viele FEM-Systeme BEM- Zusatzmodule an.

2.3.1   Grundlagen der Finite Elemente Methode

Die Finiten Elemente (Abb. 2.8) sind an diskreten Stellen, den Knotenpunkten, miteinander verbunden. Die Spannungs- und Verschiebungsgrößen werden an den Knotenpunkten zusammengefasst betrachtet. Dies bedeutet, dass die über den gesamten Elementbereich verteilten Spannungen und Verschiebungen auf äquivalente Kräfte und Verschiebungen in einer gegebenen Anzahl von Knotenpunkten abgebildet werden. Sind die Verschiebungen aller Elementknoten bekannt, so liegt damit das gesamte Verschiebungsfeld im Element fest:

$$\mathbf{v}_{ne} = {}^{E}\mathbf{H}_{ne}\,\hat{\mathbf{v}}. \tag{2.1}$$

Hierin ist ${}^{E}\mathbf{H}_{ne}$ die Matrix der Verschiebungsinterpolationsfunktion für das ne-te Element und $\hat{\mathbf{v}}$ der Vektor der Verschiebungskomponenten aller zugehörigen Knotenpunkte. Es lassen sich durch Differentiation die Dehnungen im ne-ten Element

$$\gamma_{ne} = {}^{E}\mathbf{B}_{ne}\,\hat{\mathbf{v}} \tag{2.2}$$

bestimmen, wobei die Verzerrungs-Verschiebungsmatrix ${}^{E}\mathbf{B}_{ne}$ durch Differenzieren und geeignetes Kombinieren der Zeilen der Matrix ${}^{E}\mathbf{H}_{ne}$ berechnet wird. Über das Werkstoffgesetz erhält man schließlich die Spannungen

$$\sigma_{ne} = {}^{E}\mathbf{C}_{ne}\,{}^{E}\mathbf{B}_{ne}\,\hat{\mathbf{v}} \tag{2.3}$$

mit der Elastizitätsmatrix des ne-ten Elements ${}^{E}\mathbf{C}_{ne}$.

Ausgehend vom Prinzip der virtuellen Arbeit (Variation der äußeren Arbeit W ist gleich der Variation der inneren Energie U

$$\delta\Pi = 0 \rightarrow \delta W = \delta U \tag{2.4}$$

erhält man ein Gleichungssystem zur Beschreibung des statischen Gleichgewichts des mechanischen Systems:

$$\mathbf{K}\,\hat{\mathbf{v}} = \mathbf{f}. \tag{2.5}$$

Der Lastvektor $\mathbf{f}$ setzt sich aus den Volumen- und Oberflächenlasten zusammen. Die Gesamtsteifigkeitsmatrix lautet:

$$\mathbf{K} = \sum_{ne=1}^{NE} {}^{E}\mathbf{K}_{ne} = \sum_{ne=1}^{NE} \left[\int_{{}^{E}\Omega_{ne}} \left({}^{E}\mathbf{B}_{ne}^{T}\,{}^{E}\mathbf{C}_{ne}\,{}^{E}\mathbf{B}_{ne}\right) d^{E}\Omega_{ne} \right]. \tag{2.6}$$

mit dem Volumen des ne-ten Elements Ω_{n}.

Um eindeutige Beziehungen zwischen Belastung und Verschiebung eines Bauteils zu erhalten, müssen Randbedingungen eingeführt werden, welche durch Vorgabe von diskreten Knotenverschiebungen eingearbeitet werden.

Da die Steifigkeitsmatrizen symmetrisch sind und dabei eine ausgeprägte Bandstruktur aufweisen, ist die Lösung des Gleichungssystems durch den Einsatz von speziellen Lösungsalgorithmen auch für große mechanische Systeme möglich.

Die Bearbeitung der Aufgabe 2.6 soll an einem einfachen Stabwerk das Aufstellen des Gleichungssystems üben.

Die allgemeine Bewegungsgleichung zur Beschreibung zeitabhängiger Systemverformungen lautet:

$$\mathbf{M}\ddot{\hat{\mathbf{v}}} + \mathbf{D}\dot{\hat{\mathbf{v}}} + \mathbf{K}\hat{\mathbf{v}} = \mathbf{f} \tag{2.7}$$

mit der Massenmatrix $\mathbf{M}$, der Dämpfungsmatrix $\mathbf{D}$ und der Steifigkeitsmatrix $\mathbf{K}$.

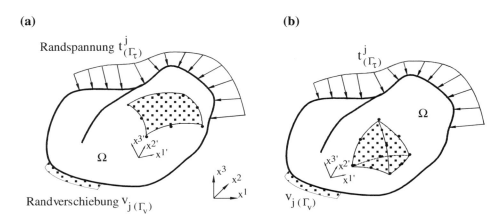

Abb. 2.8 Bauteildiskretisierung durch Finite Elemente: **a** Schalenelement, **b** Volumenelement

FE-Programme (z. B. NASTRAN® oder ANSYS®) verfügen über eine Vielzahl verschiedener Elementtypen, die je nach Anwendungsfall aus den vorhandenen Elementbibliotheken ausgewählt werden können. Die Auswahl ergibt sich durch die Aufgabenstellung und die gewünschte Genauigkeit der Lösung. In Abb. 2.8 sind exemplarisch zwei typische Elemente, ein achtknotiges Schalenelement und ein zehnknotiges Volumenelement, eingezeichnet. Sie zeichnen sich durch den guten Kompromiss zwischen Rechengenauigkeit und Vernetzungsmöglichkeit aus.

2.3.2 Praktischer Einsatz der *Finite Elemente Methode*

Der Ablauf einer *Finite Elemente Berechnung* beinhaltet folgende Teilschritte:

1. Geometrieaufbereitung: Die Geometrie des Bauteils liegt bereits vor und muss für die Berechnung aufbereitet werden. Dies erfolgt am besten in dem CAD-Programm, in dem das Modell erstellt wurde. Z. B. muss getestet werden, ob die Kanten von zusammenhängenden Komponenten auf gemeinsamen Linien liegen. Eventuell muss das Modell um erforderliche Anschlusskomponenten ergänzt werden, oder unnötige Komponenten müssen gelöscht werden. Symmetrien sollten genutzt werden.
2. Erstellen des *Finite Elemente Netzes* mithilfe eines automatischen Netzgenerators,
3. Materialdefinitionen,
4. Definition der Elementeigenschaften wie z. B. die Dicke bei einem Schalenelement,
5. Definition der Lasten und Randbedingungen,
6. Zusammenstellung der Lastfälle,
7. Lösung des Problems durch den *Solver*,
8. Auswerten der Ergebnisse im *Post-Prozessor*.

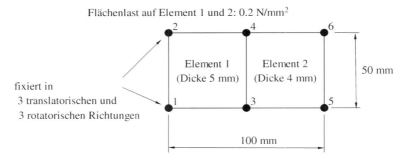

Abb. 2.9 *Finite Elemente Modell* mit zwei Schalenelementen

In der Regel werden die ersten 6 Schritte im *Pre-Prozessor* durchgeführt und daraus ein ASCII-lesbarer Eingabefile für den *Solver* erzeugt.

Für das in Abb. 2.9 dargestellte FE-Modell mit zwei Schalenelementen, welches mit einer Flächenlast beaufschlagt ist, hat der Eingabefile für das Programmsystem NASTRAN® folgende Struktur (Die Zeilen mit den „$"-Zeichen sind Kommentarzeilen):

```
$-------------------------------------------------
$ FILE MANAGEMENT, EXECUTIVE CONTROL, CASE CONTROL
$-------------------------------------------------
$
$      Definition des Ausgabefiles
ASSIGN OUTPUT2 = 'krag_haw.op2',UNIT = 12
$      Bezeichnung
ID Kragbalken mit 2 Schalenelementen (Statik)
$      Solver-Typ: Lineare Statik
SOL 101
TIME 1000
CEND
$      Lastfall
SPC = 100
LOAD = 5
$-------------------------------------------------
$ BULK DATA DECK
$-------------------------------------------------
BEGIN BULK
$      FE-Knoten (Nummer, Koordinaten)
GRID, 1,,0.,0.,0.
GRID, 2,,0.,50.,0.
GRID, 3,,50.,0.,0.
GRID, 4,,50.,50.,0.
GRID, 5,,100.,0.,0.
```

```
GRID, 6,,100.,50.,0.
$       FE-Schalenelemente (Nummer, Elementeigenschafts-Nr.,
$       Knoten-Nr.)
CQUAD4,1,101,1,3,4,2
CQUAD4,2,102,3,5,6,4
$       Elementeigenschaften (Nummer, Material-Nr., Dicke)
PSHELL,101,133,5.000
PSHELL,102,133,4.000
$       Material (Nr., E-Mod., G-Mod., Querkontr., Dichte)
MAT1,133,73800.,28380.,0.3,2.7e-9
$       Flaechenlast (Nummer, Betrag, beaufschlagte Elemente)
PLOAD2,5,0.2,1,THRU,2
$       Feste Einspannung (Nummer, alle 6 Richtungen fest,
$       Knoten.Nr.)
SPC1,100,123456,1,THRU,2
ENDDATA
```

Wenn möglich, sollten die Werte im Eingabefile im SI-Einheitensystem beschrieben sein. Wird die Längeneinheit in Millimeter angegeben, so entsteht wegen der Eingabe der Kraft in Newton eine Einheiteninkonsistenz. Diese Inkonsistenz kann mit der Einheit der Dichte in Tonnen pro Kubikmillimeter korrigiert werden.

Die Ergebnisse des *Solvers* werden im Allgemeinen in einen ASCII-lesbaren File und in einen File für den *Post Processor* geschrieben.

Um selbstständig und effektiv FE-Berechnungen durchzuführen, ist eine Reihe von Kenntnissen unverzichtbar:

- Umgang mit dem FE-Programm,
- Bedeutung des Spannungstensors, der Dehnungen, der Verformungen,
- Vergleichsspannungskonzepte und Festigkeitsnachweis,
- Grenzen der linearen Theorie beachten. Nichtlineare Berechnungen müssen beim Vorliegen folgender Phänomene durchgeführt werden:
  - Kontaktprobleme,
  - nichtlineares Materialverhalten,
  - geschwindigkeitsabhängiges Materialverhalten,
  - große Verschiebungen oder/und große Verformungen.
- Genauigkeits- und Konvergenzverhalten in Abhängigkeit der Elemente,
- Einfluss von Singularitäten (Punktlasten ...),
- Plausibilität und Fehlereinfluss von Randbedingungen und Lasten,
- Fehlereinfluss durch idealisierte Materialeigenschaften,
- Einfluss der Geometrieidealisierung und der Idealisierung bei Schalen- und Balkenelementen,
- Wissen, dass Finite Elemente Modelle für bestimmte Fragestellungen entwickelt werden.

Beim Vergleich von verschiedenen Modellvarianten ist auf die gleiche FE-Modellgüte zu achten. Bei sehr unterschiedlichen Modellen ist der Vergleich der Modellgüte allerdings sehr schwierig.

2.3.3   Zusammenstellung der wichtigsten verfügbaren *Finite Elemente Programme* und ihrer Einsatzbereiche

Der Hauptunterschied zwischen den FE-Verfahren liegt in der Art der Lösung des Problems. Man unterscheidet zwischen *impliziten* Lösungsverfahren und *expliziten* Lösungsverfahren. Beim *impliziten* Verfahren wird die Systemgleichung (Gl. 2.5) nach dem Verschiebungsvektor aufgelöst. Das bedingt eine Invertierung der Steifigkeitsmatrix, was sehr zeitaufwendig ist und großen Speicherplatz bedarf. Beim *expliziten* Verfahren wird versucht, die Systemgleichung

$$\mathbf{M}\ddot{\hat{\mathbf{v}}} + \mathbf{K}\hat{\mathbf{v}} = \mathbf{f} \qquad\qquad (2.8)$$

mit der Massenmatrix $\mathbf{M}$ durch ein interatives Zeitschrittverfahren zu lösen. Die *expliziten* Verfahren sind dynamische Verfahren. Sie werden vor allem in der Crash-Simulation eingesetzt.

In Tab. 2.3 sind die gängigen *Finite Elemente Programme* mit den Haupteinsatzbereichen zusammengestellt (Herstelleradressen im Literaturverzeichnis). Neben diesen Programmen existiert eine Reihe weiterer leistungsfähiger Systeme, die noch im Aufbau sind. Speziell als Konkurrenz zu NASTRAN® entstehen derzeit einige Systeme, deren Eingabefiles das gleiche Format haben, z. B. OptiStruct®.

Als *Pre-Prozessoren* werden verschiedene Programme eingesetzt. Das Programm PATRAN® hat eine sehr gute Schnittstelle zu NASTRAN®. Die Programme HyperMesh® und ANSA® sind sehr leistungsstark in der Erstellung von Flächenmodellen.

Tab. 2.3 Gängige Finite Elemente Programme und deren Haupteinsatzgebiete

Name	Lineare Statik	Lineare Dynamik	Material- Nichtlinearität	Große Verformungen	Hohe Geschwindigkeiten
NASTRAN®	X	X			
OptiStruct®	X	X			
ANSYS®	X	X	(X)	(X)	
Permas®	X	X	X	(X)	
ABAQUS®			X	X	(X)
LS-DYNA®			X	X	X
PAM-CRASH®			X	X	X
Radios/OptiStruct®			X	X	X

2.3.4   Einbeziehung von nicht-strukturmechanischen Phänomenen

Der Strukturmechanik vorgelagert werden Verfahren zur Simulation von Phänomenen außerhalb der Strukturmechanik (Stichwort: Multi-Physics). Diese Verfahren stehen problemspezifisch zur Verfügung. Zur Berücksichtigung von z. B. thermischen Einflüssen ist die Berechnung der Temperaturverteilung im Bauteil erforderlich. Sie lässt sich allgemein aus der Beschreibung der Wärmeübertragungsprozesse berechnen (Wärmeleitung, Wärmestrahlung und Konvektion). Die zur Bestimmung des Wärmetransports durch Konvektion erforderliche vollständige Lösung der NAVIER-STOKES-Gleichungen zur Berechnung strömender Flüssigkeiten und Gase erfordert einen sehr hohen Aufwand (hohe Rechenzeiten, große Speicherkapazität, Konvergenzprobleme der Lösung). Zur Feldberechnung im Rahmen einer Optimierung müssen problemabhängig Vereinfachungen vorgenommen werden, wie z. B. die Reduzierung auf die Lösung der Grenzschichtgleichungen beim konvektiven Wärmeübergang.

2.4   Übliche Ziel- und Restriktionsfunktionen

Alle Anforderungen, die ein Produkt erfüllen muss, sind auch im Optimierungsprozess zu berücksichtigen. Hierzu müssen die Anforderungen *parametrisiert* werden und den ebenfalls *parametrischen* Strukturantworten gegenüber gestellt werden. Für die Anforderung „Die maximale Vergleichsspannung im Bauteil darf 100 N/mm² betragen" müssen alle Spannungen im Bauteil ausgewertet und der höchste Spannungswert mit dem zulässigen Wert verglichen werden. Die *Parametrisierung* der Anforderung ist bei diesem Beispiel noch sehr einfach. Schwieriger wird es mit Anforderungen wie Aussehen, haptische oder akustische Eigenschaften. Wenn z. B. akustische Anforderungen, wie „nicht unmittelbar störend", zu berücksichtigen sind, so müssen diese Anforderungen mit physikalischen Größen beschrieben werden. Manchmal basieren die *Parametrisierungen* von subjektiven Bewertungen auf Erfahrung, manchmal kommt man nicht umhin, diesbezüglich Umfragestudien durchzuführen.

Im einfachsten Fall entspricht eine Ziel- oder Restriktionsfunktion direkt einem bestimmten Parameter in der Ausgabedatei des Simulationsprogramms. Das ist allerdings eher selten. In der Regel müssen die Ausgaben mit zusätzlichen Routinen weiter verarbeitet werden.

In diesem Abschnitt werden die wesentlichen in der Strukturmechanik verwendeten Anforderungen zusammengestellt. Das Aufstellen notwendiger Lastfälle soll mit Aufgabe 2.7 am Beispiel des statischen Strukturverhaltens einer Fahrzeugkarosserie geübt werden.

2.4.1   Anforderungen, die als Gebietsintegral beschreibbar sind

Wenn Anforderungen an die Struktur als Funktionswert eines Gebietsintegrals beschrieben werden können, dann muss in der Optimierung für diese Anforderung auch nur dieser Funktionswert berücksichtigt werden. Das wirkt sich sehr günstig auf den Optimierungslauf aus. Deshalb kommt diesen Gebietsintegralen besondere Bedeutung zu.

Für Bauteile aus der Luftfahrt oder dem Automobilbau ist die Masse von elementarer Bedeutung. Bei konstanter Dichte korreliert die Masse mit dem einfachsten Gebietsintegral, dem Volumen des Bauteils:

$$\widetilde{G} = V = \int_{\Omega} d\Omega \tag{2.9}$$

Lokale Versagenskriterien

Versagenskriterien in Form von Festigkeitshypothesen haben neben Kriterien aus der Bruchmechanik (Hahn 1976; Gross 1992) nach wie vor große Bedeutung zur Bauteilauslegung, da sie einfach anzuwenden sind. Zur Bestimmung der Bauteilbeanspruchung wird der mehrachsige Spannungszustand mit bestimmten Hypothesen auf eine Vergleichsspannung reduziert und diese mit gemessenen Materialeigenschaften aus einem Versuch mit einachsigem Spannungszustand verglichen. Bei duktilen Werkstoffen hat sich die v. Mises Gestaltsänderungshypothese von (v. Mises 1913)

$$\sigma_v = \frac{1}{\sqrt{2}} \left[(\sigma_1 - \sigma_2)^2 + (\sigma_2 - \sigma_3)^2 + (\sigma_3 - \sigma_1)^2 \right]^{1/2} \tag{2.10}$$

mit den Hauptspannungen σ_1, σ_2 und σ_3 durchgesetzt. Bei spröden Werkstoffen wird oft noch die Normalspannungshypothese $\sigma_v = \sigma_1$ mit der größten Hauptspannung σ_1 verwendet. Da diese Hypothesen manchmal weit entfernt vom wirklichen Werkstoffverhalten liegen, wurde eine Reihe erweiterter Hypothesen entwickelt (Sauter und Wingerten 1990).

Die maximale Vergleichsspannung im Bauteil lässt sich durch eine Funktion in der Form

$$G = \max_{\Omega} \; (\sigma_v) \tag{2.11}$$

berücksichtigen.

Die Verwendung dieser Funktion kann dazu führen, dass im Laufe der Optimierungsrechnung die Position des Spannungsmaximums springt. In so einem Fall kann es vorkommen, dass die Optimierungsrechnung zu keinem eindeutigen Ergebnis führt. Dieses Problem kann überwunden werden, indem die Funktion G in ein Gebietsintegral über das Bauteilvolumen Ω überführt wird (Dems 1991):

$$\widetilde{G} = \left[\frac{1}{\Omega} \int_{\Omega} \left(\frac{\sigma_v}{\sigma_0} \right)^n d\Omega \right]^{1/n} \tag{2.12}$$

mit dem zulässigen Spannungswert im Bauteil σ_0, der sich je nach Art der Beanspruchung aus der Streckgrenze, dem kritischen Spannungsintensitätsfaktor usw. ermitteln lässt.

Ausgewertet wird in der Optimierung das Funktional $\widetilde{G}$. Mit $n > 1$ werden lokale hohe Spannungen stärker gewichtet, sodass das Einhalten einer Spannungsrestriktion besser gewährleistet werden kann.

Lokale Verschiebungen

Die maximale Verschiebung im Bauteil lässt sich durch eine Funktion der Form

$$G = \max_{\Omega} g\left(\mathbf{v}(\mathbf{r})\right) \tag{2.13}$$

berücksichtigen, wobei $\mathbf{v}(\mathbf{r})$ der komplette Verschiebungsvektor ist. Zur Vereinfachung des Problems wird diese lokale Funktion wieder durch einen geeigneten Integralausdruck abgebildet:

$$\widetilde{G} = \left(\frac{1}{\Omega} \int_{\Omega} |\mathbf{v}(\mathbf{r})|^n \, d\Omega\right)^{1/n}. \tag{2.14}$$

Ist die Verformung an einer speziellen Stelle im Bauteil zu berücksichtigen, so kann Gl. (2.14) um eine Wichtungsfunktion $\mathbf{W}(\mathbf{r})$ erweitert werden:

$$\widetilde{G} = \left(\frac{1}{\Omega} \int_{\Omega} W(\mathbf{r}) \, |\mathbf{v}(\mathbf{r})|^n \, d\Omega\right)^{1/n}. \tag{2.15}$$

Die Wichtungsfunktion $\mathbf{W}(\mathbf{r})$ wird so definiert, dass ihr Funktionswert an der zu berücksichtigenden Stelle sehr groß ist und in der Umgebung rasch abklingt.

„Mittlere" Nachgiebigkeit

Unter der mittleren Nachgiebigkeit versteht man das Integral über dem Produkt aus den Randspannungen bzw. den Volumenkräften und den zugehörigen Verschiebungen im Gleichgewichtszustand. Zur Beschreibung von Vektoren wird in diesem Buch gegebenenfalls die Indexschreibweise und die Summationskonvention von EINSTEIN verwendet (s. Anhang A2). Für ein Bauteil mit den vorgegebenen Randspannungen $t^j_{(\Gamma_\tau)} = (\tau^{ij} n_i)_{\Gamma_\tau}$ und Randverschiebungen $v_{j(\Gamma_v)} = (v_j)_{\Gamma_v}$ (Abb. 2.10) lautet die mittlere Nachgiebigkeit:

$$G = \int_{\Gamma_v} v_j t^j_{(\Gamma_\tau)} d\Gamma - \int_{\Gamma_v} v_{j(\Gamma_v)} \tau^{ij} n_i d\Gamma + \int_{\Omega} v_i f^i d\Omega, \tag{2.16}$$

wobei f^i die Volumenkräfte sind.

Die mittlere Nachgiebigkeit lässt sich durch das Gesamtpotential Π bzw. durch das Gesamtergänzungspotential Π^* beschreiben, und es gilt für linear-elastisches Materialverhalten (Eschenauer und Schnell 1993):

$$G = -\Pi \quad \text{mit} \quad \Pi = \int_{\Omega} \overline{U} d\Omega - \int_{\Omega} v_i f^i d\Omega - \int_{\Gamma_\tau} v_j t^j_{(\Gamma_v)} d\Gamma \tag{2.17}$$

Abb. 2.10 Äußere Belastungen
am Bauteil

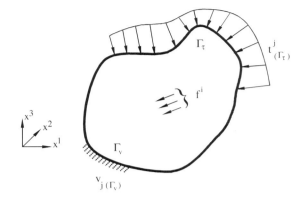

bzw.

$$G = -\Pi^* \quad \text{mit} \quad \Pi^* = \int_\Omega \overline{U}^* d\Omega - \int_\Omega v_i f^i d\Omega - \int_{\Gamma_v} v_{j(\Gamma_v)} t^{ij} n_i d\Gamma, \quad (2.18)$$

wobei

$$\overline{U} = \frac{1}{2} C^{ijkl} \gamma_{ij} \gamma_{kl} \quad \text{und} \quad \overline{U}^* = \frac{1}{2} D_{ijkl} \tau^{ij} \tau^{kl}$$

die spezifische Formänderungsenergie und die spezifische Ergänzungsenergie sind. Eine Verringerung der mittleren Nachgiebigkeit ist somit einer Erhöhung des Gesamtpotentials bzw. einer Verringerung des Gesamtergänzungspotenzials gleichbedeutend. Falls im Bauteil keine Volumenkräfte auftreten und die vorgegebenen Verschiebungen auf Γ_v identisch Null sind, kann ein Problem zur Minimierung der Nachgiebigkeit auf die Minimierung der Ergänzungsenergie zurückgeführt werden. Wie in den Gl. 2.17 und 2.18 zu sehen ist, entspricht die Berücksichtigung der mittleren Nachgiebigkeit auch eine Berücksichtigung des Spannungsniveaus im Bauteil.

Für ein Bauteil mit einem einzigen Lastangriffspunkt ist die Berücksichtigung der lokalen Verschiebung dieses Punktes in Lastrichtung gleichbedeutend mit der Berücksichtigung der Formänderungs- bzw. Ergänzungsenergie der gesamten Struktur (Abb. 2.11a):

$$G = Fu = \Pi^* = \int_\Omega \overline{U}^* d\Omega.$$

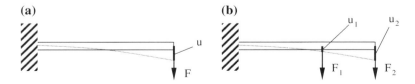

Abb. 2.11 Beispiele einfacher Lastfälle und zugehörige Verschiebungen zur Illustration der Ermittlung der mittleren Nachgiebigkeit

Im Fall von zwei angreifenden Kräften lautet die Beziehung (Abb. 2.11b):

$$G = F_1 u_1 + F_2 u_2 = \Pi^* = \int_\Omega \overline{U}^* \, d\Omega.$$

Verhalten dynamischer Systeme

Zur Analyse dynamischer Systeme müssen die Steifigkeits-, die Dämpfungs- und die Massenmatrix des Systems verwendet werden.

Bei Strukturen, die freien Schwingungen unterliegen, genügt die Berücksichtigung ausgewählter Eigenwerte, sodass die Überlegungen hinsichtlich der mittleren Nachgiebigkeit um die Berücksichtigung der schwingenden Massen erweitert werden können. Eine Optimierung mehrerer Eigenwerte kann aber erhebliche Schwierigkeiten bereiten, da eine Erhöhung des niedrigsten Eigenwertes zu einer Verringerung eines höheren Eigenwertes führen kann. In der Optimierung müsste dieser Effekt kontrolliert und gesteuert werden. Das bezeichnet man als *Mode Tracking* (Harzheim 2008). Diese Problematik kann in vielen Fällen aber auch mit einer Kompromissfunktion gelöst werden, wie sie von Ma (Ma et al. 1992) vorgeschlagen wird:

$$\lambda^* = \lambda_0 + \sum_{i=1}^{m} w_i \left/ \sum_{i=1}^{m} \frac{w_i}{\lambda_i - \lambda_0} \right. \tag{2.19}$$

λ_i sind ausgewählte Eigenwerte, w_i sind Wichtungskoeffizienten und λ_0 ist ein spezieller Niveaufaktor. Der dem Niveaufaktor λ_0 nächstliegende Eigenwert hat den größten Einfluss auf die Kompromissfunktion. Im Fall $\lambda_0 = 0$ haben die niedrigsten Eigenwerte den größten Einfluss.

Bei Strukturen unter erzwungenen Schwingungen interessieren die maximalen Auslenkungen in einem bestimmten Zeitintervall. Hierzu kann das folgende, zeitabhängige Gebietsfunktional in einer Optimierung ausgewertet werden:

$$\widetilde{G} = \left(\frac{1}{\Omega} \int_t \int_\Omega |\mathbf{v}(\mathbf{r}, t)|^n \, d\Omega dt \right)^{1/n}. \tag{2.20}$$

Stabilitätsprobleme (Knicken, Beulen)

Bei Stabilitätsproblemen sind vor allem kritische Lasten für unterschiedliche Verformungsmoden zu berücksichtigen. Auch hier können integrale Beschreibungen gefunden werden.

2.4.2   Weitere Anforderungen

Ohne Anspruch auf Vollständigkeit seien hier einige weitere Anforderungen genannt, die nicht so einfach mit Gebietsintegralen beschrieben werden können.

Bestand gegen stoßartige Belastungen (Crash-Auslegung)

Während einer stoßartigen Belastung entsteht im Bauteil eine Spannungswelle, die sich mit Schallgeschwindigkeit in der Struktur ausbreitet. Nach mehrmaliger Reflexion der Spannungswelle an den beteiligten Massen und der damit verbundenen Erhöhung der Stoßspannung versagt das Bauteil in Bereichen hoher Stoßspannung. An Querschnittsverengungen treten lokale Stoßspannungserhöhungen auf, und das Bauteil versagt dort folglich zuerst. Die Anforderungen an die Crash-Auslegung sind vielschichtig:

- aufzunehmende Energie,
- lokale Verformungswerte,
- nicht zu überschreitende Kraftniveaus,
- keine übermäßigen Kraftschwankungen,
- nicht zu überschreitende Beschleunigungswerte.

Material

Wie hoch dürfen die Materialkosten sein? Welche Materialien sind umweltverträglicher als andere? Besonders bei diesen Fragestellungen ist die Überführung in *parametrische* Beschreibungen sehr schwierig.

Kostenfunktionen

Das Aufstellen von Kostenfunktionen ist oft nicht einfach und extrem firmenspezifisch. In einer Kostenfunktion sind Materialkosten, Fertigungskosten und evtl. auch die anfallenden Betriebskosten zu integrieren.

Fertigungstechnische Forderungen

Auch die Definition von fertigungstechnischen Anforderungen ist vielfältig. Ein Beispiel ist die Integration von Rundungsanforderungen aus dem Tiefziehprozess von Blechteilen in die Optimierungsrechnung. Zudem ist es denkbar, eine Fertigungssimulation in die Strukturoptimierung zu integrieren.

2.4.3 BETA-Methode zur Zusammenfassung der Anforderungen

Die sog. *BETA-Methode* stellt eine Möglichkeit für eine Zusammenfassung mehrerer Anforderungen dar. In der Optimierung wird ein Wert β minimiert, wobei alle zu berücksichtigenden Funktionswerte kleiner oder gleich diesem Wert β sein sollen. Dadurch wird im Laufe der Optimierung das Niveau von β sinken.

2.4.4   Nachträgliche Kontrolle von nicht berücksichtigten Anforderungen

Wenn mit bestimmten Optimierungsverfahren einige wichtige Anforderungen nicht berücksichtigt werden können, so ist eine nachträgliche Kontrolle der Zulässigkeit des Optimierungsergebnisses erforderlich. Im Allgemeinen muss dann nachdimensioniert werden. Denkbar ist aber, dass die dann gefundene Lösung weit von einer gesamtoptimalen Lösung entfernt ist.

2.5   Prozesse bei der Entwicklung mechanischer Strukturen

Um mithilfe der Strukturoptimierung einen positiven Beitrag zur Entwicklung mechanischer Strukturen leisten zu können, sind Kenntnisse der Prozessabläufe unverzichtbar. Die Entwicklungsprozesse sind firmenspezifisch und müssen im Einzelnen genauer analysiert werden. Sie sind ständigen Änderungen und Anpassungen unterworfen. Eine Vielzahl von Mitarbeitern/-innen kümmert sich um diese „Prozessoptimierung". In diesem Abschnitt werden einige grundlegende Komponenten des Entwicklungsprozesses beschrieben.

2.5.1   Analyse der Erfolgsaussichten

Zu Beginn eines Projekts steht die Analyse der Erfolgsaussichten, die im Folgenden anhand von Beispielen aus dem Automobilbau konkretisiert wird:

- **Marktanalyse:** Wann wird welches Produkt von welchem Unternehmen absatzfähig sein? Hier können sehr grobe Fehleinschätzungen passieren. Ein Beispiel von der Adam Opel AG: Der Opel-Zafira® war ein voller Erfolg. Seit 1999 wurde der kleine Siebensitzer zunächst konkurrenzlos verkauft. Die Anfragen übertrafen die Verkaufserwartungen. Daraus ergab sich ein Problem: Da die Anzahl der geplanten Fahrzeuge wesentlichen Einfluss auf die Automatisierungstiefe hat, war die Produktion nicht optimal angepasst. Dies verursachte Kosten, die bei einer anderen Planung nicht entstanden wären. Die Marktanalyse der Adam Opel AG traf die Situation also nicht ganz richtig.
- **Anforderungen an das Produkt:** Welche Eigenschaften soll das Fahrzeug besitzen? Ein Beispiel aus der Fahrzeugsicherheit: Zur Crash-Sicherheit vergibt die Verbraucherschutzorganisation *EuroNCAP* Sterne, die den Kunden eine Entscheidungshilfe für den Kauf von Fahrzeugen liefern sollen. Wie viele Sterne ein zu entwickelndes Fahrzeug haben soll, muss vor der Entwicklung entschieden werden. Daraus ergeben sich unterschiedliche Entwicklungsschritte.

- **Erfahrung im Unternehmen:** Welche Technologie kann verwendet werden? Beispielsweise ist die Audi AG durch die langjährige Erfahrung in der Herstellung von Aluminiumkarosserien schneller als andere Unternehmen zum Einsatz moderner Leichtbaukonzepte in der Lage.
- **Möglichkeiten zur Fertigung:** Existieren für das geplante Fahrzeug bereits Fertigungsstraßen, oder muss alles neu aufgebaut werden?

Diese Analyseschritte müssen vor und auch während eines Projekts durchgeführt werden. Das kann durchaus zu sinnvollen Projektabbrüchen führen. Die Gründe für einen Abbruch können sein:

- Technische Ursachen: Parallel- oder Konkurrenzprojekte sind schon erfolgreich am Markt.
- Wirtschaftliche Ursachen: die Gewinnerwartung wird neu kalkuliert.
- Organisatorische Ursachen:
  - zu viele Projekte laufen parallel,
  - Engpässe bei den Ressourcen,
  - fehlendes Personal,
  - die innerbetriebliche Unterstützung fällt aus,
  - Gesetze haben sich geändert.
- Personelle Ursachen: Motivationsprobleme, Reibungsverluste im Team, die Erwartungen an einzelne Teammitglieder waren zu hoch.

Voraussetzungen zur Identifikation des richtigen Zeitpunkts für einen Projektabbruch sind:

- klare Zieldefinition von Beginn an,
- kritische Zwischenbilanz auf der Basis der Zieldefinition,
- Einbeziehung des Teams in den Entscheidungsprozess,
- realistische Zeit- und Finanzplanung.

2.5.2 Phasen des Entwicklungsprozesses

Klassischerweise wird der Entwicklungsprozess in einzelne Phasen unterteilt, die dann noch weiter aufgeteilt werden. Abb. 2.12 zeigt typische Phasen des Entwicklungsprozesses von mechanischen Strukturen. Diese Phasen werden im Einzelnen noch auf vielfältige Weise unterteilt. Die Unterteilung wird mit sog. *Milestones* oder *Gates* vorgenommen. An den *Milesstones* wird geprüft, ab alle definierten Anforderungen erfüllt sind. Basierend auf dieser Prüfung werden weitere Maßnahmen eingeleitet. Der Entwicklungsprozess schränkt die Freiheit der einzelnen Beteiligten stark ein. In der

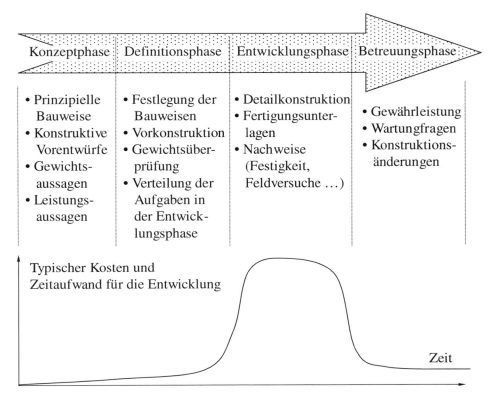

Abb. 2.12 Phasen des Entwicklungsprozesses mechanischer Strukturen

Tat hemmt ein vorgefertigter Entwicklungsprozess die Kreativität der Einzelnen, weil immer wieder recht kurzfristig auf die *Milestones* hingearbeitet werden muss.

2.5.3   Position der physikalischen Simulation und der Strukturoptimierung im Prozess

Die physikalische Simulation wird vor allem in den ersten drei Phasen des Entwicklungsprozesses eingesetzt, also in der Konzeptphase, in der Definitionsphase und in der Entwicklungsphase. Die Simulation hat unterschiedliche Aufgaben:

* Berechnung von Komponenten: Vergleiche und Hinweise auf Verbesserungen,
* Simulation des Gesamtverhaltens: Validierung.

Für die Simulation des Gesamtverhaltens großer Systeme ist zu bestimmten Zeiten eine Systemsynchronisation erforderlich, bei der die Gestaltung für ein möglichst kurzes Zeitintervall eingefroren wird. Basierend auf diesem Entwicklungsstand werden Simulationen durchgeführt, die Aufschlüsse über den Stand des Projekts liefern.

Der Einsatz der Strukturoptimierung ist sehr eng mit der physikalischen Simulation verbunden. Auch sie ist in der Konzeptphase, in der Definitionsphase und in der Entwicklungsphase anzusiedeln.

Im Hinblick auf die Verkürzung der Entwicklungszeiten werden einzelne Aufgaben parallel bearbeitet. Die Methoden der rechnergestützten Entwicklung liefern dafür hervorragende Bedingungen. Beispielsweise ist die simultane Konstruktion eines Bauteils durch mehrere Konstrukteure/-innen möglich. Zudem sind die Rückwirkungen auf die vorangegangenen Arbeitspunkte wesentlich genauer zu ermitteln, als es noch vor wenigen Jahren möglich war. Durch den Einsatz guter Simulationsmodelle ist heute das Strukturverhalten bereits ohne Existenz von Prototypen bekannt. Beispielsweise kann das mechanische Verhalten in Fahr- und Flugsimulationen programmiert werden, sodass Kunden das Verhalten in einer frühen Phase der Entwicklung testen können. Auch können basierend auf diesen Ergebnissen parallel zur Entwicklung der Struktur bereits Reglersysteme konzipiert werden.

2.5.4 Rolle der Konstruierenden im Entwicklungsprozess

In modernen Entwicklungsprozessen werden die Aufgaben anders verteilt als früher. Heute ist der Konstruierende integraler Bestandteil des Entwicklungsprozesses. Das hat folgende Gründe:

- Die Entwicklung erfolgt am CAD-Modell.
- Es gibt fast keine Zeichnungen mehr. Die komplette Produktinformation ist in den 3D-Modellen des CAD-Systems integriert.

Die Abb. 2.13 und Abb. 2.14 zeigen den/die Konstrukteur/-in im Mittelpunkt des Konstruktionsprozesses. Er/sie muss alle Anforderungen und Einflüsse auf das Produkt sammeln, abstimmen und termingerecht die Daten für den weiteren Entwicklungsprozess zur Verfügung stellen. Dazu gehören auch die Meldungen für die Stücklisten der Prototypen, Beantragung der Teilenummern, Einarbeitung von Änderungen, Verteilung der Konstruktionsmitteilungen an die betroffenen Bereiche, Freigabe der Daten und Zeichnungen usw.

2.5.5 Rolle der Berechnungsingenieure/-ingenieurinnen im Entwicklungsprozess

So wie sich die Rolle der Konstruierenden verändert hat, hat sich in den letzten Jahren auch die Rolle der Berechnungsingenieure/-ingenieurinnen verändert:

- Während er/sie früher Simulationsaufträge bearbeitet hat, fungiert er/sie heute als Entwicklungsingenieur/-in.

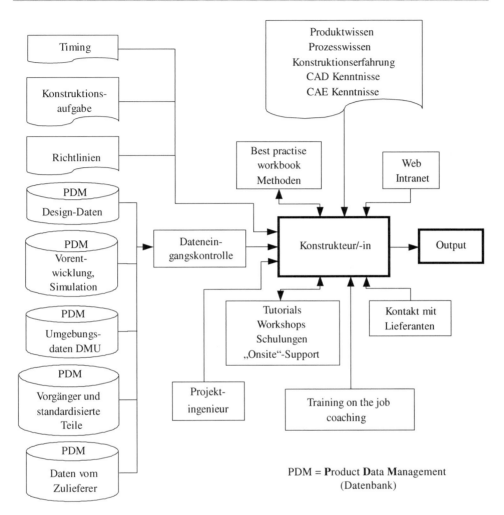

Abb. 2.13 Der/die Konstrukteur/-in im Daten- und Informationsfluss (Schumacher et al. 2002a, Teil 1, Input)

- Früher lag der Focus der Arbeit auf der Durchführung von Berechnungen. Heute wird die Simulation als Entwicklungswerkzeug eingesetzt, um die Konstruktion in Richtung der Zielwerte zu verändern.

Die Abb. 2.15 zeigt die Wechselbeziehung Konstruktion, Versuch und Simulation. Eine wichtige Rolle nimmt die Simulation ein, da das Integrationspotenzial zwischen Simulation und Konstruktion größer als zwischen Versuch und Konstruktion ist. Die Simulation kann z. B. direkt mit CAD-Modellen aus den Konstruktionsabteilungen durchgeführt werden. Die Simulationsergebnisse ihrerseits können zu

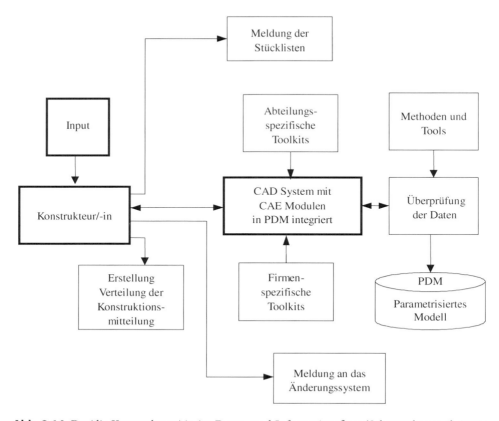

Abb. 2.14 Der/die Konstrukteur/-in im Daten- und Informationsfluss (Schumacher et al. 2002a, Teil 2, Output)

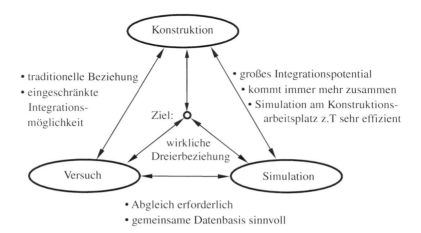

Abb. 2.15 Wechselbeziehung von Konstruktion, Versuch und Simulation

Änderungsvorschlägen führen, die im Idealfall über die CAD-*Parameter* an die Konstruktionsabteilungen zurück kommuniziert werden. Für die grobe Abschätzung der Eigenschaften einzelner Konstruktionsvarianten hat sich die *Finite Elemente Berechnung* am Konstruktionsarbeitsplatz innerhalb der CAD-Programme (z. B. NX® oder CATIA®) als eine sehr effiziente Möglichkeit erwiesen. Diese Abschätzungen stehen nicht in Konkurrenz zu den Arbeiten der Berechnungsingenieure und –ingenieurinnen (Schumacher et al. 2002a).

Durch die Simulation können bereits vor der Herstellung von Prototypen Informationen zum Bauteilverhalten generiert werden. Bei den knapp kalkulierten Entwicklungszeiten kämen Ergebnisse aus den Fahrtests im Allgemeinen nämlich viel zu spät. Der Versuch wird jedoch weiterhin eine wichtige Rolle spielen, da es bei sehr komplexen Modellen oftmals nicht möglich ist, alle Annahmen für die Simulationsrechnung richtig zu treffen. Je nach Fachdisziplin erreicht man eine gute Qualität der Ergebnisse oft nur unter Zuhilfenahme von Versuchergebnissen und einer Anpassung an diese. Ausgehend von einem mit Versuchsergebnissen validierten Modell liefert die Simulation bei moderaten Strukturveränderungen sehr gute Ergebnisse.

2.6   Hinweise zur Einführung der Optimierung im industriellen Entwicklungsprozess

Eine Umfrage von Balazs (Balazs et al. 2002) bei Industriebetrieben in Großbritannien ergab auf die Frage, warum Optimierungsverfahren nicht eingesetzt werden, folgende Gründe:

1. nicht anwendbar: 12 %,
2. keine Erfahrung: 38 %,
3. keine Möglichkeit: 26 %,
4. keine erwartete Verbesserung: 15 %,
5. andere Gründe: 9 %.

Es liegen also einige Vorbehalte gegen Optimierung vor, die aus dem Weg geräumt werden müssen, um die Strukturoptimierung erfolgreich am Entwicklungsprozess zu beteiligen. Vor allem zu den Antworten 1 und 4 ist zu bemerken, dass Optimierung eigentlich immer anwendbar ist und die Anwendung in der Regel zu Strukturverbesserungen führt. Zudem führt die Strukturoptimierung zur Verkürzung der Entwicklungszeiten. Die Verfahren der Strukturoptimierung sind als Design-Tools zu verstehen. Es muss allerdings gelingen, die tägliche Arbeit im Prozess der Strukturoptimierung abzubilden. Optimierung wird oft zu früh eingesetzt, zu einem Zeitpunkt, zu dem noch zu wenige Informationen vorhanden sind, oder sie wird zu spät eingesetzt, also dann, wenn kaum mehr etwas zu verändern ist. In der Zwischenzeit, also in der Hauptzeit der Entwicklung, wird Optimierung seltener eingesetzt. Hier gibt es noch ein starkes Verbesserungspotenzial.

Der in einem Unternehmen gelebte Entwicklungsprozess ist die Rahmenbedingung für die Einführung der Optimierung. Er hat erheblichen Einfluss auf die Möglichkeiten und die Güte der Strukturoptimierung. Es ist ein entscheidender Unterschied, ob die Optimierung nur zur Verkürzung der Entwicklungszeiten eingesetzt wird oder mit ihr neue technologische Möglichkeiten gefunden werden sollen. Besonders für Optimierungen, an denen mehrere Abteilungen beteiligt sind, den sog. multidisziplinären Optimierungen, sind folgende Fragestellungen zu klären:

- Wie ist die Organisationsstruktur in dem Unternehmen? Wie kommunizieren die Abteilungen miteinander? Inwieweit werden wesentliche Aufgaben nach Außen vergeben?
- In welcher Situation ist das Unternehmen? Ist es ausreichend, ein funktionierendes Produkt zu entwickeln oder sind zusätzlich besondere Anforderungen an das Produkt gestellt, die ohne eine aufwendige Strukturoptimierung nicht erfüllt werden können?
- Wie wird Optimierung bereits angewendet?
- Wie ist die Akzeptanz im Unternehmen für Optimierung?
- Wie ist der Trainingsstand der Mitarbeiter/-innen?
- Welche Rechnerausstattung hat das Unternehmen?
- Wie erfolgt das Datenmanagement? Welche Standards existieren?
- Wie transparent sind Gestaltungsfreiheiten im Entwurfsprozess?

Soll die mathematische Optimierung erst in den Entwicklungsprozess eingeführt werden, so sind folgende Punkte notwendig:

- Durchführung von innerbetrieblichen Informationsveranstaltungen zu den Zielen und den Möglichkeiten der Optimierung,
- Vorführung des Optimierungsprogrammsystems und Beschaffung der Zugangsmöglichkeiten für alle interessierten Mitarbeiter/-innen,
- Durchführung von Pilotprojekten, mit denen die Erfolge der Strukturoptimierung dokumentiert werden können. Dabei sollte das Team von Anfang an integriert sein.
- spezielle Optimierungsaufgaben der Mitarbeiter/-innen besprechen und die Durchführung der Optimierungen betreuen.

Folgende Fehler reduzieren den Nutzen der Optimierung:

- nicht ausreichend um den Entwicklungsprozess gekümmert, z. B. zum falschen Zeitpunkt optimiert (zu früh oder zu spät),
- unzureichende Problemdefinition,
- unzureichendes Einbeziehen relevanter Abteilungen und Disziplinen,

- zu wenig Wissen und Erfahrung in der physikalische Simulation,
- zu wenig Wissen und Erfahrung in der mathematischen Optimierung,
- Verwendung schlechter Software.

2.7   Übungsaufgaben

Aufgabe 2.1: Grundregeln zur Entwicklung einer Karosseriestruktur
Stellen Sie sich vor, Sie wären für die mechanische Gestaltung von Fahrzeugkarosserien
zuständig. Welche allgemeinen Grundregeln sind zur Konstruktion hilfreich?

Aufgabe 2.2: Spannungskonzentrationen (H,FE)
An welchen Stellen in dem in Abb. 2.16 skizzierten Blech mit Loch sind die höchsten
Spannungen zu erwarten? Schätzen Sie die Höhe der Spannung im Vergleich zu σ_x ab.
Gegeben: Belastung am Blechrand σ_x, Breite des Bleches b, Durchmesser des Lochs
$d = b/5$.

Aufgabe 2.3: Einfluss von Rippen (H,FE)
Gegeben ist ein aus Blechen zusammengesetzter Träger mit einer Rippe (versteifendes
Abschlussblech). Er ist, wie in Abb. 2.17 skizziert, mit einem Kräftepaar belastet und am
anderen Ende so gelagert, dass die Verschiebungen in Längsrichtung nicht behindert werden (zwangsfreie Drillung). Alle Bleche haben die gleiche Wanddicke. Wie wird die in der

Abb. 2.16 Scheibe mit Loch

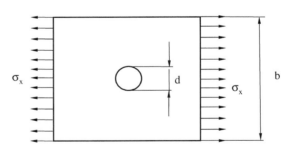

Abb. 2.17 Einfluss von Rippen

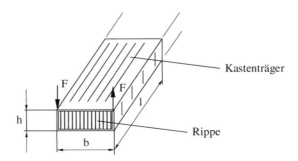

Skizze gestreift dargestellte Rippe beansprucht? Schätzen Sie die Höhe der Beanspruchung in der Rippe ab. Gegeben: Kraft F, Breite b, Höhe h, Länge l, Wanddicke t.

Aufgabe 2.4: Vergleich von Konstruktionslösungen mit unterschiedlichen Randbedingungen (H,FE)
Gegeben sind die in Abb. 2.18 skizzierten Konstruktionslösungen zur Aufnahme der Kraft F.

a) Vergleichen Sie die Verschiebungen an den Krafteinleitungen in den Konstruktionslösungen A und B (gleiches Material).
b) Wie ist das Gewichtsverhältnis, wenn in B die gleiche Verschiebung wie in A zugelassen ist?

Aufgabe 2.5: Kragbalken mit zwei unterschiedlich breiten Bereichen (H)

Berechnen Sie Verformung an der Stelle x = 0 des in Abb. 2.19 skizzierten Kragbalkens.

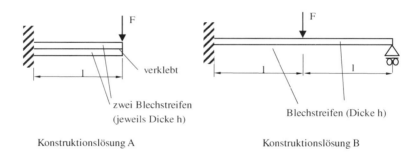

Abb. 2.18 Vergleich von Konstruktionslösungen mit unterschiedlichen Randbedingungen

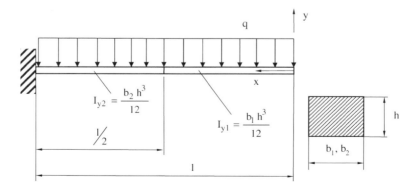

Abb. 2.19 Kragbalken mit zwei unterschiedlich breiten Bereichen

(a)

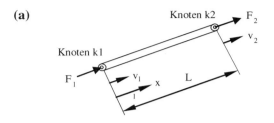

(b)

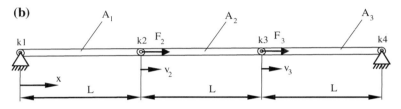

Abb. 2.20 Stab mit zwei Knoten (**a**) und Stabwerk (**b**)

Aufgabe 2.6: Herleitung der Steifigkeitsmatrix eines Stabes (A)

a) Für den in Abb. 2.20a skizzierten Stab soll die Steifigkeitsmatrix hergeleitet werden soll. Gegeben sind die Querschnittsfläche A, die Stablänge L und der Elastizitätsmodul E.

b) Berechnen Sie die Steifigkeitsmatrix einer Struktur aus drei hintereinander geschalteten Stäben mit den Querschnitten A_1, A_2 und A_3 (Abb. 2.20b). Die Struktur sei an den beiden Enden fest eingespannt und an den Mittelknoten mit den Kräften F_2 und F_3 belastet.

c) Stellen Sie die Systemgleichung für die drei Stäbe auf und ermitteln Sie die unbekannten Verschiebungen v_2 und v_3 sowie die unbekannten Kräfte F_1 und F_4.

Aufgabe 2.7: Lastfälle für die Karosserieberechnung

Stellen Sie sich vor, sie haben das statische Strukturverhalten einer Fahrzeugkarosserie zu berechnen. Welche Lastfälle würden Sie in die Simulation einbeziehen?

Literatur

Balazs ME, Parks GT, Clarkson PJ (2002) Optimization in industry – what does industry really need? In: Parmee IC, Hajela P (Hrsg) Optimization in industry. Springer, Berlin Heidelberg

Bathe KJ (1990) Finite Elemente Methode. Springer, Berlin Heidelberg

Braß E (2009) Konstruieren mit CATIA V5 – Methodik der parametrisch assoziativen Flächenmodellierung, 4. Aufl. Carl Hanser Verlag, Munich

Dems K (1991) First and second-order shape sensitivity analysis of structures. J Struct Optim 3:79–88

Eschenauer HA, Schnell W (1993) Elastizitätstheorie – Grundlagen, Flächentragwerke, Struk-turoptimierung, 3. Aufl., Bibl. Inst. Wissenschaftsverlag, Mannheim

Gross D (1992) Bruchmechanik 1. Springer, Berlin

Hahn HG (1976) Bruchmechanik: Einführung in die theoretischen Grundlagen. Teubner, Stuttgart

Hartmann F (1987) Methode der Randelemente – Boundary Elements in der Mechanik auf dem PC. Springer, Berlin

Harzheim K (2008) Strukturoptimierung – Grundlagen und Anwendungen. Verlag Harry Deutsch, Frankfurt

Klein B (2001) Leichtbaukonstruktionen, 5. Aufl. Vieweg, Wiesbaden

Lehmann A (1999) Digital Mockup – zwischen Simulation und virtueller Realität, Mobiles – Fachzeitschrift für Konstrukteure Nr. 25, Hochschule für angewandte Wissenschaften Hamburg, 1999/2000

Lochner-Aldinger I (2009) Entwurfsstrategien – Formentwicklungskonzepte im konstruktiven Ingenieurbau des 20. Jahrhunderts, Diss.. Shaker, Aachen

Ma ZD, Kikuchi N, Cheng HC (1992) Topology and shape optimization technique for structu-ral dynamic problems. PVP-Vol. 248/NE-Vol. 10, recent advances in structural mechanics – ASME 1992, 133–143

Meywerk M (2007) CAE-Methoden in der Fahrzeugtechnik. Springer, Berlin, Heidelberg

Mises R (1913) Mechanik der festen Körper im plastischen – deformablen Zustand. Nachr Königl Ges Wiss Göttingen 582–592

Nasdala L (2010) FEM-Formelsammlung Statik und Dynamik. Vieweg, Wiesbaden

Sauter J, Wingerten N (1990) Neue und alte statische Festigkeitshypothesen. VDI Fortschrittsberichte Reihe 1, Nr. 191, Düsseldorf

Schumacher A, Merkel M, Hierold R (2002a) Parametrisierte CAD-Modelle als Basis für eine CAE-gesteuerte Komponentenentwicklung. VDI Berichte 1701, 517–535

Schumacher A, Hierold R, Binde P (2002b) Finite-Elemente-Berechnung am Konstruktionsarbeitsplatz – Konzept und Realisierung. Konstruktion Nov./Dez. 11/12

Steinke P (2010) Finite-Elemente-Methode. Springer, Heidelberg

Tecklenburg G (2010) Die digitale Produktentwicklung II. Expert-Verlag, Renningen

Zienkiewicz OC (1984) Methode der finiten Elemente, 2. Aufl. Hanser, München Wien

Mathematische Grundlagen der Optimierung

3

In diesem Kapitel werden die mathematischen Grundlagen für die Optimierung behandelt. Diese Grundlagen sind das Rüstzeug, um die Arbeitsweise der in Kap. 4 vorgestellten Optimierungsverfahren verstehen zu können.

3.1   Einführung anhand eines einfachen Beispiels

Die Grundbegriffe der mathematischen Optimierung sollen an einem einfachen Beispiel erläutert werden. Es handelt sich um folgende Aufgabenstellung: Ein oben offener Behälter (s. Abb. 3.1) mit quadratischer Grundfläche soll aus einem Blech hergestellt werden. Die Frage ist, wie müssen Höhe h und Seitenlänge der Grundfläche a bemessen werden, damit der Behälter bei einem Blechbedarf von 2 m^2 ein maximales Volumen beinhaltet? Die Vorgabe, eine quadratische Grundfläche zu nehmen, ist eine typische Einschränkung die die Optimierungsaufgabe vereinfacht.

Das Volumen bzw. die Behälteroberfläche berechnet sich aus:

$$V = a^2 h \quad \text{und} \quad A = a^2 + 4ah \ \Leftrightarrow \ h = \frac{A - a^2}{4a} \ \text{somit ist} \ V = \frac{a \, (A - a^2)}{4}.$$

Die erste Optimierungsaufgabe lautet mit x = a (Entwurfsvariablen werden ab jetzt immer mit x bezeichnet):

$$\max \ V(x) = \frac{x \, (A - x^2)}{4}.$$

Hierzu kann man die Funktion zweimal ableiten. Die erste Ableitung wird gleich Null gesetzt (notwendige Bedingungen) und mit der zweiten Ableitung wird überprüft, ob es sich um ein Minimum oder ein Maximum handelt (hinreichende Bedingungen):

$$\frac{dV}{dx} = \frac{A - 3 \, x^2}{4} = 0, \ \text{somit ist} \ x_{12} = \pm \sqrt{\frac{A}{3}}, \quad \frac{d^2V}{dx^2} = -\frac{3}{2} \, x$$

A. Schumacher, *Optimierung mechanischer Strukturen*,
DOI: 10.1007/978-3-642-34700-9_3, © Springer-Verlag Berlin Heidelberg 2013

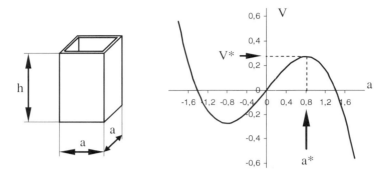

Abb. 3.1 Abhängigkeit des Volumens V eines offenen Behälters von der Seitenlänge der quadratischen Grundfläche a bei vorgegebener Behälteroberfläche

Jetzt ist es noch notwendig, den Gültigkeitsbereich so zu definieren, dass keine negativen Seitenlängen auftreten. Damit wird bei $x^* = a^* = 0{,}8165$ m und $h^* = 0{,}4082$ m das Maximum von V erreicht ($V^* = 0{,}272$ m3). Die Optimalpunkte werden immer mit Stern bezeichnet.

Oft sind noch Restriktionen zu berücksichtigen. Abbildung 3.2 zeigt die Optimierungsaufgabe, wenn unterschiedliche Restriktionen berücksichtigt werden müssen.

Die Ungleichheitsrestriktion $g_1(x)$ teilt den Lösungsraum in einen zulässigen und einen unzulässigen Bereich auf. Links im Bild hat die Restriktion keinen Einfluss auf das Optimum, während rechts im Bild die Restriktion aktiv ist, d. h. das Optimum liegt auf der Restriktionsgrenze. An dieser Stelle ist die Ableitung nicht mehr gleich Null, was wir ja oben für die Suche nach dem Maximum verwendet haben. Für den Nachweis der Existenz eines Optimums an einer Restriktion gibt es erweiterte Bedingungen, die später vorgestellt werden.

Die Ungleichheitsrestriktion $g_2(x)$ beschränkt die Zielfunktion und erzeugt zwei zulässige Bereiche mit je einem Optimum. Diese Optima liegen auf der Restriktionsgrenze. Die Gleichheitsrestriktion $h(x)$ lässt nur zwei Werte zu, welche ebenfalls die Optima sind. Weitere Fälle liegen vor, wenn unterschiedliche Restriktionen gleichzeitig betrachtet werden müssen. Auch ist es denkbar, dass eine Aufgabenstellung über-restringiert ist, sodass keine Lösung existiert.

3.2 Formulierung des Optimierungsproblems

Allgemein besteht die Optimierungsaufgabe darin, eine vom Vektor der Entwurfsvariablen abhängige Zielfunktion $f(\mathbf{x})$ zu minimieren

$$\min\ f(\mathbf{x}) \qquad \text{Zielfunktion } (objective\ function) \tag{3.1}$$

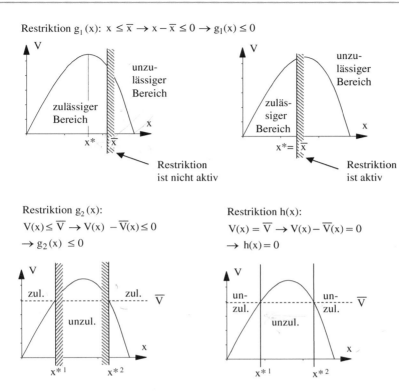

Restriktion $g_1(x)$: $x \leq \overline{x} \rightarrow x - \overline{x} \leq 0 \rightarrow g_1(x) \leq 0$

Abb. 3.2 Berücksichtigung unterschiedlicher Restriktionen

und dabei folgende Restriktionen einzuhalten:

$g_j(\mathbf{x}) \leq 0 \qquad j = 1, m_g$ Ungleichkeitsrestriktionen (*inequality constraints*)

$h_k(\mathbf{x}) = 0 \qquad k = 1, m_h$ Gleichheitsrestriktionen (*equality constraints*)

$x_i^l \leq x_i \leq x_i^u \quad i = 1, n$ explizite Restriktionen (*side constraints, upper and lower bounds*)

Die Beschränkung auf „min $f(\mathbf{x})$" bei der Formulierung macht in der Praxis kein Problem, weil man für Maximierungsaufgaben mit max $f(\mathbf{x}) = \min -f(\mathbf{x})$ das Problem leicht umformulieren kann. Das gleiche gilt für die Ungleichheitsrestriktionen und Gleichheitsrestriktionen, die immer in der obigen Form definiert werden sollen. Alle Restriktionsformulierungen sind auf diese Formen transformierbar.

In geschlossener Form kann man die Optimierungsaufgabe auch folgendermaßen ausdrücken:

$$f^* \left(\mathbf{x}^* \right) = \min_{\mathbf{x}} \left\{ f \left(\mathbf{x} \right) | \mathbf{x} \in X \right\} \quad \text{mit} \quad X = \left\{ \mathbf{x} \in \mathfrak{R}^n \, | \mathbf{g}(\mathbf{x}) \leq 0, \ \mathbf{h} \left(\mathbf{x} \right) = \mathbf{0} \right\}, \quad (3.2)$$

mit der n-dimensionalen Menge der reellen Zahlen $\mathfrak{R}^n$, dem zulässigen Entwurfsraum X, dem Gleichheitsrestriktionsvektor $\mathbf{h}(\mathbf{x})$ und dem Ungleichheitsrestriktionsvektor $\mathbf{g}(\mathbf{x})$.

3.3   Globales und lokales Minimum – Konvexität

Je nach Beschaffenheit der zu berücksichtigenden Ziel- und Restriktionsfunktionen hat ein mathematischer Optimierungsalgorithmus mehr oder weniger gute Möglichkeiten das Optimum zu finden. Sind z. B. die Funktionen hochgradig nicht-linear, so werden die Algorithmen in der Regel länger brauchen, um zum Optimum zu gelangen. Für die meisten Optimierungsalgorithmen ist eine andere Eigenschaft der Funktionen problematischer: Im Allgemeinen haben Funktionen mehrere lokale Minima von denen nur Eines auch das globale bzw. absolute Minimum ist (Abb. 3.3).

Viele Optimierungsalgorithmen finden nur das für sie erreichbare lokale Minimum. Soll das globale Minimum gefunden werden, muss also sichergestellt werden, dass die Funktion nur ein Minimum hat. Das gilt immer für konvexe Funktionen. Eine Funktion $f(x)$ mit $\mathbf{x} \in [\mathbf{x}^l, \ \mathbf{x}^u]$ heißt konvex, wenn gilt:

$$f(\Theta\, \mathbf{x}_A + (1 - \Theta)\, \mathbf{x}_B) \leq \Theta\, f(\mathbf{x}_A) + (1 - \Theta)\, f(\mathbf{x}_B) \tag{3.3}$$

für alle $\mathbf{x}_A, \ \mathbf{x}_B \in [\mathbf{x}^l, \ \mathbf{x}^u]$ mit der Laufvariablen $\Theta \in [0, \ 1]$, s. Abb. 3.4.

Bildlich gesprochen, darf die gerade Verbindung zweier Punkte auf der Funktion den Graphen dieser Funktion nie schneiden. Die Konvexität ist eine etwas zu strenge Bedingung, wie die in Abb. 3.4 dargestellte Funktion zeigt. Sie hat nur ein Minimum, ohne konvex zu sein. Dieses Minimum würde von Optimierungsalgorithmen gefunden.

Der hier am Beispiel einer Entwurfsvariablen x dargestellte Sachverhalt der Konvexität gilt natürlich auch bei mehreren Entwurfsvariablen.

Die Restriktionsfunktionen müssen ebenfalls konvex sein (Abb. 3.5). Eine Menge M heißt konvex, wenn gilt:

$$\mathbf{y} = \Theta\, \mathbf{x}_A + (1 - \Theta)\, \mathbf{x}_B \in M \quad \text{und} \quad \mathbf{x}_A, \ \mathbf{x}_B \in M \ \text{ mit } \Theta \in [0, \ 1]. \tag{3.4}$$

In Abb. 3.5 ist die Restriktion nicht-konvex, es existieren zwei lokale Minima für die Zielfunktion f. Man kann sagen: Wenn die Optimierungsaufgabe konvex ist, d. h. die Zielfunktion und der zulässige Bereich konvex sind, dann gibt es nur ein lokales Minimum, welches auch das globale Minimum ist. Die Konvexität erreicht man z. B. auch durch Verkleinern des Bereichs $\mathbf{x} \in [\mathbf{x}^l, \ \mathbf{x}^u]$.

Abb. 3.3 Funktion mit
mehreren lokalen Minima

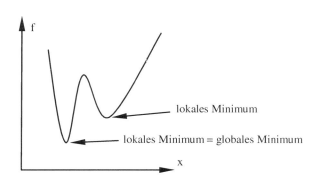

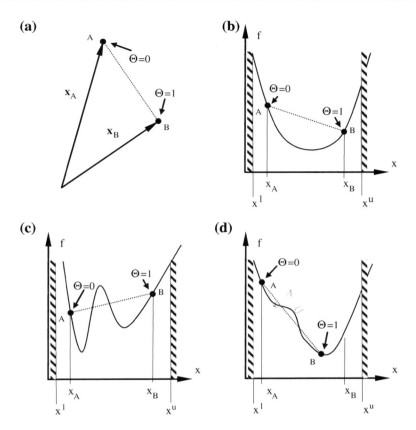

Abb. 3.4 Test der Konvexität einer Funktion. **a** Suche nach der geraden Verbindung zweier Vektoren im Entwurfsraum, **b** Konvexe Funktion entlang einer geraden Verbindung, **c** Nicht-konvexe Funktion, **d** Nicht-konvexe Funktion mit nur einem Minimum

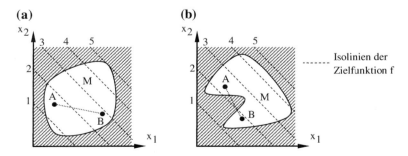

Abb. 3.5 Zulässige Entwurfsräume zur Darstellung der Konvexität bei Restriktionen. **a** konvexe Menge, **b** nicht-konvexe Menge

Da die Funktionen bei realen Optimierungsaufgaben nur an einzelnen Stellen bekannt sind, und keine Aussagen über den gesamten Verlauf vorliegen, ist eine Aussage, ob ein Problem konvex oder nicht-konvex ist, nicht möglich. Das globale Optimum kann also nicht sicher gefunden werden. Man hilft sich, in dem man die Optimierungen von verschiedenen Startpunkten beginnt (Jain und Agogino 1989). Das erhöht die Wahrscheinlichkeit das globale Optimum zu finden, eine Sicherheit ist das allerdings auch nicht.

3.4   Bedingungen für die Existenz eines lokalen Minimums

Für die Existenz eines lokalen Minimums an der Stelle $\mathbf{x}^*$ kann mit Hilfe der partiellen Ableitungen der Zielfunktion nach den Entwurfsvariablen folgende notwendige Bedingung angegeben werden:

$$\begin{pmatrix} \frac{\partial f}{\partial x_1} \\ \frac{\partial f}{\partial x_2} \\ \vdots \\ \frac{\partial f}{\partial x_n} \end{pmatrix}_{\mathbf{x}^*} = \mathbf{0} \tag{3.5}$$

Eine hinreichende Bedingung lässt sich mit Hilfe der HESSE-Matrix angeben, die aus den zweiten Ableitungen zusammengestellt ist. Sie muss positiv definit sein, d. h. alle Eigenwerte ψ der folgenden Gleichung müssen positiv sein:

$$\det\left[\begin{pmatrix} \frac{\partial^2 f}{\partial x_1^2} & \frac{\partial^2 f}{\partial x_1\,\partial x_2} & \cdots & \frac{\partial^2 f}{\partial x_1\,\partial x_n} \\ \frac{\partial^2 f}{\partial x_2\,\partial x_1} & \frac{\partial^2 f}{\partial x_2^2} & \cdots & \frac{\partial^2 f}{\partial x_2\,\partial x_n} \\ \vdots & \vdots & \vdots & \vdots \\ \frac{\partial^2 f}{\partial x_n\,\partial x_1} & \frac{\partial^2 f}{\partial x_n\,\partial x_2} & \cdots & \frac{\partial^2 f}{\partial x_n^2} \end{pmatrix}_{\mathbf{x}^*} - \psi\begin{pmatrix} 1 & 0 & \cdots & 0 \\ 0 & 1 & \cdots & 0 \\ \vdots & \vdots & \vdots & \vdots \\ 0 & 0 & \cdots & 1 \end{pmatrix}\right] = 0 \tag{3.6}$$

Bei zwei Entwurfsvariablen bedeuten diese Kriterien, dass an der Stelle $\mathbf{x}^*$ die Tangentenebene der Zielfunktion parallel zur Grundfläche ist und in beiden Richtungen eine positive Krümmung besitzt.

Beispielsweise kann man für die Minimierung der Funktion $f(x_1, x_2) = x_1^2 + x_2^2 - (x_1 + x_2)$ mit Hilfe der notwendigen Bedingung die optimalen Werte für x_1 und x_2 ermitteln:

$$\frac{\partial f}{\partial x_1} = 2x_1 - 1 = 0 \quad \text{und} \quad \frac{\partial f}{\partial x_2} = 2x_2 - 1 = 0 \;\rightarrow\; x_1^* = 0{,}5 \text{ und } x_2^* = 0{,}5.$$

Das entspricht einem Funktionswert von $f^* = -0{,}5$. Als hinreichende Bedingung müssen dann die Eigenwerte ψ der Gl. (3.6) größer als Null sein:

$$\det\left[\begin{pmatrix} 2 & 0 \\ 0 & 2 \end{pmatrix} - \psi \begin{pmatrix} 1 & 0 \\ 0 & 1 \end{pmatrix}\right] = 0 \rightarrow \det\left[\begin{pmatrix} 2-\psi & 0 \\ 0 & 2-\psi \end{pmatrix}\right] = 0$$

$$\rightarrow (2-\psi)^2 = 0 \rightarrow \psi_{1,2} = +2$$

Das Arbeiten mit der HESSE-Matrix soll mit Aufgabe 3.1 geübt werden.

3.5 Behandlung restringierter Optimierungsaufgaben mit der LAGRANGE-Funktion

Eine restringierte Optimierungsaufgabe kann mit Hilfe der LAGRANGE-Funktion so umformuliert werden, dass die Aufgabe mit einer Gleichung beschreibbar ist:

$$L(\mathbf{x}, \lambda) = f(\mathbf{x}) + \sum_{j=1}^{m_g} \lambda_j \left(g_j(\mathbf{x}) + \mu_j^2 \right) + \sum_{k=1}^{m_h} \lambda_k h_k(\mathbf{x}). \tag{3.7}$$

Die LAGRANGE-Multiplikatoren λ_j und λ_k beschreiben den Einfluss der jeweiligen Restriktionen $g_j(\mathbf{x})$ und $h_k(\mathbf{x})$ auf das Minimum der LAGRANGE-Funktion. Für nicht-aktive Restriktionen sind die LAGRANGE-Multiplikatoren gleich Null. Durch die Bedingung $\lambda_j \geq 0$ und die Einführung der *Schlupfvariablen* μ_j^2, welche den Abstand der Ungleichheitsrestriktionen zu den jeweiligen Grenzen beschreiben, können die Ungleichheitsrestriktionen wie Gleichheitsrestriktionen behandelt werden. Die Ableitungen der LAGRANGE-Funktion nach den Entwurfsvariablen, den LAGRANGE-Multiplikatoren und den Schlupfvariablen liefern die Bedingungen für die Existenz eines Optimums:

$$\left.\frac{\partial L(\mathbf{x}, \lambda)}{\partial x_i}\right|_{\mathbf{x}^*} = \left.\frac{\partial f(\mathbf{x})}{\partial x_i}\right|_{\mathbf{x}^*} + \sum_{j=1}^{m_g} \lambda_j \left.\frac{\partial g_j(\mathbf{x})}{\partial x_i}\right|_{\mathbf{x}^*} + \sum_{k=1}^{m_h} \lambda_k \left.\frac{\partial h_k(\mathbf{x})}{\partial x_i}\right|_{\mathbf{x}^*} = 0 \quad \text{für } i = 1, n \tag{3.8}$$

$$\left.\frac{\partial L(\mathbf{x}, \lambda)}{\partial \lambda_j}\right|_{\mathbf{x}^*} = g_j(\mathbf{x}) + \mu_j^2 = 0 \quad \text{für } j = 1, m_g \tag{3.9}$$

$$\left.\frac{\partial L(\mathbf{x}, \lambda)}{\partial \lambda_k}\right|_{\mathbf{x}^*} = h_k(\mathbf{x}) = 0 \quad \text{für } j = 1, m_h \tag{3.10}$$

$$\left.\frac{\partial L(\mathbf{x}, \lambda)}{\partial \mu_j}\right|_{\vec{x}^*} = 2\lambda_j \mu_j = 0 \quad \text{für } j = 1, m_g \tag{3.11}$$

Diese sog. KUHN-TUCKER-Bedingungen (Kuhn und Tucker 1951) sind notwendige Bedingungen für die Existenz lokaler Minima. In Gl. (3.9) und (3.10) finden sich die Restriktionen. Mit Gl. (3.11) wird gewährleistet, dass entweder der LAGRANGE-Multiplikator oder die Schlupfvariable gleich Null ist. Damit ist die Behandlung restringierter Optimierungsaufgaben möglich.

Ein Beispiel:

$$\min \{f = 8x_1^2 - 8x_1x_2 + 3x_2^2\} \tag{a}$$

mit den zu erfüllenden Restriktionen:

$$g_1 = x_1 - 4x_2 + 3 \le 0 \quad \text{und} \quad g_2 = -x_1 + 2x_2 \le 0 \text{ für } x_1, x_2 > 0.$$

Die LAGRANGE-Funktion lautet für diese Aufgabe (zur Vereinfachung ohne die Restriktionen $x_1 > 0$ und $x_2 > 0$):

$$L = 8x_1^2 - 8x_1x_2 + 3x_2^2 + \lambda_1 \left(x_1 - 4x_2 + 3 + \mu_1^2\right) + \lambda_2 \left(-x_1 + 2x_2 + \mu_2^2\right) \tag{b}$$

Die KUHN-TUCKER-Bedingungen lauten:

$$\frac{\partial L}{\partial x_1} = 16x_1 - 8x_2 + \lambda_1 - \lambda_2 = 0 \tag{c}$$

$$\frac{\partial L}{\partial x_2} = -8x_1 + 6x_2 - 4\lambda_1 + 2\lambda_2 = 0 \tag{d}$$

$$\frac{\partial L}{\partial \lambda_1} = x_1 - 4x_2 + 3 + \mu_1^2 = 0 \tag{e}$$

$$\frac{\partial L}{\partial \lambda_2} = -x_1 + 2x_2 + \mu_2^2 = 0 \tag{f}$$

$$\frac{\partial L}{\partial \mu_1} = 2\lambda_1 \mu_1 = 0 \tag{g}$$

$$\frac{\partial L}{\partial \mu_2} = 2\lambda_2 \mu_2 = 0 \tag{h}$$

Dieses Gleichungssystem mit 6 Unbekannten wird gelöst. Dabei können bezüglich der Aktivität der Restriktionen 4 Fälle unterschieden werden, s. Tab. 3.1.

Das es in drei Fällen keine Lösung gibt, erkennt man schnell daran, dass zur Berechnung der Schlupfvariable die Wurzel aus einer negativen Zahl gezogen werden muss, also eine komplexe Zahl entsteht.

Die Aufgaben 3.2 und 3.3 dienen zum Üben des Umgangs mit der LAGRANGE-Funktion.

In den meisten Optimierungsalgorithmen werden die KUHN-TUCKER-Bedingungen nicht zum Finden der Lösungen, sondern zum Test von bereits gefundenen Lösungen verwendet. Deshalb ist es durchaus üblich, die Grenzen der Entwurfsvariablen nicht in die KUHN-TUCKER-Bedingungen einzubauen. Vertiefende Darstellungen der Grundlagen sind z. B. in (Himmelblau 1972; Greig 1980; Gill et al. 1981) zu finden.

3.6   Grundlagen der Stochastik

Aufgrund der Streuungen der Einflussgrößen gleicht kein vermeintlich gleiches Bauteil dem anderen. Dies ist in der Optimierung von Bauteilstrukturen von elementarer Bedeutung. Basis für die Berücksichtigung der Streuungen ist die Annahme einer

Tab. 3.1 Fallunterscheidungen für die Suche der optimalen Lösung für das Beispiel

	Fall 1	Fall 2	Fall 3	Fall 4
	$\lambda_1 \neq 0 \quad \lambda_2 = 0$	$\lambda_1 = 0 \quad \lambda_2 = 0$	$\lambda_1 \neq 0 \quad \lambda_2 \neq 0$	$\lambda_1 = 0 \quad \lambda_2 \neq 0$
(g), (h)	$\mu_1 = 0$	–	$\mu_1 = 0 \quad \mu_2 = 0$	$\mu_2 = 0$
(e), (f)	$g_1 = 0$	–	$g_1 = 0 \quad g_2 = 0$	$g_2 = 0$
(c)	$16x_1 - 8x_2$ $+ \lambda_1 = 0$	$16x_1 - 8x_2 = 0$	$16x_1 - 8x_2$ $+\lambda_1 - \lambda_2 = 0$	$16x_1 - 8x_2$ $- \lambda_2 = 0$
(d)	$-8x_1 + 6x_2$ $-4\lambda_1 = 0$	$-8x_1 + 6x_2 = 0$	$-8x_1 + 6x_2$ $-4\lambda_1 + 2\lambda_2 = 0$	$-8x_1 + 6x_2$ $+ 2\lambda_2 = 0$
(e)	$x_1 - 4x_2 + 3 = 0$	$x_1 - 4x_2$ $+ 3 + \mu_1{}^2 = 0$	$x_1 - 4x_2 + 3 = 0$	$x_1 - 4x_2 + 3$ $+ \mu_1^2 = 0$
(f)	$-x_1 + 2x_2$ $+ \mu_2^2 = 0$	$-x_1 + 2x_2$ $+ \mu_2^2 = 0$	$-x_1 + 2x_2 = 0$	$-x_1 + 2x_2 = 0$
x_1^*	keine	keine	3	keine
x_2^*	Lösung	Lösung	1,5	Lösung
f^*	–	–	42,75	–

theoretischen Verteilung zufälliger Ereignisse. Das Würfeln ist beispielsweise ein *gleichverteiltes* Zufallsexperiment, deren *Wahrscheinlichkeitsdichtefunktion* für ein Ereignis g kann folgendermaßen beschrieben werden kann:

$$W(g) = \frac{1}{N}, \tag{3.12}$$

wobei N die Anzahl der Experimente im Ereignisraum Ω ist.

Im folgenden werden die grundlegenden Zusammenhänge an einer anderen Verteilungsfunktion, der häufig vorkommenden *GAUSSschen Normalverteilung* beispielhaft dargestellt. Es wird der *Vertrauensbereich* ermittelt. Die *Wahrscheinlichkeitsdichtefunktion* der *GAUSSschen Normalverteilung* für Ereignis g kann folgendermaßen beschrieben werden:

$$W(g) = \frac{1}{\sigma\sqrt{2\pi}} \exp\left(-\frac{(g-\mu)^2}{2\sigma^2}\right), \tag{3.13}$$

wobei σ die *theoretische Varianz* und der μ Erwartungswert ist (s. Abb. 3.6). Die Berechnung des *Vertrauensbereichs* basierend auf einer Reihe von Experimenten erfolgt nach folgendem Schema:

1. Durchführung der N Experimente (bzw. Rechnungen) und Ermittlung der Ergebnisse aller Experimente g_i
2. Berechnung des arithmetischen Mittelwerts aller Experimente $\bar{g}$
3. Berechnung der Standardabweichung mit

$$s = \pm\sqrt{\frac{\sum(g_i - \bar{g})^2}{N-1}}$$

Abb. 3.6 *GAUSSsche*
Normalverteilung
(Erwartungswert $\mu = 5$,
theoretische Varianz $\sigma = 1$)

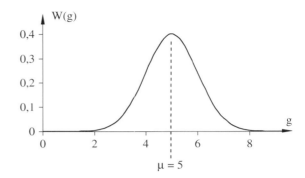

Tab. 3.2 Bestimmung des
Vertrauensbereichs: t-Werte
in Abhängigkeit der Anzahl
der Experimente (Beispiel:
95 %-Quantile)

N	t für 95 %-Quantile
2	12.71
3	4.30
4	3.18
5	2.78
6	2.57
7	2.45
8	2.37
9	2.31
10	2.26

Tab. 3.3 σ-Bereiche, deren Quantile und die Fehler pro Millionen

σ-Bereich	Quantil	Fehler pro Millionen (kurze Zeit)	Fehler pro Millionen (lange Zeit, Verschiebung 1,5σ)
$\pm 1\sigma$	68,26	317400	697700
$\pm 2\sigma$	95,46	45400	308733
$\pm 3\sigma$	99,73	0,997	66803
$\pm 4\sigma$	99,9937	63	6200
$\pm 5\sigma$	99,999943	0,57	233
$\pm 6\sigma$	99,9999998	0,002	3,4

4. Berechnung des Vertrauensbereichs unter Verwendung der t-Werte aus Tab. 3.2
   (95 %-Quantile) mit

$$\bar{g} \pm t \cdot \frac{s}{\sqrt{N}}$$

mit Aufgabe 3.4 kann die Berechnung von Vertrauensbereichen geübt werden.

   Die 95 %-Quantile sind lediglich für grobe Abschätzungen zu verwenden. Tabelle 3.3
gibt Bereiche der theoretischen Varianz σ, deren Quantile und die Fehler pro Millionen
wieder (Harry und Schroeder 2002).

3.7   Übungsaufgaben

Aufgabe 3.1: Finden lokaler Minima (H)

Gegeben ist die Funktion

$$f(x_1, x_2) = 4 + \frac{9}{2}x_1 - 4x_2 + x_1^2 + 2x_2^2 - 2x_1x_2 + x_1^4 - 2x_1^2x_2$$

Bestimmen Sie die lokalen Minima der Funktion und weisen Sie für diese Punkte nach, dass die notwendigen und hinreichenden Bedingungen für das jeweilige Minimum erfüllt sind.

Aufgabe 3.2: Berücksichtigung von Restriktionen (H)

Die Funktion $f(x_1, x_2) = x_1^2 + x_2^2 - (x_1 + x_2)$ soll unter Berücksichtigung der Restriktion $x_1 - x_2 + 0{,}25 = 0$ minimiert werden.

Aufgabe 3.3: Optimierung eines Kragbalkens (H)

Lösen Sie für den in Aufgabe 2.5 (Abb. 2.19) analytisch berechneten Kragbalken folgende Optimierungsaufgabe: Minimierung der Absenkung des äußeren Punktes (bei $x = 0$)

$$w_0 = \frac{12\,q\,l^4}{h^3\,E}\left[\frac{1}{128\,b_1} + \frac{1}{8\,b_2} - \frac{1}{128\,b_2}\right]. \tag{a}$$

Dabei sollen die Breiten b_1 und b_2 optimal eingestellt werden. Zu beachten ist eine Gewichtsrestriktion, die mit der Beziehung

$$B = b_1 + b_2 \tag{b}$$

berücksichtigt werden soll.

Aufgabe 3.4: Berechnung von Vertrauensbereichen (H)

Experimente an vermeintlich gleichen Bauteilen haben folgende unterschiedliche Ergebnisse geliefert: 4,4; 4,8; 4,9; 5,3; 5,5. Berechnen Sie den Vertrauensbereich, in dem 90 % aller vermeintlich gleichen Ereignisse liegen (95 % Quantile). Nehmen Sie an, dass die Zufallexperimente normal verteilt sind.

Literatur

Gill PE, Murray W, Wright MH (1981) Practical optimization. Academic Press, London

Greig DM (1980) Optimisation. Longman Group, London

Harry M, Schroeder R (2002) Six Sigma: The breakthrough management strategy revolutionizing the world's top corporations. Doubleday, New York

Himmelblau DM (1972) Applied nonlinear programming. Mc Graw-Hill, New York

Jain P, Agogino MA (1989) Global optimization using the multistart method. In: Proceedings of the 1989 ASME advances in design automation conference, session optimization theory, vol 19.1. New York, S 39–44

Kuhn HW, Tucker AW (1951) Nonlinear programming. In: Neyman J (Hrsg) Proceedings of the 2nd Berkeley symposium on mathematical statistics and probability, University of California, Berkeley

Optimierungsverfahren

In diesem Kapitel werden allgemein einsetzbare Optimierungsverfahren beschrieben, die aber bereits mit dem Fokus auf die Optimierung mechanischer Strukturen behandelt werden. Das Konzept der Optimierungsverfahren ist die iterative Annäherung an das Optimum mit folgendem Ablauf (Optimierungsalgorithmus):

1. Festlegung des Startentwurfs $\mathbf{x}^{(k)}$ mit $k = 0$
2. Änderung des Entwurfs nach einem bestimmten Kriterium $\mathbf{x}^{(k+1)} = \mathbf{x}^{(k)} + \Delta\mathbf{x}^{(k)}$
3. Überprüfung der Abbruchkriterien (z. B. KUHN-TUCKER-Bedingungen), wenn nicht erfüllt, gehe zu 2 mit $k = k + 1$.
4. Optimale Lösung $\mathbf{x}^* = \mathbf{x}^{(k+1)}$

Die vorgestellten Optimierungsalgorithmen und Optimierungsansätze sind eine Auswahl aus weltweit über 1000 verschiedenen Softwareprogrammen. Zunächst werden Algorithmen der *Mathematischen Programmierung* behandelt, für die meist ein konvexes Optimierungsproblem vorausgesetzt wird, sodass sie nicht gewährleisten, das globale Optimum zu finden. Die Optimierungsprobleme lassen sich in restringierte Probleme, d. h. solche mit Nebenbedingungen und nicht-restringierte Probleme, bei denen nur die Zielfunktion betrachtet werden muss, klassifizieren. Die nicht-restringierten Optimierungsprobleme sind in der Regel einfacher zu handhaben. Ein wichtiger Bestandteil vieler Algorithmen ist die Approximation der Ziel- und Restriktionsfunktionen. Die Approximationsmethoden und die approximationsbasierten Optimierungsalgorithmen werden beschrieben und danach weitere, z. B. *stochastische* Verfahren, vorgestellt. Oft wird die ausschließliche Annahme von diskreten Werten der Entwurfsvariablen gefordert. Die entsprechenden Optimierungsalgorithmen werden ebenfalls besprochen. Sehr effizient kann die *regelbasierte* Suche des optimalen Entwurfs sein. Die entsprechenden Optimierungsalgorithmen sind allerdings sehr spezialisiert. Das Kapitel schließt ab mit Hinweisen zur Auswahl und Kombination der Optimierungsalgorithmen.

A. Schumacher, *Optimierung mechanischer Strukturen*,
DOI: 10.1007/978-3-642-34700-9_4, © Springer-Verlag Berlin Heidelberg 2013

4.1   Optimierung ohne Restriktionen

4.1.1   Eindimensionale Optimierung

Ein Teilschritt bei der Lösung von Problemen mit mehreren Entwurfsvariablen ist die eindimensionale Optimierung (s. Abb. 4.1), auch *Line Search* genannt.

Die eindimensionale Optimierung erfolgt in einer vorher festgelegten Suchrichtung $\mathbf{p}^{(k)}$ (s. Abb. 4.1a), deren Bestimmung später behandelt wird. Diese Suchrichtung wird innerhalb der eindimensionalen Optimierung nicht mehr geändert. Die eindimensionale Optimierungsaufgabe lautet im k-ten Optimierungsschritt mit der temporären Entwurfsvariablen α:

$$\min_{\alpha} \; f\left(\mathbf{x}^{(k)} + \alpha \mathbf{p}^{(k)}\right) \tag{4.1}$$

wobei $\mathbf{x}^{(k)}$ der Vektor der Entwurfsvariablen und $\mathbf{p}^{(k)}$ die Suchrichtung ist. Ergebnis der eindimensionalen Optimierung ist das optimale α^{*}, also die optimale Schrittweite in einer vorgegebenen Richtung.

Die Effizienz der eindimensionalen Optimierung misst sich an der Zahl der erforderlichen Funktionsaufrufe bis zum Erreichen des Optimums. Es haben sich zwei besonders effiziente Verfahren zur eindimensionalen Optimierung durchgesetzt, die im Folgenden beschrieben werden.

4.1.1.1 Methode des goldenen Schnitts (Intervallreduktion)

Eine Möglichkeit, das Minimum möglichst schnell zu finden, liegt in der schnellen Reduzierung des Intervalls, in dem das Minimum mit Sicherheit liegt. Die *Methode des goldenen Schnitts* ist die effektivste Methode zur Intervallreduktion.

Wenn eine Funktion $f(\alpha)$ in einem betrachteten Intervall nur eine Minimalstelle besitzt (konvexes Problem), so kann die Intervallreduktion ohne Stetigkeits- und Differenzierbarkeitsforderungen durchgeführt werden. Die Einschränkung des Suchintervalls

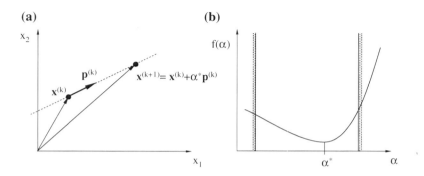

Abb. 4.1 Eindimensionale Minimierung längs einer Geraden in der Suchrichtung $\mathbf{p}^{(k)}$. **a** Darstellung im Entwurfsraum, **b** Verlauf der Zielfunktion f entlang der Variablen α

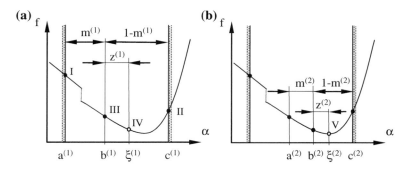

Abb. 4.2 Intervallschachtelung mithilfe des Verhältnisses des goldenen Schnitts. **a** Iterationsschritt 1, **b** Iterationsschritt 2

erfolgt durch einen Vergleich einzelner Funktionswerte. In Abb. 4.2a ist eine Funktion skizziert, für die an einzelnen Stellen Funktionsauswertungen durchgeführt werden. Basierend auf den Auswertungen I bis IV wird die Intervallreduktion durchgeführt. Wenn „f(a) > f(b)" und „f(b) < f(c)" ist, dann liegen zwei zu unterscheidende Fälle vor:

Fall 1: $f(b) < f(\xi) \rightarrow$ Verwendung des Intervalls $[a, \xi]$ für die weitere Suche,
Fall 2: $f(b) > f(\xi) \rightarrow$ Verwendung des Intervalls $[b, c]$ für die weitere Suche.

Die Frage ist, wie kann die Position von x bestimmt werden, sodass die Intervallreduktion am schnellsten erfolgen kann. Betrachtet werden hierzu die Intervalllängen mit folgenden Normierungen für den Iterationsschritt k:

$$m^{(k)} = \frac{b^{(k)} - a^{(k)}}{c^{(k)} - a^{(k)}}, \quad 1 - m^{(k)} = \frac{c^{(k)} - b^{(k)}}{c^{(k)} - a^{(k)}}, \quad z^{(k)} = \frac{\xi^{(k)} - b^{(k)}}{c^{(k)} - a^{(k)}}.$$

Im Fall 1 ist die Länge des neuen Suchintervalls $m^{(k)} + z^{(k)}$, im Fall 2 ist die Länge $1 - m^{(k)}$. Damit die Wahrscheinlichkeit, dass das Minimum in einem der beiden Suchintervalle liegt, gleich groß ist, ist es am besten, wenn die Intervalle gleich groß sind. So ergibt sich für $m^{(k)} < 0.5$ die Forderung

$$1 - m^{(k)} = m^{(k)} + z^{(k)} \Leftrightarrow z^{(k)} = 1 - 2m^{(k)}.$$

Nach dem Verkleinern soll das Verhältnis gleich groß sein. Damit erhält man:

$$\frac{m^{(k)*}}{1 - m^{(k)*}} = \frac{z^{(k)}}{1 - m^{(k)*} - z^{(k)}} = \frac{1 - 2m^{(k)*}}{m^{(k)*}}$$

$$\Leftrightarrow \left(m^{(k)*}\right)^2 = 1 - 2m^{(k)*} - m^{(k)*} + 2\left(m^{(k)*}\right)^2 \Leftrightarrow \left(m^{(k)*}\right)^2 - 3m^{(k)*} + 1 = 0$$

mit $m_{1,2}^{(k)*} = \frac{3}{2} \pm \sqrt{\frac{9}{4} - 1}$. Damit folgt für $m^{(k)} < 0{,}5$: $m^{(k)*} = \frac{3 - \sqrt{5}}{2} = 0{,}382$.

Die Länge des Intervalls reduziert sich in jedem Schritt um das Verhältnis $m^{(k)*}$ zu $1-m^{(k)*}$ von 0,618, wobei für jeden Schritt nur eine Funktionsauswertung notwendig ist (siehe Übungsaufgabe 4.1). Das Verhältnis 0,618 entspricht dem Verhältnis des goldenen Schnitts. Es ist das Seitenverhältnis des „idealen" Rechtecks, bei dem gilt: Das Verhältnis der kurzen Seite zur langen Seite ist gleich dem Verhältnis der langen Seite zur Diagonale.

Mit Aufgabe 4.1 kann man die Methode des goldenen Schnitts an einer konkreten Optimierungsaufgabe anwenden.

4.1.1.2 Polynominterpolation

Bei diesem Verfahren werden Koeffizienten eines Polynomansatzes durch eine bestimmte Anzahl von Funktionsauswertungen bestimmt. Das Minimum dieser Polynomfunktion kann dann analytisch bestimmt werden. Im einfachsten Fall verwendet man ein Polynomansatz zweiten Grades:

$$\widetilde{f}(\alpha) = c_0 + c_1\alpha + c_2\alpha^2 \quad \text{und} \quad \frac{d\widetilde{f}(\alpha)}{d\alpha} = c_1 + 2c_2\alpha.$$

Die Koeffizienten der Funktion sind aus folgenden Auswertungen zu bestimmen:

a) durch 3 Funktionsauswertungen,
b) durch zwei Funktionsauswertungen und eine Ableitung, die in vielen Fällen der Strukturmechanik ohne weitere Funktionsauswertung zu bestimmen ist.

Beispielsweise lassen sich für b) die folgenden Koeffizienten des Polynoms angeben (siehe Abb. 4.3):

$$c_2 = \frac{1}{\alpha^U - \alpha^L}\frac{f(\alpha^U) - f(\alpha^L)}{\alpha^U - \alpha^L} - f'(\alpha^L),$$
$$c_1 = f'(\alpha^L) - 2c_2\alpha^L,$$
$$c_0 = f(\alpha^L) - c_1\alpha^L - c_2(\alpha^L)^2,$$

wobei α^L die untere Grenze und α^U die obere Grenze des Suchintervalls ist, an denen die Funktion ausgewertet wurde. Die Ableitung $f'(\alpha)$ ist die Ableitung der Zielfunktion nach der α. Setzt man mit den Koeffizienten c_1 und c_2 die Ableitung des Polynomansatzes Null, erhält man das optimale

Abb. 4.3 Polynominterpolation für $f(\alpha = 1) = 5, f'(\alpha = 1) = -1$ und $f(\alpha = 5) = 4$

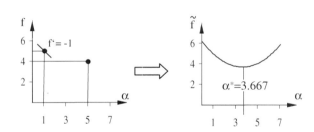

$$\alpha^* = -\frac{c_1}{2c_2},$$

für das man eine weitere Funktionsauswertung durchführen kann. Den Fehler, den man macht, kann man mit

$$\left| \widetilde{f}(\alpha^*) - f(\alpha^*) \right| < \varepsilon$$

nachrechnen. Basierend auf dem zusätzlich errechneten Funktionswert kann der Polynomansatz auf den Grad 3 erhöht werden. Eine starke Erhöhung des Polynomgrades ist wegen entstehender Oszillationstendenzen aber nur bedingt sinnvoll. Danach wird die eindimensionale Optimierung beendet und eine neue Suchrichtung ermittelt.

4.1.2 Mehrdimensionale Optimierung

Bei der mehrdimensionalen Optimierung werden mehrere Blöcke der Teilschritte „Bestimmung der Suchrichtung $\mathbf{p}$" und „eindimensionale Optimierung" durchlaufen. Ein programmierbarer Algorithmus hat folgenden Aufbau:

1. Festlegung des Startentwurfs $\mathbf{x}^{(k)}$ mit $k = 0$,
2. Bestimmung der Suchrichtung $\mathbf{p}^{(k)}$,
3. eindimensionale Optimierung: Min $f(\alpha^{(k)}) \rightarrow \alpha^{*(k)}$,
4. Änderung des Entwurfs: $\mathbf{x}^{(k+1)} = \mathbf{x}^{(k)} + \alpha^{*(k)}\,\mathbf{p}^{(k)}$,
5. Überprüfung der Abbruchkriterien, wenn nicht erfüllt, gehe zu 2 mit $k = k + 1$,
6. Optimale Lösung $\mathbf{x}^* = \mathbf{x}^{(k+1)}$.

Als Abbruchkriterien in Punkt 5 können folgende Bewertungen herangezogen werden:

- Summe der Beträge der partiellen Ableitungen an der Stelle $\mathbf{x}^*$:

$$\sum \left| \left(\left. \frac{\partial f(\mathbf{x})}{\partial x_i} \right|_{\mathbf{x}^*} \right) \right| < \varepsilon,$$

- normierter Fortschritt der Optimierung: $\dfrac{f(\mathbf{x}^{(k)}) - f(\mathbf{x}^{(k+1)})}{\max\left\{ \left| f(\mathbf{x}^{(k+1)}) \right|, \, 10^{-8} \right\}} < \varepsilon_A$

Eine Bewertung der Änderungen der Entwurfsvariablen ist problematisch, weil sie beim Vorliegen von schmalen Tälern ohne Steigung der Talsohle auch am Optimum Schwankungen unterliegen. Damit käme die Optimierung nicht zum Abschluss.

Basierend auf der oben beschriebenen Abfolge (Punkte 1 bis 6) sind unterschiedliche Verfahren entwickelt worden. Sie unterscheiden sich vor allem in der Bestimmung der Suchrichtung, wobei zwischen Verfahren 0-ter Ordnung (ohne Verwendung der Ableitungen) und Verfahren 1-ter Ordnung (mit Verwendung der ersten Ableitungen) unterschieden wird. Verfahren 2-ter Ordnung, die zusätzlich die berechneten zweiten Ableitungen verwenden, werden sehr selten eingesetzt. Es existieren allerdings Verfahren, die basierend auf den ersten Ableitungen die zweiten Ableitungen approximieren.

Verfahren 0-ter Ordnung

Ein klassischer Vertreter der Verfahren 0-ter Ordnung ist der VMCWD-Algorithmus (Powell 1982), in dem n linear unabhängige Suchrichtungen ausgewählt werden, die im einfachsten Fall in die Richtungen der einzelnen Entwurfsvariablen zeigen. Es wird dann jeweils eine Entwurfsvariable variiert, wobei die anderen Entwurfsvariablen konstant gehalten werden. Die Anzahl der Suchrichtungen entspricht also der Anzahl der Entwurfsvariablen. Die eindimensionalen Optimierungen in diesem ersten Zyklus liefern optimale Werte der einzelnen Entwurfsvariablen, die im Vektor der Entwurfsvariablen $\mathbf{x}^{(k)}$ zusammengefasst werden. Danach wird mit $\mathbf{p}^{(k)} = \mathbf{x}^{(k)} - \mathbf{x}^{(k-1)}$ eine neue Suchrichtung ermittelt und auch in dieser Richtung eine eindimensionale Optimierung durchgeführt. Im zweiten Zyklus wird die zuerst bestimmte Suchrichtung, also die Suchrichtung bei der Variation der ersten Entwurfsvariablen, durch die neu ermittelte Suchrichtung ausgetauscht. Alle anderen Suchrichtungen bleiben erhalten. Für alle Suchrichtungen werden wieder eindimensionale Optimierungen durchgeführt und eine weitere neue Suchrichtung ermittelt. Sie ersetzt die Suchrichtung bei der Variation der zweiten Entwurfsvariablen. Insgesamt werden n Zyklen durchlaufen, wobei n die Anzahl der Entwurfsvariablen ist. Der VMCWD-Algorithmus hat den großen Nachteil, dass die erzeugten Suchrichtungen im Laufe des Prozesses immer paralleler werden und wegen der begrenzten Darstellungsgenauigkeit sogar aufeinander liegen können. Ein „Vorbeilaufen" am wirklichen Optimum ist damit nicht ausgeschlossen.

Verfahren 1-ter Ordnung

Methode des steilsten Abstiegs. Der nahe liegende Ansatz ist die Wahl der Suchrichtung in Richtung des steilsten Abstiegs, wobei der Gradient der Funktion in Richtung des steilsten Anstiegs zeigt. Daraus ergibt sich für die Suchrichtung:

$$\mathbf{p}^{(k)} = - \begin{pmatrix} \partial f(\mathbf{x}^{(k)}) \big/ \partial x_1^{(k)} \\ \partial f(\mathbf{x}^{(k)}) \big/ \partial x_2^{(k)} \\ \vdots \\ \partial f(\mathbf{x}^{(k)}) \big/ \partial x_n^{(k)} \end{pmatrix} = -\nabla f(\mathbf{x}^{(k)}) \tag{4.2}$$

Der neue Vektor der Entwurfsvariablen ergibt sich dann aus $\mathbf{x}^{(k+1)} = \mathbf{x}^{(k)} + \alpha^{*\,(k)}\mathbf{p}^{(k)}$. Am Ende des durchgeführten *Line Search* gilt:

$$\mathbf{p}^{(k)} \cdot \nabla f\left(\mathbf{x}^{(k+1)}\right) = 0, \text{ also } \left[-\nabla f\left(\mathbf{x}^{(k)}\right)\right] \cdot \nabla f\left(\mathbf{x}^{(k+1)}\right) = 0.$$

Eine neuen Suchrichtung steht somit immer senkrecht zur vorherigen Suchrichtung. Dies führt vor allem bei schmalen Tälern zu langwierigen Zick-Zack-Kursen. Ein Beispiel soll das Verfahren verdeutlichen: Zu Minimieren ist die Funktion

$$f(\mathbf{x}) = \left(\frac{x_1}{20}\right)^2 + \left(\frac{x_2}{5}\right)^2.$$

Daraus ergibt sich $\mathbf{p}^{(k)} = -\begin{pmatrix} 2x_1/400 \\ 2x_2/25 \end{pmatrix}$.

Für den Startpunkt $\mathbf{x}^{(0)} = \begin{pmatrix} 20 \\ 5 \end{pmatrix}$ gilt $\mathbf{p}^{(0)} = \begin{pmatrix} -0.1 \\ -0.4 \end{pmatrix}$.

In dieser Suchrichtung wird die erste eindimensionale Optimierung gemäß Abschn. 4.1.1 durchgeführt:

$$\min_{\alpha} f\left(\mathbf{x}^{(0)} + \alpha\mathbf{p}^{(0)}\right) = \min_{\alpha} \left[\left(\frac{20 + \alpha(-0.1)}{20}\right)^2 + \left(\frac{5 + \alpha(-0.4)}{5}\right)^2\right].$$

In diesem Fall ist die eindimensionale Optimierung analytisch mithilfe der ersten Ableitung zu lösen:

$$\frac{\partial f}{\partial \alpha} = \left[2 \cdot \left(\frac{20 + \alpha(-0.1)}{20}\right) \cdot (-0.005) + 2 \cdot \left(\frac{5 + \alpha(-0.4)}{5}\right) \cdot (-0.08)\right].$$

Daraus ergibt sich $-0.17 + 0.01285\alpha = 0$, sodass $\alpha^* = 13.23$.

Der neue Vektor der Entwurfsvariablen lautet: $\mathbf{x}^{(1)} = \begin{pmatrix} 18{,}68 \\ -0{,}29 \end{pmatrix}$.

In Tab. 4.1 sind die weiteren Iterationsschritte dokumentiert (grafische Darstellung in Abb. 4.4).

Tab. 4.1 Iterationshistorie bei der Methode des steilsten Abstiegs (Beispiel)

k	x_1	x_2	p_1	p_2	α^*
0	20,000	5,000	−0,100	−0,400	13,230
1	18,677	−0,292	−0,093	0,023	106,250
2	8,755	2,189	−0,044	−0,175	13,230
3	8,176	−0,128	−0,041	0,010	106,250
4	3,832	0,958	−0,019	−0,077	13,230
5	3,579	−0,056	−0,018	0,004	106,250
6	1,678	0,419	−0,008	−0,034	13,230
7	1,567	−0,024	−0,008	0,002	106,250
8	0,734	0,184	−0,004	−0,015	13,230
9	0,686	−0,011	−0,003	0,001	106,250
10	0,321	0,080			

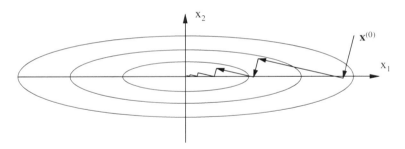

Abb. 4.4 Grafische Darstellung der Iterationshistorie nach der Methode des steilsten Abstiegs (Beispiel)

Eine Skalierung bzw. Normierung der einzelnen Entwurfsvariablen entschärft das Problem der Zick-Zack-Kurse. In dem vorgenannten Beispiel hätte eine richtige Skalierung der Entwurfsvariablen sogar in einem Schritt zum Optimum geführt:

$$x_1^{skal} = \frac{x_1}{20} \text{ und } x_2^{skal} = \frac{x_2}{5} \rightarrow f(\mathbf{x}^{skal}) = \left(x_1^{skal}\right)^2 + \left(x_2^{skal}\right)^2$$

Bei der entstandenen Kreisfunktion zeigt die Suchrichtung genau auf das Optimum. Dies zeigt deutlich, wie wichtig die Skalierung der Entwurfsvariablen ist. Das Problem ist allerdings, dass man vor der Optimierung in der Regel wenige Anhaltspunkte zur Skalierung hat.

Anhand der Aufgabe 4.2 kann man die Methode des steilsten Abstiegs an einer anderen Funktion üben.

Methode von FLETCHER und REEVES. Motiviert durch die Defizite der Methode des steilsten Abstiegs haben Fletcher und Reeves (Fletcher und Reeves 1964) eine Ergänzung der Bestimmungsgleichung für die Suchrichtung vorgeschlagen:

$$\mathbf{p}^{(k+1)} = -\nabla f\left(\mathbf{x}^{(k)}\right) + \frac{\left|\nabla f\left(\mathbf{x}^{(k)}\right)\right|^2}{\left|\nabla f\left(\mathbf{x}^{(k-1)}\right)\right|^2} \cdot \mathbf{p}^{(k)} \qquad (4.3)$$

Die erste Suchrichtung ist wie oben die Richtung des steilsten Abstiegs, danach wird die Suchrichtung korrigiert. Die Minimierung der Funktion

$$f(\mathbf{x}) = \left(\frac{x_1}{20}\right)^2 + \left(\frac{x_2}{5}\right)^2$$

erfordert die beiden in Tab. 4.2 dokumentierten Schritte (grafische Darstellung in Abb. 4.5).

Quasi-NEWTON-Verfahren. Bei dem Quasi-NEWTON-Verfahren wird die Suchrichtung mithilfe einer approximierten HESSE-Matrix (s. Abschn. 3.4) bestimmt:

$$\mathbf{p}^{(k)} = -\mathbf{H}^{(k)}\nabla f\left(\mathbf{x}^{(k)}\right), \qquad (4.4)$$

Tab. 4.2 Iterationshistorie bei der Methode nach FLETCHER und REEVES (Beispiel)

k	x_1	x_2	p_1	p_2	α^*
0	20,000	5,000	−0,100	−0,400	13,230
1	18,677	−0,292	−0,0988	0,0015	188,97
2	0,000	0,000	−	−	−

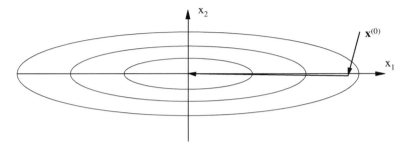

Abb. 4.5 Grafische Darstellung der Iterationshistorie nach der Methode von FLETCHER und REEVES (Beispiel)

wobei $H^{(0)} = I$ (**I** ist die Einheitsmatrix) und

$$\mathbf{H}^{(k)} = \mathbf{H}^{(k-1)} + \alpha^{(k-1)} \frac{\mathbf{p}^{(k-1)}\left(\mathbf{p}^{(k-1)}\right)^{\mathrm{T}}}{\left(\mathbf{p}^{(k-1)}\right)^{\mathrm{T}}\mathbf{y}^{(k-1)}} - \frac{\left(\mathbf{H}^{(k-1)}\mathbf{y}^{(k-1)}\right)\left(\mathbf{H}^{(k-1)}\mathbf{y}^{(k-1)}\right)^{\mathrm{T}}}{\left(\mathbf{y}^{(k-1)}\right)^{\mathrm{T}}\mathbf{H}^{(k-1)}\mathbf{y}^{(k-1)}}$$

mit $\mathbf{y}^{(k-1)} = \nabla f\left(\mathbf{x}^{(k)}\right) - \nabla f\left(\mathbf{x}^{(k-1)}\right)$. Dieser Ansatz liefert ähnlich gute Ergebnisse wie das Verfahren von FLETCHER und REEVES.

4.2 Optimierung mit Restriktionen

4.2.1 Methoden mit Definition von Straffunktionen

Wenn man für das Nichteinhalten von Restriktionen *Straffunktionen* (*Penalty-Funktionen*) definiert und sie in die Zielfunktion integriert, so kann man das restrin-gierte Optimierungsproblem mit den beschriebenen Methoden der nicht-restringierten Optimierung behandeln. Aus dem restringierten Problem

$$\min f(\mathbf{x}) \text{ mit den Restriktionen } g_j(\mathbf{x}) \leq 0 \text{ und } h_k(\mathbf{x}) = 0$$
$$(j = 1, m_g; k = 1, m_h)$$

wird mit einer *Penalty-Funktion* P

$$\min \tilde{f}(\mathbf{x}) = f(\mathbf{x}) + rP(\mathbf{x}). \tag{4.5}$$

Der Faktor r ist von dem/der Anwender/-in zu bestimmen. Die Gleichheitsre-striktionen $h_k(\mathbf{x}) = 0$ sind mit den Straffunktionen sehr schlecht zu beschreiben. Eine

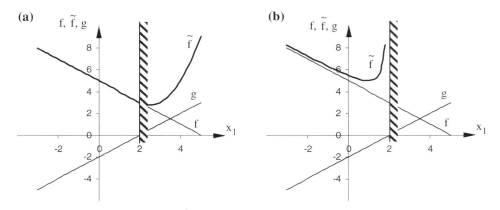

Abb. 4.6 Externe **a** und interne **b** Straffunktionen

Idee zur groben Berücksichtigung einer Gleichheitsrestriktion ist die Definition von zwei Ungleichheitsrestriktionen.

Es wird unterschieden zwischen *externen Straffunktionen*

$$P(\mathbf{x}) = \sum_{k=1}^{m_h} (h_k(\mathbf{x}))^2 + \sum_{j=1}^{m_g} \left(\max \left(g_j(\mathbf{x}), 0 \right) \right)^2, \tag{4.6}$$

die außerhalb des zulässigen Bereichs wirksam werden, und *internen Straffunktionen*, die bereits im zulässigen Gebiet wirksam werden:

$$P(\mathbf{x}) = \sum_{j=1}^{m_g} -\frac{1}{g_j(\mathbf{x})}. \tag{4.7}$$

In Abb. 4.6 sind die neu ermittelten Zielfunktionen für das einfache Problem $f(x_1) = 5 - x_1$, $g = -2 + x_1$ und $r = 1$ dargestellt. Die neue Zielfunktion $\tilde{f}(x_1)$ hat ihr Minimum entweder außerhalb (*externe Straffunktion*) oder innerhalb (*interne Straffunktion*) des zulässigen Bereichs.

Bei den *externen Straffunktionen* kann das exakte Optimum nur für $r \rightarrow \infty$ erreicht werden, bei den *internen Straffunktionen* nur für $r \rightarrow 0$. Zu große bzw. zu kleine Werte von r können aber numerische Probleme verursachen.

4.2.2 Direkte Methoden

Bei den direkten Methoden löst der Optimierungsalgorithmus das restringierte Optimierungsproblem ohne Modifikation direkt. Es werden also weder Straffunktionen definiert, noch wird das Modell in irgendeiner Weise approximiert.

Identifikation des Optimums beim Vorliegen von Restriktionen. In Abb. 4.7a sind Zielfunktion und eine Restriktion in Abhängigkeit von zwei Entwurfsvariablen

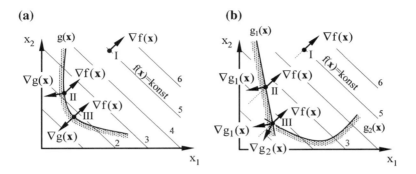

Abb. 4.7 Situationen bei restringierten Optimierungsproblemen. **a** eine Restriktion, **b** zwei Restriktionen

dargestellt. Eingezeichnet sind die Stellen I bis III, die näher untersucht werden. Die Stelle I ist im zulässigen Bereich, es sind keine Restriktionen aktiv. Die Suche des Minimums erfolgt in Richtung des steilsten Abstiegs. An der Stelle II zeigt $\nabla g(\mathbf{x})$ in Richtung des unzulässigen Bereichs. Die Richtungen von $\nabla g(\mathbf{x})$ und $\nabla f(\mathbf{x})$ liegen nicht auf einer Linie, das Optimum ist noch nicht erreicht. Das kann man auch mithilfe der ersten Gleichungsgruppe der KUHN-TUCKER-Bedingungen (Abschn. 3.5) zeigen:

$$\frac{\partial L(\mathbf{x},\lambda)}{\partial x_i}\bigg|_{\mathbf{x}^*} = \frac{\partial f(\mathbf{x})}{\partial x_i}\bigg|_{\mathbf{x}^*} + \sum_{j=1}^{m_g}\lambda_j\frac{\partial g_j(\mathbf{x})}{\partial x_i}\bigg|_{\mathbf{x}^*} + \sum_{k=1}^{m_h}\lambda_k\frac{\partial h_k(\mathbf{x})}{\partial x_i}\bigg|_{\mathbf{x}^*} = 0 \qquad (4.8)$$

für $i = 1,n$.

Für das in Abb. 4.7a behandelte Problem mit einer Restriktion und zwei Entwurfsvariablen ergeben sich zwei Gleichungen mit dem Lagrange-Multiplikator λ (ungleich Null):

$$\frac{\partial f(\mathbf{x})}{\partial x_1}\bigg|_{\mathbf{x}^*} + \lambda\frac{\partial g(\mathbf{x})}{\partial x_1}\bigg|_{\mathbf{x}^*} = 0 \quad \text{und} \quad \frac{\partial f(\mathbf{x})}{\partial x_2}\bigg|_{\mathbf{x}^*} + \lambda\frac{\partial g(\mathbf{x})}{\partial x_2}\bigg|_{\mathbf{x}^*} = 0. \qquad (4.9a,b)$$

Wenn man diese Gleichungen nach λ auflöst und gleichsetzt, erhält man:

$$\frac{\frac{\partial f(\mathbf{x})}{\partial x_1}\big|_{\mathbf{x}^*}}{\frac{\partial f(\mathbf{x})}{\partial x_2}\big|_{\mathbf{x}^*}} = \pm\frac{\frac{\partial g(\mathbf{x})}{\partial x_1}\big|_{\mathbf{x}^*}}{\frac{\partial g(\mathbf{x})}{\partial x_2}\big|_{\mathbf{x}^*}} \qquad (4.9c)$$

Die Wahl des Vorzeichens ergibt sich aus der Auswertung der vierten Gleichungsgruppe der KUHN-TUCKER-Bedingungen: $2\lambda\mu = 0$, mit der Schlupfvariablen μ. Die Bedingung (4.9) ist an der Stelle II nicht erfüllt, wohl aber an der Stelle III. Stelle III ist das Optimum.

Die Abb. 4.7b zeigt ein Optimierungsproblem mit zwei Restriktionen. Für die Stelle I und II gelten die zu Abb. 4.7a gemachten Aussagen. An der Stelle III treffen sich die

beiden Restriktionen. Die Existenz des Optimums an dieser Stelle kann man wieder
mit den KUHN-TUCKER-Bedingungen nachweisen. Für zwei Restriktionen und zwei
Entwurfsvariablen ergibt sich

$$\frac{\partial f(\mathbf{x})}{\partial x_1}\bigg|_{\mathbf{x}^*} + \lambda_1\,\frac{\partial g_1(\mathbf{x})}{\partial x_1}\bigg|_{\mathbf{x}^*} + \lambda_2\,\frac{\partial g_2(\mathbf{x})}{\partial x_1}\bigg|_{\mathbf{x}^*} = 0 \quad \text{und} \tag{4.10a}$$

$$\frac{\partial f(\mathbf{x})}{\partial x_2}\bigg|_{\mathbf{x}^*} + \lambda_1\,\frac{\partial g_1(\mathbf{x})}{\partial x_2}\bigg|_{\mathbf{x}^*} + \lambda_2\,\frac{\partial g_2(\mathbf{x})}{\partial x_2}\bigg|_{\mathbf{x}^*} = 0. \tag{4.10b}$$

Diese Gleichungen müssen für alle Kombinationen von λ_1 und λ_2 gelten. Die
Grenzen sind $\lambda_1/\lambda_2 \to 0$ und $\lambda_1/\lambda_2 \to \infty$. Hieraus folgt die Bedingung:

$$\left| \frac{\frac{\partial g_1(\mathbf{x})}{\partial x_1}\big|_{\mathbf{x}^*}}{\frac{\partial g_1(\mathbf{x})}{\partial x_2}\big|_{\mathbf{x}^*}} \right| \leq \left| \frac{\frac{\partial f(\mathbf{x})}{\partial x_1}\big|_{\mathbf{x}^*}}{\frac{\partial f(\mathbf{x})}{\partial x_2}\big|_{\mathbf{x}^*}} \right| \leq \left| \frac{\frac{\partial g_2(\mathbf{x})}{\partial x_1}\big|_{\mathbf{x}^*}}{\frac{\partial g_2(\mathbf{x})}{\partial x_2}\big|_{\mathbf{x}^*}} \right|. \tag{4.10c}$$

Die Richtung von $\nabla f(\mathbf{x})$ muss also im Optimalpunkt auf einer Linie zwi-
schen den Linien von $\nabla g_1(\mathbf{x})$ und $\nabla g_2(\mathbf{x})$ liegen, bzw. $\nabla f(\mathbf{x})$ muss sich aus einer
Linearkombination von $\nabla g_1(\mathbf{x})$ und $\nabla g_2(\mathbf{x})$ errechnen können. Ist das nicht der Fall,
so ist die betrachtete Stelle kein Optimum (s. Abb. 4.8a). Ist eine Restriktion nicht
aktiv, wie $g_3(\mathbf{x})$ in Abb. 4.8b, so ist λ_3 gleich Null und der Term fällt aus der KUHN-
TUCKER-Bedingung heraus.

Wenn bei den direkten Verfahren im zulässigen Raum gestartet wird, so läuft der
Entwurf schnell an eine Restriktionsgrenze und im weiteren Verlauf entlang dieser
Restriktion zum Optimum oder zur nächsten Restriktion. Das Problem ist hierbei das
Finden der richtigen Suchrichtung.

Methode der zulässigen Richtungen (MMFD). Exemplarisch für die direkten
Methoden wird die *Methode der zulässigen Richtungen* vorgestellt, die Vanderplaats

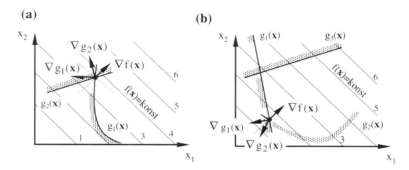

Abb. 4.8 Optimierungsprobleme mit mehreren Restriktionen. **a** Schnittpunkt der Restriktionen
ist kein Optimum, **b** Schnittpunkt ist ein Optimum

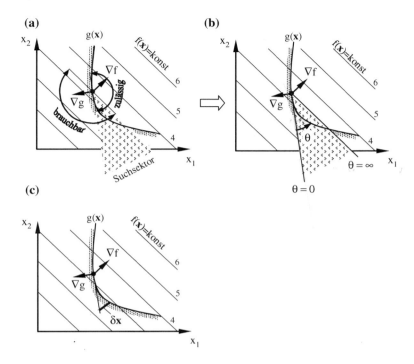

Abb. 4.9 Bestimmung der Suchrichtung bei der *Methode der zulässigen Richtungen*

(Vanderplaats 1984) zu einem sehr effizienten Verfahren entwickelt hat („Modified method of feasible Directions", MMFD). Für das Finden der richtigen Suchrichtung werden „brauchbare" Richtungen und „zulässige" Richtungen bestimmt. Die „brauchbaren" Richtungen

$$\nabla f(\mathbf{x}) \cdot \mathbf{p}_{\text{brauchb.}} < 0 \qquad (4.11)$$

verbessern die Zielfunktion und die „zulässigen" Richtungen

$$\nabla g_j(\mathbf{x}) \cdot \mathbf{p}_{\text{zul.}} \leq 0 \qquad (4.12)$$

bleiben im zulässigen Bereich. Die Suchrichtung $\mathbf{p}$ muss in der Schnittmenge von $\mathbf{p}_{\text{brauchb.}}$ und $\mathbf{p}_{\text{zul.}}$ liegen (s. Abb. 4.9a). Ist keine Suchrichtung mehr zu finden, befindet sich der Entwurf am Optimum.

Wenn man die Suchrichtung entlang der Restriktion wählt, so kann bei nichtlinearen Restriktionen die anschließende eindimensionale Optimierung sehr schnell wieder unzulässig werden. Um das zu vermeiden, wird ein „Push-Off"-Faktor $\theta > 0$ gewählt, mit dem die Suchrichtung optimiert werden kann (s. Abb. 4.9b):

$$\nabla g_j(\mathbf{x}) \cdot \mathbf{p} - \theta_j (\nabla f(x) \cdot p) \leq 0. \qquad (4.13)$$

Die Wahl von θ kann z. B. mit festen Bestimmungsgleichungen wie

$$\theta_j = \theta_0 \left(1 + \frac{g_j}{\varepsilon}\right)^2 \quad \text{mit} \quad 0{,}01 < \varepsilon < 0{,}05 \tag{4.14}$$

erfolgen. Ist die Restriktion g_j verletzt, wird also mit einem $\theta > \theta_0$ gerechnet. Ist sie nicht verletzt, wird mit $\theta < \theta_0$ gerechnet.

Es ist aber auch möglich, die Suche mit $\theta = 0$ zu beginnen und während der eindimensionalen Optimierung immer mit $\delta \mathbf{x}$ auf den Rand des zulässigen Gebietes zu projizieren (Abb. 4.9c). Dies geschieht, in dem man die verletzte Restriktion als Taylorreihe um den Punkt $\mathbf{x}(\alpha)$ mit der Näherung $\nabla g_j(\mathbf{x}(\alpha)) = \nabla g_j(\mathbf{x}^{(k)})$ entwickelt und dann folgende Optimierungsaufgabe löst:

$$\min_{\delta \mathbf{x}} \left\{ g_j[\mathbf{x}(\alpha)] + \nabla g_j\left(\mathbf{x}^{(k)}\right)^T \delta \mathbf{x} \right\}, \ j = 1, \, m_g, \tag{4.15}$$

wobei $\mathbf{x}(\alpha) = \mathbf{x}^{(k)} + \alpha \mathbf{p}^{(k)}$ ist.

Finden eines zulässigen Startentwurfs. Das MMFD-Verfahren braucht, übrigens wie viele andere Optimierungsverfahren auch, einen Startpunkt im zulässigen Bereich. Ist das nicht der Fall, so muss vorher ein Optimierungsalgorithmus eingesetzt werden, der einen Punkt im zulässigen Bereich findet. Sinnvoll ist z. B. eine Suchrichtung, die sich aus dem Gradienten der am stärksten verletzten Restriktion ergibt. Es kann aber auch die direkte Minimierung der externen Straffunktion nach Gl. 4.6 erfolgen:

$$\min \widetilde{f}(x) \ \text{mit} \ \widetilde{f}(x) = P(x) = \sum_{k=1}^{m_h} (h_k(\mathbf{x}))^2 + \sum_{j=1}^{m_g} \left(\max\left(g_j(\mathbf{x}) + \delta_j, 0\right)\right)^2, \tag{4.16}$$

Das δ_j stellt den Abstand zur Restriktionsgrenze dar.

In realisierten Optimierungsalgorithmen ist dieser vorgelagerte Schritt bereits programmiert, sodass sich der/die Anwender/-in darum nicht kümmern muss.

Eindimensionale Optimierung restringierter Probleme. Die nach der Bestimmung der Suchrichtung durchgeführte eindimensionale Optimierung lehnt sich an den Verfahren zur Lösung nicht-restringierter Probleme an. Man berechnet den neuen Entwurf mit (Abschn. 4.1.1):

$$\mathbf{x}^{(k+1)} = \mathbf{x}^{(k)} + \alpha \mathbf{p}^{(k)}. \tag{4.17}$$

Ein konvexes Problem vorausgesetzt, gibt es bei restringierten Problemen zwei Fälle (Abb. 4.10):

1. Das Optimum liegt am Rand der Restriktion, es gilt $\alpha^* = \alpha_{\max}$. Es müssen folgende Bedingungen erfüllt sein:
   $f(\alpha_{\max}) < f(\alpha = 0)$ und $\partial f(\alpha) / \partial \alpha|_{\alpha_{\max}} < 0$.
2. Das Optimum liegt zwischen $\alpha = 0$ und $\alpha_{\max}$. Es kann mit den Verfahren in Abschn. 4.1.1 gefunden werden.

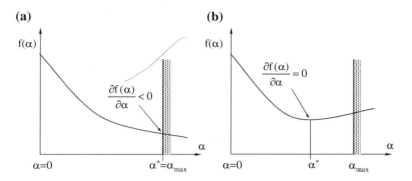

Abb. 4.10 Eindimensionale Optimierung mit Restriktionen

4.3   Approximation des realen Problems

Grundlage für die meisten Optimierungsalgorithmen ist eine Approximation der Ziel-
und Restriktionsfunktionen. Selbst bei den im vorigen Abschnitt vorgestellten direkten
Verfahren kann eine zwischenzeitliche Approximation der Funktionen die Effizienz
steigern. Basierend auf den Approximationen werden die Entwurfsvariablen durch
den Optimierungsalgorithmus verändert und durch eine Funktionsauswertung z. B.
mit der *Finite Elemente Methode* verifiziert. Eine gute Approximation sorgt für wenige
Iterationen des Optimierungsalgorithmus, braucht aber viele Stützstellen (= Anzahl
der Funktionsauswertungen). Die Wahl der Approximationsfunktion ist somit ein
Kompromiss aus Genauigkeit und notwendiger Anzahl der Stützstellen.

In diesem Abschnitt werden die Approximationsverfahren am Beispiel der Restriktionsfunktion g vorgestellt. Es wird unterschieden zwischen *lokaler Approximation* und *glo-
baler Approximation*. Die *lokalen Approximationen* kommen vor allem in den Fällen zum
Einsatz, in denen die lokalen Ableitungen (*lokale Sensitivitäten*) ohne großen Aufwand
ermittelt werden können. Bei der Verwendung der *Finite Elemente Berechnung* können
die *Sensitivitäten* zumindest in Bereich der linearen Statik und Dynamik analytisch und
damit schnell berechnet werden. Darauf wird später noch genauer eingegangen. Müssen die
Ableitungen z. B. mit der *Vorwärts-Differenzen-Methode* ermittelt werden, so sind dazu n
zusätzliche Rechungen erforderlich (Abb. 4.11):

$$\left(\frac{\partial g}{\partial x_i}\right)_{\mathbf{x}_0} \approx \frac{\Delta g(\mathbf{x})}{\Delta x_i} = \qquad\qquad i \in 1, n$$

$$= \frac{g(x_1, x_2, \ldots, x_i + \Delta x_i, \ldots, x_n) + g(x_1, x_2, \ldots, x_i, \ldots, x_n)}{\Delta x_i}, \qquad (4.18)$$

wobei n die Anzahl der Entwurfsvariablen ist.

Abb. 4.11 Berechnung der für
die Taylorreihe erforderlichen
Größen

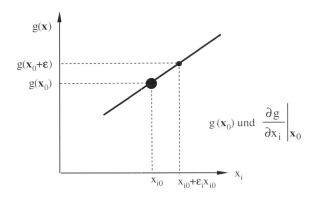

4.3.1   Lokale Approximation

Die einfachste lokale Approximation ist die Entwicklung einer linearen Taylorreihe um
den aktuellen Vektor der Entwurfsvariablen $\mathbf{x}_0$:

$$\tilde{g}\left(\mathbf{x}\right) = g\left(\mathbf{x}_0\right) + \sum_{i=1}^{n} \left(\frac{\partial g}{\partial x_i}\right)_{\mathbf{x}_0} \left(x_i - x_{0i}\right). \tag{4.19}$$

Wird die Taylorreihe um die quadratischen Terme erweitert, so wird die
Approximation genauer, erfordert aber mehr Funktionsaufrufe (s. Tab. 4.3) oder die
analytische Bereitstellung der zweiten Ableitungen (vgl. Gl. 3.6):

$$\tilde{g}\left(\mathbf{x}\right) = g\left(\mathbf{x}_0\right) + \sum_{i=1}^{n} \left(\frac{\partial g}{\partial x_i}\right)_{\mathbf{x}_0} \left(x_i - x_{0i}\right) + \frac{1}{2}\sum_{i=1}^{n}\sum_{j=1}^{n} \left(\frac{\partial^2 g}{\partial x_i \partial x_j}\right)_{\mathbf{x}_0} \left(x_i - x_{0i}\right)\left(x_j - x_{0j}\right).$$

$$\tag{4.20}$$

Da man oft bereits qualitative Informationen zu den Eigenschaften der Ziel- und
Restriktionsfunktionen hat, liegt es nahe, diese Informationen in die Erstellung
der Approximation einfließen zu lassen. So hängt beispielsweise das Gewicht einer
Blechstruktur linear von der Blechdicke x_1 ab. Es ist lediglich die Konstante c in der

Tab. 4.3 Erforderliche Anzahl
der Funktionsaufrufe für die
Taylorreihenentwicklung

n	nf 1.Ordnung $= n + 1$	nf 2.Ordnung $= \frac{1}{2}n^2 + \frac{3}{2}n + 1$
1	2	3
2	3	6
3	4	10
4	5	15
5	6	21
10	11	66

Gleichung $g = cx_1$ zu ermitteln. Reine Membranbelastung vorausgesetzt, hängt die Verformung der Struktur hingegen reziprok von der Blechdicke ab $\left(g = c\frac{1}{x_1}\right)$. Liegt eine reine Biegebelastung vor, so ist der Zusammenhang mit $g = c\frac{1}{x_1^3}$ zu beschreiben.

Das Einsetzen des reziproken Terms in die lineare Taylorreihe liefert folgenden Ausdruck:

$$\tilde{g}(x) = g(\mathbf{x}_0) + \sum_{i=1}^{n} \left(\frac{\partial g}{\partial \left(\frac{1}{x_i}\right)}\right)_{\mathbf{x}_0} \left(\frac{1}{x_i} - \frac{1}{x_{0i}}\right) = g(\mathbf{x}_0) + \sum_{i=1}^{n} \left[-x_{0i}^2 \left(\frac{\partial g}{\partial x_i}\right)_{\mathbf{x}_0} \frac{x_{0i} - x_i}{x_{0i} x_i}\right]$$

$$(4.21)$$

Der Ausdruck (Gl. 4.21) lässt sich umschreiben zu:

$$\tilde{g}(x) = g(\mathbf{x}_0) + \sum_{i=1}^{n} \left(\frac{\partial g}{\partial x_i}\right)_{\mathbf{x}_0} \frac{x_{0i}}{x_i}(x_i - x_{0i}). \qquad (4.22)$$

Hierbei ist darauf zu achten, dass mit dieser Formulierung keine Grenzwertbetrachtung $x_i \to 0$ durchgeführt werden kann. Sinnvoll ist die Einführung einer Konstante x_{mi}, die einen kleinen Wert annehmen soll:

$$\tilde{g}(\mathbf{x}) = g(\mathbf{x}_0) + \sum_{i=1}^{n} \left(\frac{\partial g}{\partial x_i}\right)_{\mathbf{x}_0} \frac{x_{0i} + x_{mi}}{x_i + x_{mi}}(x_i - x_{0i}). \qquad (4.23)$$

Diese Funktion beschreibt eine Hyperbel. Interessanter als die rein lineare oder rein reziproke Approximation ist die hybride Approximation mit folgender Fallunterscheidung:

$$\tilde{g}(\mathbf{x}) = g(\mathbf{x}_0) + \sum_{i=1}^{n} \left(\frac{\partial g}{\partial x_i}\right)_{\mathbf{x}_0} A_i (x_i - x_{0i}) \quad \text{mit} \quad A_i = \begin{cases} 1 & \text{falls } \left(\frac{\partial g}{\partial x_i}\right)_{\mathbf{x}_0} \geq 0 \\ \frac{x_{0i}}{x_i} & \text{anderenfalls} \end{cases}$$

$$(4.24)$$

Diese Formulierung ist beispielsweise bei der Scheibendickenoptimierung sinnvoll, bei der das Gewicht (lineare Approximation) minimiert werden soll und dabei eine Verformungsrestriktion (reziproke Approximation) zu berücksichtigen ist. Programmtechnisch wird die Fallunterscheidung mithilfe der ermittelten Gradienten durchgeführt. Dabei geht man davon aus, dass die Fälle mit positiven Gradienten einen linearen Charakter haben und die Fälle mit negativen Gradienten reziprok sind. Das gilt natürlich nur innerhalb der Strukturoptimierung und dort auch nur im Fall der Dickenoptimierung.

Um nicht auf den linearen und den reziproken Fall beschränkt zu bleiben, ist die von Svanberg (Svanberg 1987) vorgeschlagene *Methode der beweglichen Asymptoten* ("Method of Moving Asymptotes", MMA) hilfreich. Sie ermöglicht eine Anpassung der Approximation während der Optimierung:

$$\tilde{g}(\mathbf{x}) = g_R + \sum_{i=1}^{n} \left(\frac{p_i}{U_i - x_i} + \frac{q_i}{x_i - L_i}\right) \qquad (4.25)$$

mit der *oberen Asymptote* U_i, der *unteren Asymptote* L_i, den *Konvexifizierungsfaktoren*

$$p_i = \begin{cases} \left(\frac{\partial g}{\partial x_i}\right)_{\mathbf{x}_0} \cdot (U_i - x_{0i})^2, & \text{falls } \left(\frac{\partial g}{\partial x_i}\right)_{\mathbf{x}_0} > 0 \\ \qquad\qquad 0 & , \quad \text{anderenfalls} \end{cases}$$

und

$$q_i = \begin{cases} \qquad\qquad 0 & , \quad \text{falls } \left(\frac{\partial g}{\partial x_i}\right)_{\mathbf{x}_0} \geq 0 \\ -\left(\frac{\partial g}{\partial x_i}\right)_{\mathbf{x}_0} \cdot (x_{0i} - L_i)^2, & \text{anderenfalls} \end{cases}$$

sowie der *unteren horizontalen Asymptote* von $\tilde{g}(x)$

$$g_R = g(\mathbf{x}_0) - \sum_{i=1}^{n} \left(\frac{p_i}{U_i - x_{0i}} + \frac{q_i}{x_{0i} - L_i}\right)$$

Die anderen, zuvor besprochenen Approximationen kann man als Spezialfälle der MMA darstellen (s. Tab. 4.4).

Zur Darstellung der Leistungsfähigkeit der MMA werden für die Funktionen $g = x^3$ und $g = x^{-3}$ um den Entwicklungspunkt $x_0 = 0{,}5$ Approximationen für unterschiedliche L und U durchgeführt (s. Abb. 4.12 und 4.13). Bei der Funktion $g = x^3$ liefert $U = 1$ eine sehr gute Übereinstimmung mit der realen Funktion. Bei $g = x^{-3}$ gibt es für $L = 0{,}2$ eine sehr gute Approximation. Die beschriebenen Approximationsgleichungen sind sehr

Tab. 4.4 Spezielle Werte für die Asymptoten der MMA

	U_i	L_i
Lineare Approximation	$+\infty$	$-\infty$
Inverse Approximation	0	0
Hybride Approximation	$+\infty$	0
MMA	z. B. 0,9	z. B. 0,2

Abb. 4.12 Approximationen der Funktion $g = x^3$ um den Entwicklungspunkt $x_0 = 0{,}5$

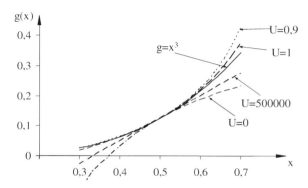

Abb. 4.13 Approximationen
der Funktion $g = x^{-3}$ um den
Entwicklungspunkt $x_0 = 0,5$

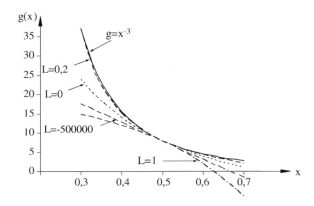

leicht zu programmieren und können zu eigenen Testzwecken z. B. in Excel eingegeben
werden.

Die Anfangsbedingungen für die Asymptoten in der Optimierung werden folgendermaßen festgelegt:

$L_i = x_{0i} - k\,(x_{iu} - x_{il})$ und $U_i = x_{0i} + k\,(x_{iu} - x_{il})$ mit den unteren und oberen
Grenzen der Entwurfsvariablen x_{il} und x_{iu}, sowie dem Faktor k, der z. B. den Wert
$k = 0.1$ annimmt. Im Laufe des Optimierungsprozesses werden die Asymptoten in
Abhängigkeit des Verlaufs der Werte der Entwurfsvariablen verändert. Es wird unterschieden zwischen Oszillation und Monotonie.

Bei Oszillation, also bei $\operatorname{sign}\left[\, x_{0i}^{It\,n} - x_{0i}^{It\,n-1}\,\right] \neq \operatorname{sign}\left[\, x_{0i}^{It\,n-1} - x_{0i}^{It\,n-2}\,\right]$ gilt:

$$L_i^{It\,n} = x_{0i}^{It\,n} - s\left(x_{0i}^{It\,n-1} - L_i^{It\,n-1} \right)\ \text{und} \tag{4.26a}$$

$$U_i^{It\,n} = x_{0i}^{It\,n} + s\left(U_i^{It\,n-1} - x_{0i}^{It\,n-1} \right). \tag{4.26b}$$

Bei Monotonie, also bei $\operatorname{sign}\left[\, x_{0i}^{It\,n} - x_{0i}^{It\,n-1}\,\right] = \operatorname{sign}\left[\, x_{0i}^{It\,n-1} - x_{0i}^{It\,n-2}\,\right]$ gilt:

$$L_i^{It\,n} = x_{0i}^{It\,n} - \frac{1}{s}\left(x_{0i}^{It\,n-1} - L_i^{It\,n-1} \right)\ \text{und} \tag{4.27a}$$

$$U_i^{It\,n} = x_{0i}^{It\,n} + \frac{1}{s}\left(U_i^{It\,n-1} - x_{0i}^{It\,n-1} \right). \tag{4.27b}$$

Der Faktor s wird beispielsweise zu 0,7 gesetzt. Diese Steuerung der Asymptoten
bewirkt eine Anpassung der Approximation an den realen Funktionsverlauf. Während
der Optimierung wird der Prozess bei Oszillation der Werte der Entwurfsvariablen
stabilisiert. Dies geschieht durch die Einschränkung des Lösungsraums, also durch
die Reduzierung von L und die Erhöhung von U (beide in Richtung der linearen
Approximation). Bei Monotonie wird der Prozess beschleunigt, also die Erhöhung von L
und die Reduzierung von U (beide in Richtung höherer Nichtlinearität).

4.3.2 Globale Approximation

Im Gegensatz zu den lokalen Approximationen sollen die globalen Approximationen im gesamten Entwurfsraum ihre Gültigkeit haben. In der Regel wird zunächst ein *Versuchsplan* erstellt, der den gesamten Entwurfsraum abtastet. Dieser Versuchsplan (engl.: „Design of Experiments") ist bei manchen Verfahren abhängig von der Approximationsfunktion. Basierend auf diesem *Versuchsplan* werden z. B. mithilfe der Fehlerquadratrechnung die Koeffizienten der Approximationsfunktion angepasst. Die erzeugten Funktionen werden *Meta-Modelle* aber auch *Response-Surface-Modelle (RSM)*, *Surrogate-Modelle*, *Regressionsmodelle* oder *Ersatzmodelle* genannt.

4.3.2.1 Motivation zum Einsatz guter Versuchspläne

Die Notwendigkeit der Erstellung von guten Versuchsplänen sollen drei kleine Beispiele dokumentieren.

Beispiel A: Bestimmung der Koeffizienten der Funktion $\tilde{g} = a + bx_1 + cx_2 + dx_1x_2$

In diesem Beispiel werden zwei Versuchspläne verglichen (Abb. 4.14). Ausgehend von $x_1 = 0$ und $x_2 = 0$ verändert der erste Plan die Parameter x_1 und x_2 einzeln. Die Funktion g ist sehr einfach durch die vier Gleichungen der vier Stützstellen zu bestimmen. Der Mischterm dx_1x_2 ist allerdings nicht enthalten. Der zweite Versuchsplan verändert die Variablen x_1 und x_2 gleichzeitig. Die Funktion g ist mithilfe der Lösung der vier Gleichungen zu bestimmen. Bei gleicher Anzahl der Messungen kann eine um den Mischterm dx_1x_2 erweiterte Funktion ermittelt werden.

Beispiel B: Wiegeproblem

Im zweiten Beispiel geht es um die Wiegung eines Mannes und eines Kindes (Abb. 4.15). Die Wiegung ist mit Messfehlern (Streuung) behaftet, was durch mehrfaches Wiegen kompensiert werden soll. Mithilfe der Mathematik der Statistik (vgl. Kap. 3.6) können die Fehler quantifiziert werden. Nach dem *Fehlerfortpflanzungsgesetz* addieren sich bei

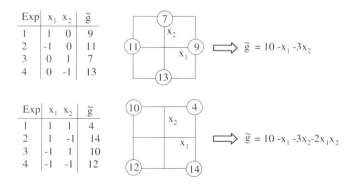

Abb. 4.14 Bestimmung der Koeffizienten der Funktion $\tilde{g} = a + bx_1 + cx_2 + dx_1x_2$

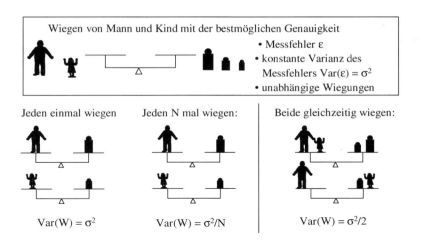

Abb. 4.15 Wiegeproblem

zufälligen Fehlern die *Varianzen* σ^2 und nicht die *Standardabweichungen* σ. Man kann zum einen die *Varianz* reduzieren, indem man mehrmals misst. Das ist aber mit mehr Messaufwand verbunden. Wiegt man Mann und Kind gleichzeitig, so reduziert sich die Varianz ebenfalls.

Die Reduzierung der Varianz geschieht aber ohne erhöhten Messaufwand. Es ist lediglich ein System mit zwei Gleichungen zu lösen:

$$W_{Mann} + W_{Kind} = Y_1 \quad \text{und} \quad W_{Mann} = Y_2 + W_{Kind}$$

$$\Leftrightarrow W_{Kind} = \frac{Y_1}{2} - \frac{Y_2}{2} \quad \text{und} \quad W_{Mann} = \frac{Y_1}{2} + \frac{Y_2}{2}$$

Addiert man jetzt die Varianzen von Y_1 und Y_2, so erhält man im Vergleich zur ersten Messung den halben Wert, bei gleicher Anzahl der Messungen. Der geschicktere Versuchsplan liefert also genauere Informationen bei gleichem Versuchsaufwand.

Beispiel C: Bestimmung einer linearen Funktion in Abhängigkeit der Vertrauensbereiche.

Im dritten Beispiel wird die Frage behandelt, wie eine lineare Funktion bestimmt werden kann, wenn die Experimente (Versuche oder Rechnungen) einen bestimmten *Vertrauensbereich* haben. Die beiden mittleren Messpunkte (1,2) in Abb. 4.16 lassen lineare Funktionen zu, die zwischen den beiden gestrichelten Linien liegen. Besser ist die Verwendung der beiden gepunktet dargestellten äußeren Messungen (3,4), da durch den größeren Abstand der Einfluss der Streuung reduziert wird.

4.3.2.2 Approximationsfunktionen (Meta-Modelle)

Zu Beginn der Erstellung einer globalen Approximation steht die Definition der Art der Approximationsfunktion. Diese Approximationsfunktionen sind im einfachsten

Abb. 4.16 Lineare
Funktion und mögliche
Funktionsverläufe
in Abhängigkeit der
Vertrauensbereiche der
Stützstellen

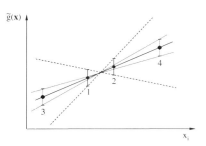

Fall Polynome. Folgende Definition der Polynome ist wegen der Normierung sehr gut geeignet:

$$\tilde{g}\,(\mathbf{x}) = c_0 + c_1\,\frac{x_1 - x_1'}{x_1''} + c_2\,\frac{x_2 - x_2'}{x_2''} + c_3\,\left(\frac{x_1 - x_1'}{x_1''}\right)^2$$

$$+ c_4\,\left(\frac{x_2 - x_2'}{x_2''}\right)^2 + c_5\,\left(\frac{x_1 - x_1'}{x_1''}\right)\left(\frac{x_2 - x_2'}{x_2''}\right) + \ldots \qquad (4.28)$$

mit $x_i' = \frac{x_{i,min} + x_{i,max}}{2}$ und $x_i'' = \frac{x_{i,max} - x_{i,min}}{2}$ Diese Formulierung ist so gewählt, dass die normierten Entwurfsvariablen zwischen -1 bis $+1$ liegen. Aufgabe ist jetzt mittels punktueller Funktionsauswertung (Stützstelle) die Koeffizienten des Approximationspolynoms zu bestimmen. Sinnvoll ist die Verwendung von deutlich mehr Stützstellen als zu bestimmenden Koeffizienten. Die Verwendung von 50 % mehr Stützstellen als Koeffizienten ist ein grobes Maß für die minimale Anzahl der Stützstellen.

Die Metamodelle werden mithilfe der *Fehlerquadratrechnung* (*Least-Square-Method*) angepasst:

$$\min_{c_m}\ Q = \sum_{l=1}^{L}\left(g_l - \tilde{g}_l\right)^2, \qquad (4.29)$$

wobei L die Anzahl der Stützstellen, g_ℓ der Funktionswert an der ℓ-ten Stützstelle, $\tilde{g}_\ell$ der Funktionswert auf dem Meta-Modell an der ℓ-ten Stützstelle und c_m der m-te Koeffizient des Meta-Modells ist.

Die Güte des gewonnenen *Meta-Modells* kann mit unterschiedlichen Qualitätskriterien beurteilt werden.

Ein Gütekriterium ist die Auswertung des folgenden *Regressionsparameters*, der im Idealfall den Wert 1 annimmt:

$$R^2 = 1 - \frac{\displaystyle\sum_{\ell=1}^{L}\left(g_\ell - \tilde{g}_\ell\right)^2}{\displaystyle\sum_{\ell=1}^{L}\left(g_\ell - \bar{g}\right)^2}. \qquad (4.30a)$$

Darin ist L die Anzahl der Stützstellen, $\tilde{g}_\ell$ der Funktionswert auf dem *Meta-Modell* und $\bar{g}$ der Mittelwert aller Funktionswerte ist.

Der *korrigierte Regressionsparameter* berücksichtigt zusätzlich die Größe des Approximationsproblems durch einen Zusatzfaktor:

$$R_{adj}^2 = 1 - \frac{\sum\limits_{\ell=1}^{L} \left(g_\ell - \tilde{g}_\ell\right)^2}{\sum\limits_{\ell=1}^{L} \left(g_\ell - \bar{g}\right)^2} \cdot \frac{L - 1}{L - M} \tag{4.30b}$$

mit M = Anzahl der Terme des *Meta-Modells*.

Ein sehr anschauliches Gütekriterium ist z. B. das Entfernen eines einzelnen Messpunkts und das erneute Aufbauen des *Meta-Modells* ohne diesen Messpunkt. Das Ergebnis des Messpunkts auf dem *Meta-Modell* wird mit dem realen Ergebnis verglichen. Dieses Vorgehen wird automatisiert für jeden Messpunkt durchgeführt. Interessant ist dann die höchste Abweichung aber auch die mittlere Abweichung. Dieses Verfahren wird auch als *Leave-One-Out-Cross-Validation* bezeichnet:

$$R_{cross}^2 = 1 - \frac{\sum\limits_{\ell=1}^{L} \left(g_\ell - \tilde{g}_{\ell,\text{pred}}\right)^2}{\sum\limits_{\ell=1}^{L} \left(g_\ell - \bar{g}\right)^2} \tag{4.30c}$$

mit $\tilde{g}_{\ell,\text{pred}}$= Wert der ausgelassenen Stützstelle auf neu aufgebauten Modell.

Die Abb. 4.17 zeigt ein Beispiel zur Approximation mithilfe eines Polynoms. Basis ist ein Rasterplan mit 77 Stützstellen, wobei alle ganzzahligen Koordinaten als Stützstellen verwendet wurden ($x_1 \in [-3, 3]$, $x_2 \in [-2, 8]$). Basierend auf diesen Stützstellen werden unterschiedliche Polynomgrade mit der *Fehlerquadratmethode* angepasst.

Der Polynomgrad 2 liefert einen sehr schlechten *Regressionsparameter* ($R^2 = 0{,}5732$). Auch der „Scatter"-Plot, bei dem die Werte der Berechnung und die Werte des Modells gegenüber gestellt werden, gibt Informationen über die schlechte Approximation. Der Polynomgrad 3 liefert bessere Ergebnisse. Erst der Polynomgrad 4 trifft die Funktion exakt. So exakt wird die Approximation bei realen Anwendungen selten ermittelt werden können. In dem Beispiel in Abb. 4.17 ist es einfach, da die 77 Stützstellen mit einem FORTRAN-Programm berechnet wurden, in dem folgende Funktion programmiert war:

$$g(\mathbf{x}) = 4 + \frac{9}{2}x_1 - 4x_2 + x_1^2 + 2x_2^2 - 2x_1x_2 + x_1^4 - 2x_1^2x_2.$$

Je nach Wissen zur vorliegenden Optimierungsaufgabe können geeignete Terme für den Aufbau des Meta-Modells ausgewählt werden. Weiß man beispielsweise, dass keine Wechselwirkung mit dem Quadrat einer Entwurfsvariablen und dem linearen Term

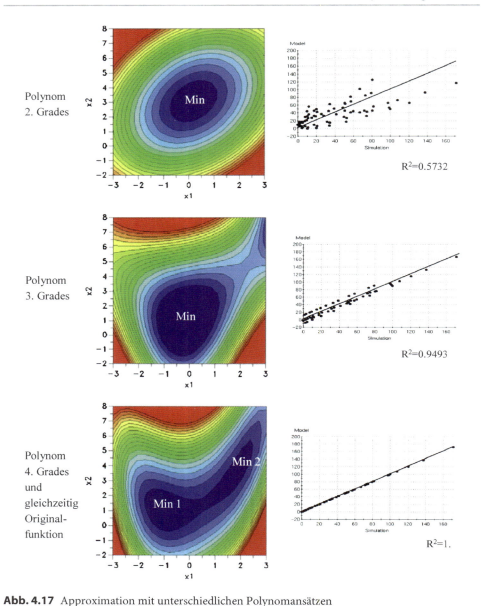

Polynom
2. Grades

Polynom
3. Grades

Polynom
4. Grades
und
gleichzeitig
Original-
funktion

Abb. 4.17 Approximation mit unterschiedlichen Polynomansätzen

einer Anderen gibt, braucht man den entsprechenden Term auch nicht zu berücksichtigen. Die Terme müssen nicht unbedingt Polynome sein. Oft sind andere mathematische
Funktionen wie $\sin(x_i)$, $\exp(x_i)$ oder $\ln(x_i)$ angepasster.

Mit Aufgabe 4.3 kann man anhand einer linearen Funktion das Anpassen eines Meta-
Modells mithilfe der Fehlerquadratrechnung üben.

Bezeichnung	Skizze bzw. Beschreibung	Stützstellenanzahl	n=2	n=4	n=10
Full Factorial	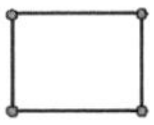	2^n	4	16	1024
3-level Full Factorial	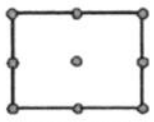	3^n	9	81	59049
Fractional Full Factorial	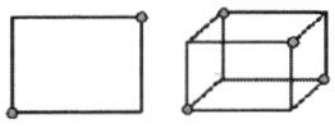	2^{n-p} z.B.halb belegt: p=1	2	8	512
Adjustable Full Factorial	selbst definiertes Raster	beliebig	beliebig	beliebig	beliebig
Central Composite Design	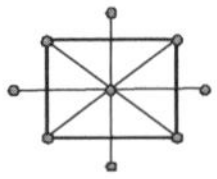	2^n+2n+1	9	25	1045
Box-Benhken-Design	mittig auf allen Würfelkanten + zentraler Punkt	3^n-2^n-2n	1	57	58005

Abb. 4.18 Klassische Versuchpläne

4.3.2.3 Versuchspläne

Nach der Definition der Art der Approximationsfunktion wird ein Versuchsplan aufgestellt, in dem beschrieben ist, wie der Entwurfsraum abgetastet werden soll. Es gibt im Allgemeinen keinen besten *Versuchsplan*, die *Versuchspläne* müssen bezogen auf das jeweilige System ausgewählt werden. Oft ist die Auswahl sehr schwierig und es bedarf langer Studien. In diesem Abschnitt werden die derzeit am häufigsten verwendeten *Versuchspläne* vorgestellt. In Abb. 4.18 sind die klassischen *Versuchspläne* zusammengestellt. Die konsequente Umsetzung der aus den Anfangsbeispielen A und C gelernten Zusammenhänge liefert der „Full Factorial"-Plan, bei dem alle Ecken des Entwurfsraums als Stützstellen verwendet werden. Mit diesem Plan können lineare Approximationsfunktionen angepasst werden. Diese linearen Approximationsfunktionen können auch alle Mischterme beinhalten, die aus zwei Einflussgrößen paarweise zusammengestellt werden. Bei Verwendung dieses Plans muss man sicher sein, dass keine Terme höheren Grades bei dem jeweiligen Approximationsproblem eine Rolle spielen. Ist man sich unsicher, so sollte der „3-level Full Factorial"-Plan verwendet werden, bei dem zwischen den Eckpunkten jeweils eine Stützstelle positioniert wird. Mithilfe dieses erweiterten Satzes von Stützstellen kann man eine lineare Approximationsfunktion bestimmen, die wesentlich gesicherter ist. Der „3-level Full Factorial"-Plan liefert maximal die Möglichkeit, eine quadratische Ansatzfunktion anzupassen. Bei einer größeren Anzahl von Entwurfsvariablen sind selbst für die Erstellung einfacher Ansatzfunktionen extrem viele Stützstellen erforderlich. Wenn beispielsweise 10 Entwurfsvariablen vorliegen und die Berechnung einer Stützstelle

z. B. eine Stunde dauert, so dauert die Gesamtauswertung mit dem „Full Factorial"-Plan 1024 Stunden (ca. 6 Wochen) und mit dem „3-level Full Factorial"-Plan 59049 Stunden (knapp 7 Jahre). Die „Fractional Factorial"-Pläne reduzieren den Aufwand, liefern aber auch weniger Sicherheit bei der Erstellung der Approximationsfunktionen. In den Fällen, in denen die Funktionswerte an den Stützstellen leichter und schneller bestimmt werden können, sind die „Adjustable Full Factorial"-Pläne sinnvoll, bei denen man eine beliebig genaue Rasterung des Entwurfsraums durchführt. Die „Central Composite Design"-Pläne haben sich vor allem bei Problemen mit wenig Entwurfsvariablen und quadratischer Ansatzfunktion bewährt. Hierbei werden die Zwischenpunkte leicht versetzt positioniert. Die „Box Benhken"-Pläne positionieren die Stützstellen mittig auf allen Kanten eines n-dimensionalen Würfels. Zudem wird eine Stützstelle am zentralen Punkt des Würfels positioniert.

Eine weitere Klasse von Versuchsplänen kann unter dem Begriff „Space Filling" zusammengefasst werden. „Space Filling"-Versuchspläne haben das Ziel, raumfüllend zu sein. Man verwendet sie, wenn man keine oder nur wenige Informationen über das Modell hat. Man unterscheidet zwischen einer maximalen Überdeckung und maximalen Abständen der Stützstellen. Die Verfahren beinhalten im Allgemeinen einen Zufallszahlgenerator. In Abb. 4.19 sind zwei gängige Versuchspläne dargestellt. Während im „Random Design"-Plan ein reiner Zufallszahlgenerator zum Einsatz kommt, wird in dem vielfach eingesetzten „Latin Hypercube"-Plan der Zufallszahlgenerator derart kanalisiert, dass in jeder Spalte und jeder Zeile jeweils nur eine Stützstelle positioniert wird. Hierzu wird der Entwurfsraum abhängig von der gewählten Anzahl der Stützstellen in Spalten und Zeilen aufgeteilt. Zu den einzelnen Plänen gibt es eine Vielzahl von Weiterentwicklungen.

Allen bisher vorgestellten Plänen ist gemein, dass die Erstellung mit sehr einfachen mathematischen Mitteln erfolgen kann. Fortgeschrittenere Verfahren, sog. „optimale Verfahren", bestimmen die *Versuchspläne* in Abhängigkeit der speziellen Gegebenheiten:

- Welche Terme soll die Ansatzfunktion beinhalten? Wenn z. B. aus Erfahrung bestimmte Terme einer quadratischen Ansatzfunktion ausgeschlossen werden können, dafür aber einige kubische Einzelterme hinzugefügt werden sollen, ist das ohne Probleme möglich.

Abb. 4.19 Versuchspläne für das „Space Filling"

Bezeichnung	Skizze bzw. Beschreibung	Anzahl der Stützstellen
Monte Carlo Verfahren, Random Design	Zufallszahlgenerator	beliebig
Latin Hypercube	Zufallszahlgenerator 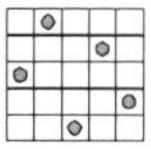 pro Reihe und pro Spalte eine Stützstelle	beliebig

- Wie ist die wirkliche Berandung des Entwurfsraums? Die bisher vorgestellten Pläne basieren auf rechteckigen Berandungen. Oft ist sie nicht rechteckig, weil bestimmte Bereiche definitiv ausgeschlossen werden müssen. Die Definition erfolgt über entsprechende Restriktionen.
- Welche Berechnungen sind bereits durchgeführt worden? Die bereits berechneten Stützstellen werden bei der Erstellung der Versuchpläne mit berücksichtigt. Ausgehend von einer vorgegebenen Menge bereits ermittelter Stützstellen können weitere Stützstellen ausgewählt werden, um den Plan möglichst robust zu machen.

Aus der Reihe der optimalen Pläne wird das „d-optimale" Verfahren genauer vorgestellt. Es positioniert die Stützstellen so, dass eine Störung des Funktionswertes möglichst wenig Störung in den Koeffizienten der Approximationsfunktion bewirkt. Dazu wird eine sog. *Versuchsmatrix* erstellt, multipliziert mit ihrer Transponierten und daraus die Determinante errechnet. Es wird dann der zugehörige *Versuchsplan* verwendet, bei dem die Determinante maximal ist. Dieses Vorgehen ist eine Erweiterung der *Fehlerquadratrechnung*. Dieses iterative Verfahren wird hier an einem einfachen Beispiel illustriert. Voraussetzung ist die Bestimmung des Grades der Ansatzfunktion. In dem Beispiel sollen die Koeffizienten c_0, c_1 und c_2 der Funktion $g = c_0 + c_1 x_1 + c_2 x_2$ bestimmt werden. Hierzu ist ein *d-optimaler Versuchsplan* zu erstellen. Dabei wird angenommen, dass zu Beginn bereits berechnete Stützstellen vorliegen, wie sie in Abb. 4.20 dargestellt sind. Die Vorgehensweise gliedert wie folgt:

1. Bestimmung der *Versuchsmatrix* **F**, die sich aus dem Grad der Approximationsfunktion und dem bereits ermittelten *Versuchsplan* zusammensetzt:

$$
\begin{array}{ccc}
c_0 & c_1 & c_2 \\
1 & x_1 & x_2 \\
\hline
\end{array}
$$

$$
\mathbf{F} = \begin{pmatrix}
1 & 0.2 & 0.9 \\
1 & 0.4 & 0.3 \\
1 & 1.0 & 0.0 \\
1 & 1.0 & 1.0
\end{pmatrix}
$$

Abb. 4.20 Bereits berechnete Stützstellen für das Beispiel zu d-optimalen Plänen

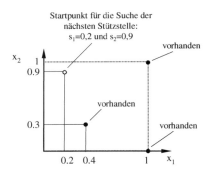

Startpunkt für die Suche der nächsten Stützstelle:
$s_1=0{,}2$ und $s_2=0{,}9$

2. Das Quadrieren der *Versuchsmatrix* **F** liefert die sog. *Informationsmatrix* $\mathbf{M} = \mathbf{F}^\mathsf{T}\mathbf{F}$:

$$\mathbf{M} = \begin{pmatrix} 1 & 0.2 & 0.9 \\ 1 & 0.4 & 0.3 \\ 1 & 1.0 & 0.0 \\ 1 & 1.0 & 1.0 \end{pmatrix}^\mathsf{T} \begin{pmatrix} 1 & 0.2 & 0.9 \\ 1 & 0.4 & 0.3 \\ 1 & 1.0 & 0.0 \\ 1 & 1.0 & 1.0 \end{pmatrix} = \begin{pmatrix} 4.0 & 2.6 & 2.2 \\ 2.6 & 2.2 & 1.3 \\ 2.2 & 1.3 & 1.9 \end{pmatrix}$$

3. Bestimmung der Determinante $d = \det(\mathbf{M}) = 1{,}34$. Diese Determinante wird als *Robustheitsmaß* bezeichnet. Je größer die Determinante d ist, desto robuster ist der *Versuchsplan*.

4. Optimierungsaufgabe: $\max_{s_1,s_2}\{\det(\mathbf{M})\}$.
   Oft wird dieses Optimierungsproblem kombinatorisch gelöst, in dem aus einem Satz möglicher Stützstellen die besten ausgewählt werden. Ergebnis der Optimierung ist die Position der nächsten Stützstelle. Verwendet man beispielsweise lineare Approximationsfunktionen, so belegen *d-optimale Versuchspläne* zunächst die Ränder. Möglicherweise werden die Ränder auch mehrfach belegt. Dies ist im Bezug auf die Determinante optimal. Bei Approximationsfunktionen höherer Ordnung sieht das anders aus.

Für eine Funktion $g = c_0 + c_1 x_1 + c_2 x_2 + c_3 x_1 x_2 + c_4 x_1^2 + c_5 x_2^2$ sieht die *Versuchsmatrix* **F** folgendermaßen aus:

$$
\begin{array}{cccccc}
c_0 & c_1 & c_2 & c_3 & c_4 & c_5 \\
1 & x_1 & x_2 & x_1 x_2 & x_1^2 & x_2^2 \\
\end{array}
$$

$$\mathbf{F} = \begin{pmatrix} 1 & 0{,}2 & 0{,}9 & 0{,}18 & 0{,}04 & 0{,}81 \\ 1 & 0{,}4 & 0{,}3 & 0{,}12 & 0{,}16 & 0{,}09 \\ 1 & 1 & 0 & 0 & 1 & 0 \\ 1 & 1 & 1 & 1 & 1 & 1 \end{pmatrix}.$$

Die Werte der Determinante der *Informationsmatrix* können zumindest in zweidimensionalen Beispielen grafisch dargestellt werden. Die Abb. 4.21 zeigt einen Versuchsplan bestehend aus 8 Punkten. Das Robustheitsmaß ist im Höhenlinienplot dargestellt. Es zeigt sich, dass es in diesem Fall am günstigsten ist, den Punkt in der linken unteren Ecke dazu zu nehmen.

Ideal für die Erstellung von Versuchsplänen ist eine Kombination aus statistischen Verfahren (wie z. B. die d-optimalen Pläne) und den mit dem vorliegenden Problem gemachten Erfahrungen.

4.3.2.4 Kriging

Bisher haben wir die Approximationsfunktionen aus Polynomen zusammengesetzt. Das ist nicht immer sinnvoll, weil die Polynome an den Rändern zum Aufschwingen neigen. Beim *Kriging* (Krige 1951) wird die Approximationsfunktion aus einer

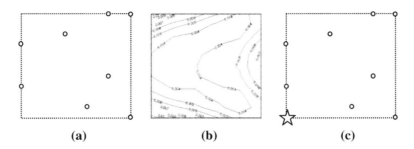

Abb. 4.21 Bestimmung der nächsten Stützstelle. **a** Bereits existierende 8 Stützstellen, **b** Höhenlinienplot für das Robustheitsmaß, **c** Neue Stützstelle im Versuchsplan

Basisfunktion $b_0(\mathbf{x}) = \mu$ und den *Verteilungsfunktionen* der einzelnen Stützstellen zusammengesetzt:

$$\tilde{g}(\mathbf{x}) = b_0 + \sum_{\ell=1}^{L} \left(g_\ell - b_0 \right) \exp \left(-\theta_\ell t_\ell^2 \right) \text{ mit } t_\ell = |\mathbf{x} - \mathbf{x}_\ell|, \tag{4.31}$$

wobei L die Anzahl der Stützstellen ist.

Gesteuert wird die *Kriging-Funktion* mit den Parametern θ_ℓ und b_0. Damit ist man in der Lage, den Einfluss der einzelnen Stützstellen zu steuern. In Abb. 4.22 sind eindimensionale *Kriging-Funktionen* für die beiden Stützstellen $g(x = 1) = 1$ und $g(x = 2) = 2$ für unterschiedliche Werte von θ_ℓ dargestellt. Hohe Werte von θ_ℓ liefern einen lokalen Einfluss der Stützstelle, bei $\theta_\ell \to 0$ konvergiert die Funktion gegen b_0.

Angepasst wird diese Funktion mit den bereits beschriebenen *Regressionsparametern* oder über *Leave-One-Out-Cross-Validation*. Dabei werden die Parameter θ_ℓ und b_0 automatisch eingestellt. Die in Abb. 4.22a sichtbaren GAUSS-Kurven werden bei zwei Entwurfsvariablen zu GAUSS-Glocken. Bei der Existenz von mehr als zwei Entwurfsvariablen ist eine geometrische Interpretation nicht mehr so einfach möglich. Zu erkennen ist die Möglichkeit zur kombinierten lokalen und globalen Approximation in einer Ansatzfunktion.

Man kann die Gl. 4.31 auch insofern erweitern, dass man die *Kriging-Funktion* als Interpolationsfunktion verwendet. Da dann die Funktion durch alle Datenpunkte läuft, können die Regressionsparameter nicht mehr als Gütekriterien verwendet werden. Es ist die *Leave-One-Out-Cross-Validation* um die Möglichkeit zur Identifikation, ob ein vorhergesagter Wert in einem definierten Vertrauensbereich liegt, erweitert worden. Hierzu wird eine Normalverteilung vorausgesetzt. Mit diesem Ansatz können auch weitere Stützstellen bestimmt werden (Harzheim 2008).

4.3.2.5 Trainieren von Neuronalen Netzen

In einigen Anwendungen zur Approximation von Strukturverhalten werden *neuronale Netze* trainiert. Im Grunde ist das Ziel dieses Trainierens das gleiche wie bei

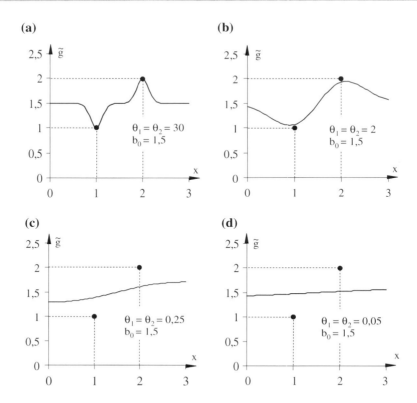

Abb. 4.22 Eindimensionale *Kriging-Funktionen* für die beiden Stützstellen g(x = 1) = 1 und g(x = 2) = 2

der Bestimmung der bestmöglichen Parameter einer Polynomfunktion oder der *Kriging-Funktion*. Ausgehend von einem *Versuchsplan*, hier meistens das *Monte Carlo Verfahren*, erstellt man einen schnell rechenbaren Zusammenhang zwischen den Ziel- und Restriktionsfunktionen und den Entwurfsvariablen. Anders als in Mustererkennungsaufgaben der Wirtschaftswissenschaft und der Psychologie spielen Neuronale Netze in der Optimierung mechanischer Strukturen keine große Rolle, weil mit ihnen die mechanischen Probleme nicht wirklich verstanden werden.

4.3.2.6 Bewertung der globalen Approximationsverfahren

Die Vorteile der globalen Approximationsverfahren sind:

- Sie sind unabhängig vom Entwicklungspunkt einsetzbar und für alle Stellen im Entwurfsraum jederzeit ohne neue Simulation abrufbar.
- Die entstandenen Funktionen sind in anderen Programmen integrierbar. Zudem kann man Informationen zu dem Problem leicht an andere, mit dem speziellen

Problem nicht vertrauten Personen weiterleiten (Einbeziehung mehrerer Disziplinen im Entwicklungsprozess).

- Die Verwendung von Optimierungsalgorithmen mit hohen Anzahlen notwendiger Funktionsaufrufe zur Suche des globalen Optimums ist möglich.
- Durch die Verwendung einfacher Funktionen wird die Oberfläche geglättet und stetig. Lokale und nicht relevante Verzweigungen stören den Optimierungslauf nicht. Die Optimierung läuft nicht in ein kleines lokales Minimum.
- Die Anforderungen an eine mechanische Struktur sind oft nicht so exakt formuliert, wie es für die Optimierung erforderlich ist. Sehr leicht sind jetzt Optimierungsstudien mit unterschiedlichen Zielfunktionen und Restriktionsfunktionswerten durchzuführen, ohne neue Simulationsrechnungen durchführen zu müssen. Damit ist z. B. schnell erkennbar, ab welchem Wert eines Zieles sich die anderen Ziel- bzw. Restriktionsfunktionen erheblich verschlechtern. Diese Informationen sind für abteilungsübergreifende Abstimmungen von hohem Wert.
- Je nach Bedarf kann der/die Anwender/-in kontinuierlich den Rechenzeiteinsatz und die Güte der Optimierungsrechnung kontinuierlich steuern. Variiert werden z. B. die Größe des Entwurfsraums, die Wahl der Ansatzfunktion und die Wahl des Versuchsplans.

Die Nachteile des Verfahrens wiegen dabei oft so schwer, dass globale Verfahren eventuell gar nicht eingesetzt werden können:

- Der Rechenaufwand ist vor allem bei einer hohen Anzahl von Entwurfsvariablen und bei stark nicht-linearer Eigenschaft der Funktionen erheblich.
- Da die Approximation oft sehr unzuverlässig ist, muss ein auf der Approximation ermitteltes Optimierungsergebnis zumindest am ermittelten Optimum nachgerechnet werden.
- Sehr komplexe Kurvenverläufe können mit universellen Approximationsfunktionen nicht zufriedenstellend dargestellt werden.
- Die Verwendung von *Meta-Modellen* in der Optimierung birgt die Gefahr von Fehlinterpretationen: Wird ein Optimalpunkt gefunden, so stimmen die zugehörigen Funktionswerte nur auf dem *Meta-Modell*. Benötigt man die exakten Werte, so ist dieser Punkt noch mal nachzurechnen.

4.4   Approximationsbasierte Optimierungsalgorithmen

In diesem Abschnitt werden Verfahren beschrieben, die analytisch beschriebene Ziel- und Restriktionsfunktionen benötigen. Die analytische Beschreibung erlangt man durch die beschriebene Approximation in Abschn. 4.3.

4.4.1 Verwendung der LAGRANGE-Funktion zur Suche des Optimums

Häufig wird die in Kap. 3 vorgestellte LAGRANGE-Funktion zur Formulierung des Optimierungsproblems herangezogen, welche die Ziel- und Restriktionsfunktionen beinhaltet:

$$L(\mathbf{x}, \boldsymbol{\lambda}) = f(\mathbf{x}) + \sum_{j=1}^{m_g} \lambda_j \left(g_j(\mathbf{x}) + \mu_j^2 \right) + \sum_{k=1}^{m_h} \lambda_k h_k(\mathbf{x}). \tag{4.32}$$

Die aus der LAGRANGE-Funktion hergeleiteten KUHN-TUCKER-Kriterien sind die notwendigen Bedingungen für die Existenz eines Optimums bei restringierten Problemen. Die LAGRANGE-Funktion ist aber auch als Basis für Suchstrategien einsetzbar. Diese werden im Folgenden vorgestellt.

Das Optimum des Entwurfs liegt auf der LAGRANGE-Funktion an einem stationären Punkt, und zwar an der Stelle an der

$$\frac{\partial L(\mathbf{x}, \boldsymbol{\lambda})}{\partial \lambda_j} = 0 \text{ und } \frac{\partial L(\mathbf{x}, \boldsymbol{\lambda})}{\partial x_i} = 0$$

gilt. Diese Stelle ist allerdings kein Minimum oder Maximum, sondern ein Sattelpunkt (Abb. 4.23).

Um diesen Sattelpunkt iterativ mit einem Algorithmus zu finden, gibt es zwei Möglichkeiten. Die erste Möglichkeit ist die Lösung eines *Max-Min-Problems*:

$$\underset{\mathbf{x}}{\text{Min}} \left\{ \underset{\boldsymbol{\lambda}}{\text{Max}} \left[L(\mathbf{x}, \boldsymbol{\lambda}) = f(\mathbf{x}) + \sum_{j=1}^{m_g} \lambda_j \left(g_j(\mathbf{x}) + \mu_j^2 \right) + \sum_{k=1}^{m_h} \lambda_k h_k(\mathbf{x}) \right] \right\}. \tag{4.33}$$

In der inneren Maximierungsphase entstehen die Gleichheits- und Ungleichrestriktionen in der bekannten Form und die Minimierung erfolgt in der gewohnten Weise z. B. mit

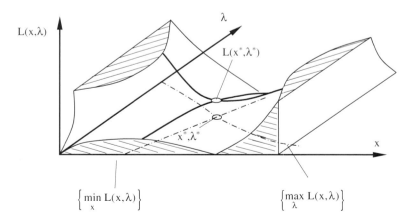

Abb. 4.23 Geometrische Darstellung der LAGRANGE-Funktion

direkten Verfahren. Anschaulich gesprochen erfolgt die Minimierung auf dem Bergrücken entlang nach unten zum Sattelpunkt.

Das zu lösende Optimierungsproblem (Gl. 4.33) wird als *primales Optimierungsproblem* bezeichnet. Die LAGRANGE-Funktion wird für den Optimierungsprozess nicht genutzt.

Die zweite Möglichkeit ist die Lösung eines *Min-Max-Problems*:

$$\operatorname*{Max}_{\lambda}\left\{\operatorname*{Min}_{\mathbf{x}}\left[L(\mathbf{x},\lambda)=f(\mathbf{x})+\sum_{j=1}^{m_g}\lambda_j\left(g_j(\mathbf{x})+\mu_j^2\right)+\sum_{k=1}^{m_h}\lambda_k h_k(\mathbf{x})\right]\right\}. \quad (4.34)$$

Es wird als *duales Optimierungsproblem* bezeichnet. Diese Formulierung kann man nur verwenden, wenn die LAGRANGE-Funktion analytisch formulierbar ist, was mit den Approximationsverfahren erreicht wird.

Analytisches Beispiel. Die Lösung des *Min-Max-Optimierungsproblems* wird an einem kleinen Beispiel illustriert: Ziel ist die Minimierung der Funktion

$$f(x) = x^2 + 2x + 1,$$

wobei x größer als Null sein soll, also die Restriktion $g(x) = -x \leq 0$ einzuhalten ist. Die zugehörige LAGRANGE-Funktion lautet ohne die Schlupfvariablen μ_j^2, also die Aktivität der Restriktion vorausgesetzt (Abb. 4.24):

$$L(x,\lambda) = x^2 + 2x + 1 + \lambda(-x).$$

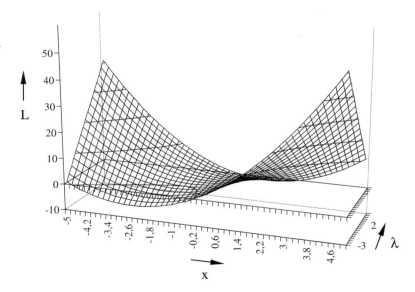

Abb. 4.24 LAGRANGE-Funktion $L(x,\lambda) = x^2 + 2x + 1 + \lambda(-x)$

Zur Minimierung wird die Funktion nach x abgeleitet und die Ableitung nach x aufgelöst:

$$\frac{\partial L(x, \lambda)}{\partial x} = 2x + 2 - \lambda = 0 \rightarrow x^* = \frac{\lambda}{2} - 1.$$

Mit diesem Zusammenhang wird die Maximierung über λ durchgeführt.

Das Ergebnis $x^*(\lambda)$ wird in die LAGRANGE-Funktion eingesetzt:

$$L(\lambda) = \left(\frac{\lambda}{2} - 1\right)^2 + 2\left(\frac{\lambda}{2} - 1\right) + 1 - \lambda\left(\frac{\lambda}{2} - 1\right) = -\frac{\lambda^2}{4} + \lambda.$$

Zur Maximierung wird diese Funktion nach λ abgeleitet und die Ableitung nach λ aufgelöst:

$$\frac{\partial L(\lambda)}{\partial \lambda} = -\frac{\lambda}{2} + 1 = 0 \rightarrow \lambda^* = 2.$$

Daraus folgt, dass $x^* = 0$ ist. Ohne Berücksichtigung der Restriktion, also bei $\lambda = 0$, wäre $x^* = -1$. Die Abb. 4.25 skizziert den Verlauf der Lösung dieses *Min-Max-Optimierungsproblems*. In der Abb. 4.25 wird die Minimierung der Funktion bezüglich x für $\lambda = 4$ gezeigt. Die Maximierung der Funktion bezüglich λ beginnt danach bei $x = 1$ und endet bei $x^* = 0$ und $\lambda = 2$.

Die Aufgabe 4.4 gibt die Möglichkeit, die Min-Max-Methode an einem weiteren Beispiel anzuwenden.

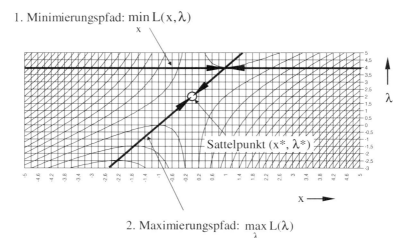

Abb. 4.25 Höhenliniendarstellung und Optimierungsablauf für die LAGRANGE-Funktion $L(x, \lambda) = x^2 + 2x + 1 + \lambda(-x)$

4.4.2 Duale Lösungsmethode (CONLIN)

Es stellt sich nun die Frage, wie man die LAGRANGE-Funktion für beliebige Problemstellungen analytisch formulieren kann. Da die Lösung des dualen Problems nur möglich ist, wenn man einen Zusammenhang der Entwurfsvariablen und den LAGRANGE-Multiplikatoren formuliert bekommt, werden die Funktionen mithilfe der linearen Taylorreihenentwicklung (z. B. auch MMA) approximiert.

Mit einer solchen Approximation sind die Funktionen separierbar bezüglich der einzelnen Entwurfsvariablen:

$$f(\mathbf{x}) = f(\mathbf{x}_0) + \sum_{i=1}^{n} f_i(x_i), \qquad g_j(\mathbf{x}) = g_j(\mathbf{x}_0) + \sum_{i=1}^{n} g_{ji}(x_i),$$

$$h_k(\mathbf{x}) = h_k(\mathbf{x}_0) + \sum_{i=1}^{n} h_{ki}(x_i)$$

(4.35a−c)

Der Name des zugehörigen Optimierungsalgorithmus lautet CONLIN, er steht für *konvexe Linearisierung* (Fleury 1989a, b). Die LAGRANGE-Funktion lautet mit diesen separierten Funktionen:

$$L(\mathbf{x}, \boldsymbol{\lambda}) = f(x_0) + \sum_{i=1}^{n} f_i(x_i) + \sum_{j=1}^{m_g} \lambda_j \left(\mu_j^2 + g_j(\mathbf{x}_0) + \sum_{i=1}^{n} g_{ji}(x_i) \right)$$

$$+ \sum_{k=1}^{m_h} \lambda_k \left(h_k(\mathbf{x}_0) + \sum_{i=1}^{n} h_{ki}(x_i) \right).$$

(4.36)

Damit ist auch die LAGRANGE-Funktion selbst separierbar:

$$L(\mathbf{x}, \boldsymbol{\lambda}) = L_0 + \sum_{i=1}^{n} \ell_i(x_i, \boldsymbol{\lambda})$$

(4.37)

mit $\ell_i(x_i, \boldsymbol{\lambda}) = f_i(x_i) + \sum_{j=1}^{m_g} \lambda_j \left(g_{ji}(x_i) + \mu_j^2 \right) + \sum_{k=1}^{m_h} \lambda_k h_{ki}(x_i)$

Die Ableitungen sind ebenfalls separierbar:

$$\frac{\partial L(\mathbf{x}, \boldsymbol{\lambda})}{\partial x_i} = \frac{\partial \ell_i(x_i, \boldsymbol{\lambda})}{\partial x_i}.$$

Setzt man nun die konkreten Approximationsansätze ein, kann man die Gleichungen so umformen, dass sie direkt nach den Entwurfsvariablen aufzulösen sind. Hierzu ein Beispiel: Es sollen die Zielfunktion linear approximiert werden (sinnvoll beispielsweise bei Gewichtsminimierung) und die Ungleichheitsrestriktion reziprok approximiert werden (sinnvoll beispielsweise bei Spannungsrestriktionen). Für die Zielfunktion lässt sich schreiben (vgl. Abschn. 4.3.1):

$$\tilde{f}(\mathbf{x}) = f(\mathbf{x}_0) + \sum_{i=1}^{n} \left(\frac{\partial f}{\partial x_i}\right)_{\mathbf{x}_0} (x_i - x_{0i}) = f(\mathbf{x}_0) + \sum_{i=1}^{n} \left(\frac{\partial f}{\partial x_i}\right)_{\mathbf{x}_0} (-x_{0i}) + \sum_{i=1}^{n} \left(\frac{\partial f}{\partial x_i}\right)_{\mathbf{x}_0} x_i$$

$$\Rightarrow \tilde{f}(\mathbf{x}) = f_0 + \sum_{i=1}^{n} f_i^{(D)} x_i \quad \text{mit} \quad f_i^{(D)} = \left(\frac{\partial f}{\partial x_i}\right)_{\mathbf{x}_0}. \tag{4.38}$$

Für die Restriktionsfunktion lässt sich schreiben (vgl. Abschn. 4.3.1):

$$\tilde{g}_j(\mathbf{x}) = g_j(\mathbf{x}_0) + \sum_{i=1}^{n} \left(\frac{\partial g_j}{\partial x_i}\right)_{\mathbf{x}_0} \frac{x_{0i}}{x_i} (x_i - x_{0i})$$

$$= g_j(\mathbf{x}_0) + \sum_{i=1}^{n} \left(\frac{\partial g_j}{\partial x_i}\right)_{\mathbf{x}_0} x_{0i} - \sum_{i=1}^{n} \left(\frac{\partial g_j}{\partial x_i}\right)_{\mathbf{x}_0} \frac{x_{0i}^2}{x_i}$$

$$\Rightarrow \tilde{g}_j(\mathbf{x}) = g_{0j} - \sum_{i=1}^{n} g_{ji}^{(D)} \frac{1}{x_i} \quad \text{mit} \quad g_{ji}^{(D)} = x_{0i}^2 \left(\frac{\partial g_j}{\partial x_i}\right)_{\mathbf{x}_0}. \tag{4.39}$$

Damit ergibt sich für die LAGRANGE-Funktion:

$$\tilde{L}(\mathbf{x}, \lambda) = f_0 + \sum_{i=1}^{n} f_i^{(D)} x_i + \sum_{j=1}^{m_g} \lambda_j \left(g_{0j} - \sum_{i=1}^{n} g_{ji}^{(D)} \frac{1}{x_i} \right). \tag{4.40}$$

Die Ableitung liefert einen direkten Ausdruck für x_i:

$$\frac{\partial \tilde{L}}{\partial x_i} = f_i^{(D)} + \sum_{j=1}^{m_g} \lambda_j \frac{g_{ji}^{(D)}}{x_i^2} = 0 \rightarrow x_i^* = \sqrt{-\left(\sum_{j=1}^{m_g} \lambda_j g_{ji}^{(D)} \right) \frac{1}{f_i^{(D)}}}. \tag{4.41}$$

Für die nachfolgende Maximierung gilt die Ableitung

$$\frac{\partial \tilde{L}(\lambda)}{\partial \lambda_j} = g_{0j} - \sum_{i=1}^{n} g_{ji}^{(D)} \frac{1}{x_i} = 0. \tag{4.42}$$

Zur Entscheidung, ob die gefundene Lösung das Maximum ist, kann die HESSE-Matrix ausgewertet werden (vgl. Abschn. 3.4).

Durch die geschlossene Lösung der Minimierungsphase (siehe Gl. 4.41) ist dieser Teil der Optimierung sehr schnell erledigt. Deshalb ist die *duale Lösungsmethode* für Aufgabenstellungen mit vielen Entwurfsvariablen besonders geeignet. Bei einer geringen Anzahl der Restriktionen können durchaus 1.000.000 Entwurfsvariablen behandelt werden. Anwendungen dazu werden in Kap. 8 im Rahmen von Topologie optimierungen behandelt. Die effizienteste Approximation ist die in Abschn. 4.3.1 vorgestellte MMA-Approximation. Bei ihr ist es nicht mehr wichtig, ob eine Funktion linear, reziprok oder anders beschrieben wird, sie passt sich bereits ab der zweiten Iteration dem vorliegenden Problem an.

4.4.3 Sequentielle Quadratische Programmierung (SQP)

Aus der Vielzahl der approximationsbasierten Verfahren wird noch ein weiteres leistungsfähiges Verfahren vorgestellt, die *Sequentielle Quadratische Programmierung* (Schittkowski 1980). Die Zielfunktion wird quadratisch approximiert, während die Restriktionen linear approximiert werden:

$$\tilde{f}(\mathbf{x}) = f(\mathbf{x}_0) + \sum_{i=1}^{n} \left(\frac{\partial f}{\partial x_i}\right)_{\mathbf{x}_0} (x_i - x_{0i}) + \frac{1}{2}\sum_{i=1}^{n}\sum_{j=1}^{n}\left(\frac{\partial^2 f}{\partial x_i \partial x_j}\right)_{\mathbf{x}_0} (x_i - x_{0i})\,(x_j - x_{0j})$$

$$(4.43)$$

$$\tilde{g}(\mathbf{x}) = g(\mathbf{x}_0) + \sum_{i=1}^{n} \left(\frac{\partial g}{\partial x_i}\right)_{\mathbf{x}_0} (x_i - x_{0i}), \quad \tilde{h}(\mathbf{x}) = h(\mathbf{x}_0) + \sum_{i=1}^{n} \left(\frac{\partial h}{\partial x_i}\right)_{\mathbf{x}_0} (x_i - x_{0i})$$

$$(4.44)$$

Die zugehörige LAGRANGE-Funktion lautet:

$$L(\mathbf{x},\lambda) = f(\mathbf{x}_0) + \sum_{i=1}^{n} \left(\frac{\partial f}{\partial x_i}\right)_{\mathbf{x}_0} (x_i - x_{0i}) + \frac{1}{2}\sum_{i=1}^{n}\sum_{j=1}^{n}\left(\frac{\partial^2 f}{\partial x_i \partial x_j}\right)_{\mathbf{x}_0} (x_i - x_{0i})\,(x_j - x_{0j})$$

$$+ \sum_{j=1}^{m_g} \lambda_j \left(g(\mathbf{x}_0) + \mu_j^2 + \sum_{i=1}^{n}\left(\frac{\partial g}{\partial x_i}\right)_{\mathbf{x}_0} (x_i - x_{0i}) \right)$$

$$+ \sum_{k=1}^{m_h} \lambda_k \left(h(\mathbf{x}_0) + \sum_{i=1}^{n}\left(\frac{\partial h}{\partial x_i}\right)_{\mathbf{x}_0} (x_i - x_{0i}) \right)$$

$$(4.45)$$

Für die Bestimmung der Suchrichtung und die Durchführung der eindimensionalen Optimierung werden die oben beschriebenen Standardverfahren verwendet.

Basierend auf dem sehr robusten SQP-Algorithmus existieren unterschiedliche Abwandlungen zur Steigerung der Effizienz des Algorithmus. Ein sehr leistungsfähiger Optimierungsalgorithmus ist der QPRLT-Algorithmus (Parkinson und Wilson 1986), bei dem die Bestimmung der Suchrichtung mit SQP und die eindimensionale Optimierung in einem reduzierten Entwurfsraum, in dem einzelne Entwurfsvariablen mit einzelnen Restriktionen gekoppelt werden.

4.4.4   Anpassen der Meta-Modelle während der Optimierung

Für Optimierungsprobleme mit bis zu 10 Entwurfsvariablen ist die sukzessive Verfeinerung des Polynomansatzes der *Meta-Modelle* der Ziel- und Restriktionsfunktionen nach Gl. 4.28 eine weitere Möglichkeit zur Optimierung. Hierbei wird nach jeder Verfeinerung eine Optimierung mit einem der bisher vorgestellten Verfahren durchgeführt. Am Optimalpunkt wird das Problem analysiert und damit das *Meta-Modell* angepasst. Diese Anpassung kann zum einen durch die Erhöhung des Polynomgrades bzw. dem Zufügen einzelner Terme passieren. Zum anderen kann aber auch die positionsabhängige Bestimmung der Koeffizienten des Meta-Modells sein (Lautenschlager 2000). Es erfolgt also folgende Fehlerquadratrechnung gemäß Gl. 4.29:

$$\min_{c_{\mathrm{m}}} \ Q = \sum_{\ell=1}^{L} \mathrm{w}_{\ell} \left(\mathrm{g}_{\ell} - \tilde{\mathrm{g}}_{\ell} \right)^2, \tag{4.46}$$

wobei w_{ℓ} die Wichtung der ℓ-ten Stützstelle ist. Diese Wichtung kann man z. B. in Abhängigkeit vom Abstand zwischen der Stützstelle ℓ und der aktuellen Position im Entwurfsraum bestimmen.

4.5   Stochastische Suchstrategien

Neben den bisher vorgestellten mathematischen Verfahren, die sehr effizient lokale Optima finden, kommen in der Praxis immer mehr Verfahren zum Einsatz, die keine mathematische Formulierung zur Suchrichtung und auch keine eindimensionale Optimierung beinhalten. Sie benötigen wesentlich mehr Rechenzeit (oft mehr als Faktor 100), sind aber besser in der Lage, lokale Optima zu überspringen und das globale Optimum zu finden. Die Beschränkung auf konvexe Probleme zum Finden des globalen Optimums besteht bei den stochastischen Suchstrategien nicht mehr. Im mathematischen Sinne sind es mehr Suchstrategien als Optimierungsalgorithmen. Restriktionen können nicht direkt berücksichtigt werden. Sie müssen mit Straffunktion gemäß Abschn. 4.2.1 eingebaut werden. Die stochastischen Verfahren werden vor allem in den Fällen den rein mathematischen Verfahren überlegen sein, in denen die Sensitivitäten nicht analytisch zu ermitteln sind.

4.5.1   Monte-Carlo-Methode

Die einfachste stochastische Suchstrategie ist die *Monte-Carlo-Methode*. Es wird ein Satz von L Vektoren der n Entwurfsvariablen in dem zu untersuchenden Bereich zufällig gewählt. An diesen Stellen werden die Ziel- und Restriktionsfunktionen ausgewertet. Der zu untersuchende Bereich umfasst dabei nur einen Teil des Entwurfsraums. Von den ausgewerteten Entwürfen wird der beste Entwurf ausgewählt. Die Quantifizierung der Güte der gefundenen Lösungen ist mitunter sehr schwierig, sie hat aber erheblichen Einfluss auf den Iterationsverlauf. Werden beispielsweise nur zulässige Entwürfe weiter verwendet, ist man darauf angewiesen, dass mindestens einer der L Entwürfe auch zulässig ist. So kann es passieren, dass ein kompletter Satz von Entwürfen nicht zur Anwendung kommt. Man muss hier möglicherweise andere Quantifizierungsstrategien wählen, beispielsweise mithilfe der Einführung der in Abschn. 4.2.1 vorgestellten *Straffunktionen*. In der Umgebung des besten Entwurfs wird ein weiterer Satz von zufällig gewählten Entwürfen ausgewertet. Mit $L = 15$ sind hier einigermaßen gute Ergebnisse erzielt worden (Reuter und Hoffmann 2000). Das Verfahren zeichnet sich durch seine Robustheit aber auch durch seine extrem hohe Anzahl der nötigen Funktionsauswertungen aus.

4.5.2 Evolutionsalgorithmen

Evolutionsalgorithmen und *Genetische Algorithmen* bilden die Evolution im biologischen Sinne nach. Es sind beispielsweise Mutationen (Veränderungen), Selektionen (Auswahl) und Rekombinationen (Beteiligung früherer Generationen) möglich. Der Unterschied zwischen den *Genetische Algorithmen* und den *Evolutionsalgorithmen* liegt in der Beschreibung der Entwürfe. Während die *Genetischen Algorithmen* Chromosomenkarten zur Zustandsbeschreibung verwenden, arbeiten die *Evolutionsalgorithmen* mit der in der Optimierung üblichen Beschreibung des Entwurfs mit realen Werten der Entwurfsvariablen. Die Verhaltensweisen der beiden Verfahren sind sehr ähnlich, sodass hier stellvertretend für beide Verfahren die *Evolutionsalgorithmen* beschrieben werden. Die einfachste Form hat folgenden Ablauf:

1. Festlegung von μ Elternentwürfen (Startvektoren $\mathbf{x}_E$)
2. Berechnung dieser Entwürfec
3. Generierung von λ Nachkommen pro Elternentwurf durch Mutation (Nachkommenvektoren $\mathbf{x}_N$)
4. Berechnung dieser Entwürfe
5. Übernahme von μ besten Entwürfen (Selektion und Rekombination)
6. Überprüfung der Abbruchkriterien: wenn nicht erfüllt, gehe zu 3
7. Optimale Lösung $\mathbf{x}^* = \mathbf{x}^{(\text{bester Entwurf})}$

Der Kern des Algorithmus liegt in Punkt 3. Die Mutation erfolgt über eine zufällige Veränderung

$$\mathbf{x}_N = \mathbf{x}_E + \Delta \mathbf{x},$$

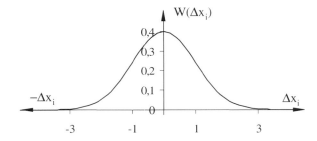

Abb. 4.26 *GAUSSsche Normalverteilung* zur Wichtung der Mutation (Erwartungswert von Null und der Standardabweichung $\sigma = 1$)

wobei kleine Änderungen häufig und große Änderungen selten erzeugt werden sollen. Diese Vorgabe wird mit der *GAUSSschen Normalverteilung* (vgl. Kap. 3.6) realisiert. Die zugehörige Dichtefunktion lautet für den Erwartungswert von $\Delta\mathbf{x}$ gleich Null:

$$W(\Delta x_i) = \frac{1}{\sigma\sqrt{2\pi}}\exp\left(-\frac{(\Delta x_i)^2}{2\sigma^2}\right), \tag{4.47}$$

wobei σ die *Standardabweichung* ist (s. Abb. 4.26). Wie bei der *Monte-Carlo-Methode* wird mit einem Zufallszahlengenerator ein neuer Entwurf erzeugt, wobei die Wahrscheinlichkeit zur Auswahl der Position mit zunehmendem Abstand Δx_i abnimmt.

Im Vergleich zu den Einstellmöglichkeiten bei den rein mathematischen Optimierungsalgorithmen, die in der Regel geringen Einfluss auf den Verlauf der Optimierung haben, sind sie bei den *Evolutionsalgorithmen* von entscheidender Bedeutung. Im Folgenden werden die wesentlichen Einstellmöglichkeiten beschrieben und einige Erfahrungswerte für die Einstellung angegeben:

- *Schrittweitenbestimmung*: Bei großen Schrittweiten wird das Optimum nur grob angenähert, die Position des Optimums wird eher global gefunden. Bei kleiner Schrittweite benötigt der Algorithmus viele Iterationen, die Position des Optimums wird aber genauer gefunden. Sinnvoll ist eine Steuerung der Schrittweite während der Optimierung. Eine Möglichkeit zur Steuerung ist die Bewertung der Anzahl der Erfolge, also der Verbesserungen, in einer Iteration. Ist sie hoch, so kann die Schrittweite vergrößert werden. Ist sie gering, so sollte sie verkleinert werden. Die Schrittweitenänderung kann zum Beispiel mit den Korrekturen $\sigma_N = \sigma_E/0{,}85$ für die Vergrößerung und $\sigma_N = 0{,}85\,\sigma_E$ für die Verkleinerung erfolgen.
- *Maximale Anzahl der Generationen*,
- *Anfangsschrittweite*,
- *Anzahl der Eltern*: μ sollte zwischen 0,5 und 2-mal der Anzahl der Entwurfsvariablen liegen.
- *Anzahl der Nachkommen*: λ sollte zwischen 4 und 5-mal der Anzahl der Entwurfsvariablen liegen.
- *Anzahl der Sexualitäten*: Im einfachsten Fall wird die Mutation der Nachkommen basierend auf zwei *Sexualitäten* (männlich/weiblich) durchgeführt, eine höhere

Anzahl der *Sexualitäten* erhöht aber die Wahrscheinlichkeit zum Finden des globalen Optimums.

- *Kriterium für das Ende der Optimierung*: Bei den *Evolutionsalgorithmen* ist die Betrachtung der letzten Änderungen der Entwurfsvariablen am besten geeignet.

Es gibt sehr viele unterschiedliche Varianten der *Evolutionsalgorithmen* und der *genetischen Algorithmen*, die sich vor allem in den Möglichkeiten zur Abbildung der speziellen Vorgänge der biologischen Evolution unterscheiden (Rechenberg 1973; Schwefel 1995).

In Abb. 4.27 ist der Optimierungsverlauf eines *Evolutionsalgorithmus* für die in Aufgabe 3.1 (graphische Darstellung der Funktion s. Abb. 4.17) behandelte Optimierungsaufgabe dargestellt. Die Aufgabe lautet:

$$\min_{x_1,x_2} f(\mathbf{x}) = \min_{x_1,x_2} \left\{ 4 + \frac{9}{2}x_1 - 4x_2 + x_1^2 + 2x_2^2 - 2x_1x_2 + x_1^4 - 2x_1^2x_2 \right\}$$

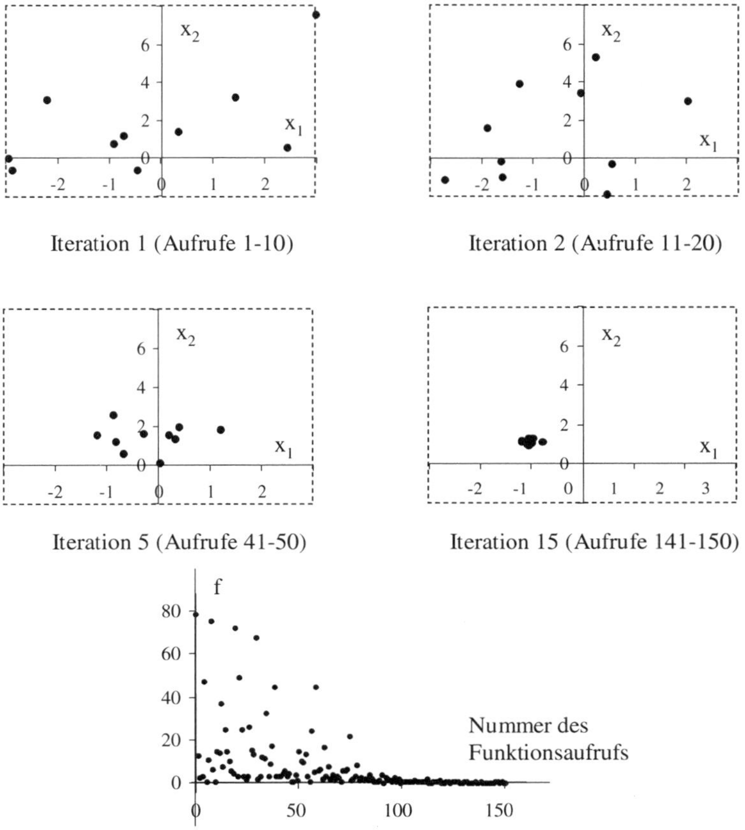

Iteration 1 (Aufrufe 1-10)
Iteration 2 (Aufrufe 11-20)
Iteration 5 (Aufrufe 41-50)
Iteration 15 (Aufrufe 141-150)
x2
x1
f
Nummer des Funktionsaufrufs

Abb. 4.27 Optimierungsverlauf eines *Evolutionsalgorithmus*

Die vier oberen Diagramme in Abb. 4.27 skizzieren die λ Nachkommen pro Elternentwurf in den jeweils angegebenen Iterationen. Das untere Diagramm stellt die Streuung des Wertes der Zielfunktion dar. Die anfänglich große Streuung wird langsam reduziert.

4.5.3   Simulated Annealing

Das Verfahren ist an den Erstarrungsprozess von Schmelzen angelehnt und betrachtet die Güte unterschiedlicher Kristallisationszustände. Die Möglichkeit, gute Kristallisationszustände zu erzielen, steigt mit hoher Schmelztemperatur und mit geringer Abkühlrate. In dem Optimierungsalgorithmus wird eine Schmelztemperatur T_0 gewählt, die sich im Laufe des Prozesses reduziert. Der Algorithmus hat folgenden Ablauf:

1. Festlegung von μ Entwürfen, also den Startentwürfen $\mathbf{x}_S$,
2. Berechnung der Entwürfe,
3. Zufällige Änderung der Entwurfsvariablen für jeden einzelnen Entwurf,
4. Berechnung des Entwurfs,
5. Akzeptieren des Entwurfs, wenn eine der beiden Bedingungen erfüllt ist: (a) $f(\mathbf{x}^{(k)}) - f(\mathbf{x}^{(k-1)}) \leq 0$, also ein besserer Entwurf erzeugt wurde, oder (b) wenn $f(\mathbf{x}^{(k)}) - f(\mathbf{x}^{(k-1)}) > 0$, also ein schlechterer Entwurf erzeugt wurde: Vergleich der mit einem Zufallszahlengenerator gefundenen Zahl zwischen 0 und 1 und der Wahrscheinlichkeit zur Verbesserung

$$P\left[f(\mathbf{x}^{(k)}) - f(\mathbf{x}^{(k-1)}) \right] = \exp\left(-\frac{f(\mathbf{x}^{(k)}) - f(\mathbf{x}^{(k-1)})}{K_b T} \right) \qquad (4.48)$$

mit der BOLTZMANN-Konstanten K_b und der aktuellen Temperatur T (s. Abb. 4.28). Ist die mit dem Zufallszahlengenerator gefundene Zahl kleiner oder gleich P, dann wird der Entwurf verwendet.

6. Übernahme der μ besten Entwürfe (Selektion und Rekombination),
7. Überprüfung der Abbruchkriterien: wenn nicht erfüllt, gehe zu 3,
8. Optimale Lösung $\mathbf{x}^* = \mathbf{x}^{(\text{bester Entwurf})}$.

Es ist also die weitere Verfolgung von schlechter werdenden Entwürfen möglich, was aus Bereichen mit lokalem Optimum heraus führen kann. Die im Laufe des Prozesses niedriger werdende Temperatur bewirkt eine immer geringere Wahrscheinlichkeit zur Akzeptanz schlechter Entwürfe. Man kann zeigen, dass eine extrem langsame Abkühlgeschwindigkeiten unter

$$T^{(k)} = \frac{T_0}{\ln\ k} \quad \text{(mit der Iterationsnummer k)}$$

das Finden des globalen Optimums garantiert.

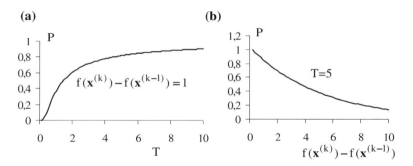

Abb. 4.28 Wahrscheinlichkeit zur Akzeptanz in Abhängigkeit von T und von $f(\mathbf{x}^{(k)}) - f(\mathbf{x}^{(k-1)})$

Die Verwendung der BOLTZMANN- Konstanten $K_b = 1{,}38\mathrm{e}\text{-}23$ macht numerische Schwierigkeiten, sodass sie skaliert werden sollte und für einen Algorithmus einfach zu Eins gesetzt werden kann. Damit wird

$$P\left[f(\mathbf{x}^{(k)}) - f(\mathbf{x}^{(k-1)}) \right] = \exp\left(-\frac{f(\mathbf{x}^{(k)}) - f(\mathbf{x}^{(k-1)})}{T} \right). \tag{4.49}$$

Bei dem *Simulated Annealing*-Algorithmus hat man folgende Einstellmöglichkeiten:

- *Starttemperatur* T_0: Die Starttemperatur sollte so gewählt werden, dass 50 % aller Entwürfe akzeptiert werden. In Abb. 4.28a ist der Verlauf der Akzeptanzwahrscheinlichkeit P (vgl. Gl. 4.49) für $f(\mathbf{x}^{(k)}) - f(\mathbf{x}^{(k-1)}) = 1$ über der Temperatur aufgetragen. In Abb. 4.28b ist der Verlauf der Akzeptanzwahrscheinlichkeit P bei $T = 5$ über $f(\mathbf{x}^{(k)}) - f(\mathbf{x}^{(k-1)})$ aufgetragen.
- *Abkühlfaktor*: $T^{(k)} = f_{anneal}\, T^{(k-1)}$, mit f_{anneal} zwischen 0,85 und 0,98,
- Anpassung der *Schrittweite* nach einer bestimmten Anzahl von Funktionsaufrufen: $SW_{neu} = SW_{alt}/\alpha$ mit α zwischen 1,05 und 1,5,
- Anzahl der Funktionsausrufe, nach der die Schrittweite geändert wird,
- Anzahl der Funktionsaufrufe für T_0,
- Abbruchkriterium: z. B. wenn die Schrittweite einen bestimmten Wert unterschreitet, z. B. 0,01 in einem Entwurfsbereich von 0 bis 1,
- Maximale Anzahl der Funktionsaufrufe.

In Abb. 4.29 ist der Optimierungsverlauf eines *Simulated Annealing*-Algorithmus für die auch in den Abschn. 4.4.3 und 4.5.2 behandelte Optimierungsaufgabe illustriert:

$$\min_{x_1, x_2}\ f(\mathbf{x}) = \min_{x_1, x_2}\left\{ 4 + \frac{9}{2}x_1 - 4x_2 + x_1^2 + 2x_2^2 - 2x_1 x_2 + x_1^4 - 2x_1^2 x_2 \right\}$$

Die vier oberen Diagramme skizzieren die Entwürfe einzelner Iterationen. Das untere Diagramm stellt die Streuung des Wertes der Zielfunktion dar.

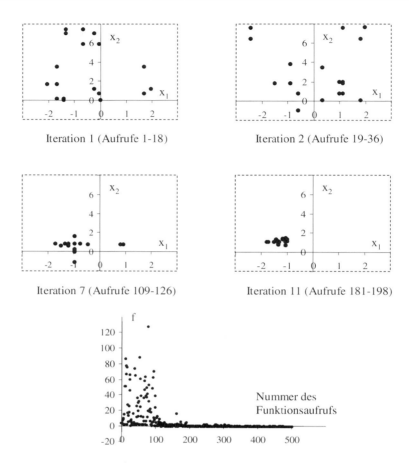

Abb. 4.29 Optimierungsverlauf eines *Simulated Annealing*-Algorithmus

4.6   Lösung diskreter Optimierungsaufgaben

Bei vielen Aufgabenstellungen der Strukturmechanik gilt die Forderung, dass die Entwurf-variablen bestimmte Werte annehmen sollen (*Diskretheitsforderungen*). Die *Diskretheits-forderungen* sind z. B. immer dann zu berücksichtigen, wenn bestimmte Norm- oder Standardteile verwendet werden sollen. Selbst bei einer Wanddickenoptimierung sind oft Blechdicken zu verwenden, die in Normenreihen abgelegt sind. Die bisher vorgestellten Verfahren behandeln nur kontinuierliche Entwurfsvariablen. Der Einsatz der kontinuier-lichen Verfahren ist bei diskreten Problemstellungen nicht geeignet, weil das einfache Auf- und Abrunden der Ergebnisse in vielen Fällen nicht zum diskreten Optimum führt. Ein Beispiel soll dies verdeutlichen (Abb. 4.30). Ziel ist die Minimierung der Funktion

$$f(x_1, x_2) = -50x_1^2 - 250x_2^2, \text{ wobei die Restriktionen}$$

Abb. 4.30 Diskrete
Optimierung

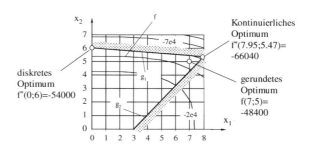

$$g_1(x_1, x_2) = x_1 + 15x_2 - 90 \le 0 \quad \text{und} \quad g_2(x_1, x_2) = 10x_1 - 9x_2 - 30 \le 0,$$

sowie die Forderung nach ganzzahligen Werten der Entwurfsvariablen einzuhalten sind. Die Forderung ganzzahliger Werte ist ein Spezialfall der *diskreten Optimierung* und wird *Integer-Optimierung* genannt.

Einige der vorgenannten Verfahren sind zumindest theoretisch auch zur diskreten Optimierung in der Lage, aber in vielen zur Verfügung stehenden Realisierungen nicht programmiert:

- *Genetische Algorithmen (Evolutionsalgorithmen),*
- *Simulated Annealing,*
- CONLIN.

Es existieren für diskrete Aufgabenstellungen aber weitere Optimierungsverfahren. Ideal ist es, wenn diskrete und kontinuierliche Forderungen gleichzeitig berücksichtigt werden können (Kölsch 1992; Schäfer 1990).

4.7 Kombinationen und weitere Verfahren

4.7.1 Auswahl mehrerer Startentwürfe

Um die Treffsicherheit zum Finden eines globalen Optimums zu erhöhen, können bei der Verwendung von lokalen Optimierungsalgorithmen mehrere Optimierungen mit unterschiedlichen Startentwürfen durchgeführt werden. Am besten verwendet man Startentwürfe, die man durch das eigene mechanische Verständnis als gut ansieht. Man kann die verschiedenen Startentwürfe aber auch formalisiert mit Versuchsplänen gemäß Abschn. 4.3.2.3 bestimmen.

4.7.2 Weitere Optimierungsverfahren

Die bisher vorgestellten Algorithmen stellen nur einen Bruchteil der weltweit zur Verfügung stehenden Optimierungsverfahren dar (Arora 2004; Christensen 2009;

Weise 2012). Es sind aber die Verfahren, die sich in der Strukturoptimierung etabliert haben und mit denen der Autor eigene Erfahrungen gemacht hat. Es besteht also bei weitem kein Anspruch auf Vollständigkeit. In diesem Abschnitt werden deshalb einige bisher noch nicht beschriebene Anwendungen kurz vorgestellt.

Prinzipiell anders als die bisher vorgestellten Verfahren sind folgende Ansätze:

- Optimalitätskriterien: Wenn man den „Zustand" im optimalen Entwurf kennt, kann man Rekursiv-Formeln zur Bestimmung der Entwurfsvariablen suchen, um diesen Zustand zu erreichen. Ein einfaches Beispiel ist das *Fully-Stress-Design* eines Fachwerks. Man weiß, dass ein statisch bestimmtes Fachwerk dann spannungsoptimal ist, wenn in allen Stäben die gleiche Spannung vorliegt. Zu einem voll belasteten Fachwerk kann man mit folgender Bestimmungsgleichung für einen einzelnen Querschnitt x_i kommen:

$$x_i^{(k)} = x_i^{(k-1)} \frac{\sigma_i^{k-1}}{\sigma_i^{\text{zulässig}}}, \tag{4.50}$$

mit der zulässigen Spannung im i-ten Querschnitt $\sigma_i^{\text{zulässig}}$. Es gibt einige Beispiele, in denen diese Verfahren sehr effizient sind (Baier 1994; Kirsch 1993), sie sind allerdings nicht allgemein einsetzbar, und für die meisten realen Optimierungsprobleme findet man solche Rekursiv-Formeln nicht.

- *Tunnelmethode*: Hier wird ausgehend von einem lokalen Minimum in einer bestimmten Suchrichtung nach noch besseren Lösungen gesucht (Adeli 1994).
- Ansätzen aus der *Spieltheorie*.
- *Ameisenalgorithmen* (*Ant Colony Optimization*): Es wird die Wegoptimierung von Ameisen nachgebildet. Sie scheiden bei der Material- und Futtersuche einen Duftstoff aus, der andere Ameisen motiviert, auch diesen Weg zu wählen. Bei kürzeren Wegen ist die Duftstoffkonzentration nach einer Weile höher als bei anderen Wegen.
- *Tabu-Suche*: Während der Optimierung werden Bereiche, in die kein Schritt gegangen wurde, für eine bestimmte Zeit tabuisiert.
- *Partikel Schwarm Optimierung (PSO)*: Findet ein Teil (Partikel) eines Schwarms bei seiner Erkundung eine bessere Lösung, so folgt der Schwarm dieser Richtung.
- *Memetik-Algorithmen (MA)*: Neben den aus den Evolutionsalgorithmen bekannten Funktionen der Mutation und Selektion werden nicht-biologische Prozesse wie Kultur oder Psychologie abgebildet.
- *Ingenieurwissensbasierte* Ansätze: Die Änderungen des Entwurfs werden mit Heuristiken gesteuert, die sich aus Expertenwissen ableiten. Beispiel: Schumacher und Ortmann (2012).

Mit Aufgabe 4.5 soll die Erstellung eines eigenen Optimierungsalgorithmus motiviert werden.

4.7.3   Auswahl und Kombination von Optimierungsalgorithmen

Es gibt keinen Optimierungsalgorithmus, der allen Ansprüchen gerecht wird. Deshalb haben Programmsysteme Algorithmen-Bibliotheken, aus denen die geeigneten Verfahren ausgewählt werden können. Bei der Beschreibung der einzelnen Algorithmen ist teilweise bereits auf die jeweiligen Stärken und Schwächen eingegangen worden.

An dieser Stelle seien Regeln zur Auswahl von Algorithmen zusammengefasst, die hilfreich sind, zumindest, wenn die Algorithmen auch verfügbar sind:

- Wenn Gradienten analytisch bestimmbar sind, sind die Verfahren der Mathematischen Programmierung (MMFD, CONLIN, SQP) zu verwenden.
- Bei hoher Anzahl von Restriktionen ist SQP, aber auch MMFD, zu verwenden.
- Bei vielen Entwurfsvariablen und wenigen Restriktionen ist CONLIN zu verwenden.
- Bei geringer Anzahl der Entwurfsvariablen kann die Erstellung eines nicht-linearen *Meta-Modells* sinnvoll sein.
- Bei der Suche des globalen Optimums von nicht-konvexen Problemen sind stochastische Verfahren vorzuziehen (*Evolutionsalgorithmen* und *Simulated Annealing*).
- Die reine *Monte-Carlo-Methode* hat in den seltensten Fällen Vorteile.

Besonders leistungsfähig sind Algorithmen, die die Verfahren sinnvoll kombinieren. Diese Kombinationen werden zum einen innerhalb geschlossener Algorithmen durchgeführt. So gibt es Verfahren, die z. B. ein aufwendiges *Meta-Modell* komplett in den Optimierungsalgorithmus integrieren. Zum anderen kann man auch als reiner Anwender die unterschiedlichen Algorithmen kombinieren. Beispielsweise kann man zu Beginn der Optimierung mit *Evolutionsalgorithmen* arbeiten und das Feinoptimieren mit einem SQP-Algorithmus durchführen.

Die Auswahl geeigneter Algorithmen kann mit kleinen wissensbasierten Programmen unterstützt werden. Es können beispielsweise Erfolgswahrscheinlichkeiten für die einzelnen Optimierungsalgorithmen angegeben werden. Allgemein gültige Aussagen sind nicht möglich.

Im nächsten Kapitel werden einige Testbeispiele vorgestellt, mit denen die Leistungsfähigkeit der einzelnen Optimierungsalgorithmen zu quantifizieren ist.

4.8   Übungsaufgaben

Aufgabe 4.1: Intervallreduktion nach dem Verhältnis des goldenen Schnitts (H)

Minimieren Sie die Funktion $f(x) = (3-4x)/(1 + x^2)$ in dem Bereich $1 \leq x \leq 6.5$ mithilfe der Intervallreduktion nach dem Verhältnis des goldenen Schnitts. Verwenden Sie dazu acht Funktionsauswertungen.

Aufgabe 4.2: Methode des steilsten Abstiegs (H)

Führen Sie für die Funktion $f(\mathbf{x}) = 9x_1^2 - 8x_1x_2 + 3x_2^2$ mit dem Startvektor $\mathbf{x}^{(0)T} = (1, 1)$ die ersten drei Iterationsschritte durch.

Aufgabe 4.3: Approximation (H)

Bestimmen Sie für folgende Wertepaare $g(x = 1) = 1$, $g(x = 3) = 3$ und $g(x = 5) = 4$ eine mit der Fehlerquadratmethode angepasste Geradengleichung an, die für den Bereich von $x = 0$ bis $x = 6$ gilt. Berechnen Sie die entsprechenden Regressionsparameter R^2 und R_{adj}^2.

Aufgabe 4.4: Duale Verfahren (H)

Führen Sie für die in Kap. 3 behandelte Optimierungsaufgabe
$$\min f = 8x_1^2 - 8x_1x_2 + 3x_2^2,$$
eine Min-Max-Optimierung nach dem Dualen Verfahren durch, sodass $g_1 = x_1 - 4x_2 + 3 \leq 0$ und $g_2 = -x_1 + 2x_2 \leq 0$ für $x_1, x_2 > 0$ eingehalten wird.

Aufgabe 4.5: Eigenes Computerprogramm

Erstellen Sie für die in Aufgabe 3.1 behandelte Optimierungsaufgabe einen iterativen Lösungsalgorithmus. Die zu behandelnde Funktion

$$g(\mathbf{x}) = 4 + \frac{9}{2}x_1 - 4x_2 + x_1^2 + 2x_2^2 - 2x_1x_2 + x_1^4 - 2x_1^2x_2$$

ist in Abb. 4.17 dargestellt. Betrachten Sie die Intervallgrenzen $x_1 \in [-3, 3]$ und $x_2 \in [-2, 8]$. Starten Sie bei $x_1 = 0$ und $x_2 = 0$.

Literatur

Adeli H (1994) Advances in design optimization. Chapman & Hall, London

Arora JS (2004) Introduction to optimum design, 2nd Aufl. Elsevier, London

Baier H, Seeßelberg C, Specht B (1994) Optimierung in der Strukturmechanik. Vieweg, Wiesbaden

Christensen PW, Klarbring A (2009) An introduction to structural optimization. Springer, Berlin

Fletcher R, Reeves CM (1964) Function minimization by conjugate gradients. Comput J 7(2):149–154

Fleury C (1989a) First and second order convex approximation strategies in structural optimization. Struct Optim 1:3–10

Fleury C (1989b) Conlin: an efficient dual optimizer based on convex approximation concepts. Struct Optim 1:81–89

Harzheim K (2008) Strukturoptimierung – Grundlagen und Anwendungen. Verlag Harry Deutsch. Frankfurt

Kirsch U (1993) Structural optimization. Springer, Berlin

Kölsch G (1992) Diskrete Optimierungsverfahren zur Lösung konstruktiver Problemstellungen im Werkzeugmaschinenbau. Fortschr.-Ber. VDI-Reihe 1, Nr 213. Düsseldorf

Krige DG (1951) A statistical approach to some mine valuation and allied problems on the Witwatersrand. Masters thesis, University of the Witwatersrand, South Africa

Lautenschlager U (2000) Robuste Multikriterien-Strukturoptimierung mittels Verfahren des Statistischen Versuchsplanung. Dissertation, Universität-GH Siegen, FOMAAS, TIM-Bericht T16-05.00

Parkinson A, Wilson M (1986) „Development of a hybrid SQP-GRG-Algorithm for constrained nonlinear programming". Design Eng. Technical Conference, Ohio, 5–8 Oct 1986

Powell MJD (1982) VMCWD: a fortran subroutine for constrained optimization. Report DANTP 1982/NA4, Univ. of Cambridge

Rechenberg T (1973) Evolutionsstrategie: Optimierung technischer Systeme nach Prinzipien der biologischen Evolution. Frommann-Holzboog, Stuttgart

Reuter R, Hoffmann R (2000) Bewertung von Berechnungsergebnissen mittels Stochastischer Simulationsverfahren. VDI-Berichte Nr 1559, S 275–297

Schäfer E (1990) Interaktive Strategien zur Bauteiloptimierung bei mehrfacher Zielsetzung und Diskretheitsforderungen. Fortschr.-Ber. VDI-Reihe 1, Nr 197. VDI-Verlag, Düsseldorf

Schittkowski K (1980) Nonlinear programming codes, lecture notes in electronics and mathematical systems. Springer, Berlin

Schumacher A, Ortmann C (2012) Regelbasiertes Verfahren zur Topologieoptimierung von Profilquerschnitten für Crashlastfälle, Tagungsbuch Karosseriebautage Hamburg 2012. Vieweg, Wiesbaden

Schwefel HP (1995) Evolution and optimum seeking. Wiley, New York

Svanberg K (1987) The method of moving asymptotes – a new method for structural optimization. Int J Numer Meth Eng 24:359–373

Vanderplaats GN (1984) Numerical optimization techniques for engineering design: with applications. McGraw-Hill, New York 1984

Weise T (2012) Global optimization algorithms – theory and application. http://www.it-weise.de/

Optimierungsprogrammsysteme

5

So vielschichtig die Optimierungsprobleme sind, so vielschichtig ist auch die zur Verfügung stehende Software. Die Effizienz dieser Software zur Lösung von realen Optimierungsproblemen ist dabei allerdings sehr unterschiedlich. Auch Optimierungsalgorithmen mit der gleichen Namensgebung können extreme Qualitätsunterschiede aufweisen, weil z. B. bestimmte Steuerungsparameter verschieden gesetzt sind. Zum Teil gibt es auch große Unterschiede in den benutzerseitigen Einstellmöglichkeiten. Für die Auswahl eines Programms sind eigene Testbeispiele aber auch das Einholen von Wissen anderer Anwender/-innen, die die spezielle Software bereits erfolgreich eingesetzt haben, notwendig. In User-Gruppen werden idealerweise Tipps und Tricks bezüglich des Umgangs mit der Software ausgetauscht. In diesem Kapitel wird weniger auf die einzelnen Softwarepakete eingegangen; vielmehr soll das Kapitel eine allgemeine Hilfestellung zur Auswahl und Anwendung von Optimierungssoftware liefern.

Die Optimierungssoftware kann grob unterteilt werden in:

1. Optimierungsprogramme für die Lösung allgemeiner Probleme („General Purpose"-Programme) und
2. Optimierungsprogramme, die auf spezielle Probleme zugeschnitten sind. Die Programme sind direkt in bestimmte Simulationsprogramme wie z. B. *Finite Elemente Berechnungsprogramme* integriert.

Nach einer kurzen Vorstellung der Optimierungsmöglichkeiten von Mircosoft-Excel® und MATLAB® werden zunächst allgemein verwendbare Programme behandelt. Danach werden die speziell für *Finite Elemente* Anwendungen nach dem *impliziten Verfahren* (s. Abschn. 2.3.3) zugeschnittenen Optimierungsprogramme behandelt. Weitere spezielle Programme zur Form- und Topologieoptimierung werden in den Kap. 7 und 8 separat vorgestellt.

A. Schumacher, *Optimierung mechanischer Strukturen*,
DOI: 10.1007/978-3-642-34700-9_5, © Springer-Verlag Berlin Heidelberg 2013

5.1   Optimierungsmöglichkeiten von Microsoft-Excel® und MATLAB®

In Microsoft-Excel® und MATLAB® gibt es Optimierungsmöglichkeiten für einfache Anwendungen. Da diese Programme für die unterschiedlichsten Anwendungen sehr weit verbreitet sind, sollen die Optimierungsmöglichkeiten an dieser Stelle erläutert werden. Einem Vergleich mit Optimierungssoftware halten diese Programme allerdings nicht stand.

5.1.1   Microsoft-Excel®

In Excel® gibt es einen Optimierungsmodul. Um es einzusetzen, muss der sog. „Solver" eingerichtet werden. Dieser kann unter „Extras" → „Add-Ins" aktiviert werden. Danach ist das Optimierungsmodul mit „Extras" → „Solver" aufrufbar. Die Vorgehensweise ist wie folgt:

1. Basis für die Behandlung eines Optimierungsproblems ist die Erstellung von formel-mäßigen Zusammenhängen in Excel. Für die Ziel- und Restriktionsfunktionen wer-den in den sog. Excel-Zellen algebraische Formeln eingetragen, die eine Abhängigkeit von anderen Excel-Zellen definieren.
2. Aufrufen der Optimierungsmöglichkeit mit „Extras" → „Solver",
3. Auswählen der „Zielzelle" (in der die Formel für die Zielfunktion steht) und Definition der folgenden Möglichkeiten: „Max", „Min" und „Einstellung eines bestimmten Werts",
4. Definition der Entwurfsvariablen durch Auswahl der „Veränderbaren Zellen",
5. Definition der Restriktionen („Nebenbedingungen") für definierte Zellen mit den Möglichkeiten „<=", „=" und „>=",
6. Lösen des Optimierungsproblems,
7. Auswerten und automatisches Schreiben von Berichten (Antwortbericht, Sensitivitätsbericht, Grenzwertbericht).

Hinweise: Die installierten Optimierungsalgorithmen „Newton" und „Gradient" sind Gradientenverfahren und finden lokale Minima. Ein Bericht wird nur bei erfolgreicher Optimierung geschrieben.

5.1.2   MATLAB®

Anhand eines Beispiels soll die Verwendung des Optimierungsalgorithmus von MATLAB® erläutert werden. In MATLAB® werden alle Sequenzen in sog. M-Files defi-niert. Für die Funktion aus Aufgabe 3.2 lautet der M-File:

```
%
% M-File fuer Funktion in Aufgabe 3.2
%
function [f3] = fun3(x)
x1 = x(1);
x2 = x(2);
% Bestimmung des Funktionswerts
f3 = 4. + (9./2.)*x1-4.*x2 + x1^2 + 2.*x2^2-2.*x1*x2
 + x1^4-2.*x1^2*x2
%
```

Der M-File zum Minimieren dieser Funktion lautet:

```
%
% M-File fuer die Optimierung
%
OPTIONS = foptions;
% Startentwurf
x0 = [0 0]
% Aufruf der Optimierung
erg1 = fminunc('fun3',x0)
```

Gegenüber Excel® hat MATLAB® den Vorteil, dass auch die Einbindung von externen Simulationsprogrammen (z. B. eigene FORTRAN-Programme) möglich ist.

5.2 Allgemein und schnell verwendbare Optimierungssoftware

Die Abb. 5.1 zeigt eine Architektur der Iterationsschleifen eines allgemein und schnell verwendbaren Optimierungsprogrammsystems. Der hinterlegte Bereich ist die Simulationssequenz, für die eine Optimierung durchgeführt werden soll. Dieser Bereich muss für verschiedene Kombinationen der Entwurfsvariablen automatisch aufgerufen werden.

Hierzu legt der/die Anwender/-in vor der Optimierung fest, an welcher Position im Eingabefile die Entwurfsvariablen stehen. In der Optimierung schreibt das Programm dann automatisch die jeweils aktuellen Werte in den Eingabefile bzw. die Eingabefiles. Ein kleines Beispiel soll dies verdeutlichen: In einem Eingabefile sollen die Größen, die im ursprünglichen Eingabefile mit den Werten „5.000" belegt sind, als Entwurfsvariablen x1 und x2 definiert werden. Dazu wird idealerweise ein Musterfile angelegt, in dem diese Definition gekennzeichnet ist. Basierend auf diesem Musterfile wird dann zu jedem Funktionsaufruf ein neuer Eingabefile mit den aktuellen, vom Optimierungsalgorithmus vorgeschlagenen, Werten der Entwurfsvariablen erzeugt:

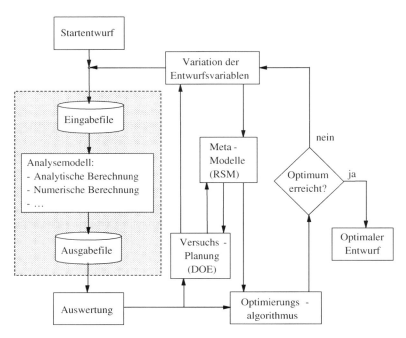

Abb. 5.1 Programmarchitektur von „General-Purpose"- Optimierungsprogrammen

Ursprünglicher Eingabefile

.
```
PSHELL,1,1,5.000
PSHELL,2,1,5.000
```
.

Musterfile (Template)

.
```
PSHELL,1,1,^x1^
PSHELL,2,1,^x2^
```
.

Neu erzeugter Eingabefile

.
```
PSHELL,1,1,6.500
PSHELL,2,1,3.500
```
.

Das gleiche wird für den Ausgabefile durchgeführt. Der/die Anwender/-in bestimmt Suchregeln für die Positionen der Größen der Ziel- und Restriktionsfunktionen, sodass die aktuellen Werte extrahiert und weiterverarbeitet werden können. Diese Regeln entsprechen Suchschritten im Ausgabefile. Mit diesen Schritten sollten alle Werte im Ausgabefile ansteuerbar sein, auch wenn sich die Länge und Anordnung des Ausgabefiles von Funktionsaufruf zu Funktionsaufruf ändert. Wichtige Schritte der Suchprozeduren zum Finden der richtigen Zeile sind:

- springe zu Zeilen-Nummer …,
- überspringe n Zeilen,
- suche nach einer bestimmten Zahlen- und Buchstabenkombination,
- führe bestimmte Schritte n-mal durch,
- bleibe für weitere Suchaktionen an dieser Stelle.

Innerhalb einer Zeile lauten notwendige Regeln:

- Identifiziere den n-ten Wert,
- Identifiziere den letzten Wert,
- Identifiziere den Wert in einem bestimmten Spaltenbereich,
- Identifiziere den Wert nach einer bestimmten Zahlen- und Buchstabenkombination.

Dabei muss die Software auch Kombinationen dieser Regeln bearbeiten können.

Gemäß Abb. 5.1 steuert der Optimierungsalgorithmus die Simulationssequenz, sprich, er lässt Analysen für bestimmte Kombinationen der Entwurfsvariablen durchführen. Dies können auch Simulationen zur Bestimmung der *Sensitivitäten* sein, wobei zwischen *Vorwärts-Differenziation*

$$\left(\frac{\partial g}{\partial x_i}\right)_{x_0} \approx \frac{g(x_1, x_2, \ldots, x_i + \Delta x_i, \ldots, x_n) + g(x_1, x_2, \ldots, x_i, \ldots, x_n)}{\Delta x_i}, \qquad (5.1)$$

und *zentraler Differenziation*

$$\left(\frac{\partial g}{\partial x_i}\right)_{x_0} \approx \frac{g(x_1, x_2, \ldots, x_i + \frac{1}{2}\Delta x_i, \ldots, x_n) + g(x_1, x_2, \ldots, x_i - \frac{1}{2}\Delta x_i, \ldots, x_n)}{\Delta x_i} \qquad (5.2)$$

unterschieden wird. Ist das Optimum erreicht, wird die Schleife verlassen und die Optimierung ist beendet. In der Regel sind zusätzlich zu den Optimierungsalgorithmen noch Verfahren der statistischen Versuchsplanung und Verfahren zur Erstellung von *Meta-Modellen* integriert. Der/die Anwender/-in kann diese Verfahren bei Bedarf ebenfalls einsetzen. Wie in Kap. 4 erläutert, entsteht ein *Meta-Modell* aus den berechneten Punkten eines *Versuchsplans*. Dieser Versuchsplan entsteht dabei z. B. mit einer Auswertung des *Meta-Modells*. Deshalb ist eine beidseitige Kopplung integriert. Der Optimierungsalgorithmus kann dann statt der richtigen Analyse das *Meta-Modell* verwenden. Eine gute Software lässt alle denkbaren Kombinationen dieser Möglichkeiten zu. Zudem gibt es die Möglichkeit zur Auswahl unterschiedlicher

Optimierungsalgorithmen, unterschiedlicher Versuchplanungen und unterschiedlicher Ansätze für die Erstellung der *Meta-Modelle*.

Um die für die eigenen Belange beste Software auswählen zu können, müssen die eigenen Anforderungen an die Optimierungsprogramme genau spezifiziert werden. Mit eigenen Testproblemen lässt sich die unterschiedliche Software am besten bewerten. Die im Folgenden zusammengestellten Anforderungen und Tests sind als Ideenspender gedacht. Eine aktuelle Übersicht der kommerziell verfügbaren Optimierungssoftware findet sich im Anhang A3.1 (Recherche im Jahr 2012).

5.2.1   Anforderungen an die Optimierungssoftware

Zur Beurteilung der Funktionalität der Software sollten folgende Aspekte berücksichtigt werden:

- **Art der Simulationsprogramme:** Es müssen alle verwendeten Simulations-programme in die Optimierung integrierbar sein. Das gilt auch für Simulations-programme, die innerhalb von eventuell vorhandenen „Job-Queuing"-Systemen aufgerufen werden.
- **Möglichkeit zur flexiblen Abbildung der kompletten Simulationssequenz:** Es müssen alle parallelen und hintereinander geschalteten Berechnungsprogramme der Simulationssequenz integrierbar sein. Dazu zählen auch Funktionalitäten wie „DO"-Schleifen und „IF"-Abfragen, welche von den Programmiersprachen her bekannt sind.
- **Formate der Files der Simulationsprogramme:** Es müssen zumindest alle ASCII-lesbaren Files der Simulationsprogramme verarbeitet werden können. Die flexible Erstellung entsprechender Schnittstellen muss von der Software mit eigenen Editoren unterstützt werden (s.o.). Gut ist, wenn zu bestimmten Standard-Analysetools bereits vorgefertigte Schnittstellen existieren. Für binäre Files müssen spezielle Schnittstellen vorhanden sein. Für die Strukturoptimierung sind Schnittstellen zu den gängigen Berechnungsprogrammen (NASTRAN®, LS-DYNA®, PAMCRASH®, ABAQUS®, ADAMS® ...) sinnvoll.
- **Sensitivitätsinformationen:** Wenn die verwendete Simulationssoftware Sensitivi-tätsinformationen liefert, sollten diese eingelesen werden können. So kann extrem viel Rechenzeit gespart werden.
- **Bereitstellung von ineinander verschachtelten Optimierungsschleifen:** Die Optimierungssysteme sollten untergeordnete Optimierungsläufe einbinden können. Das gilt auch für die Aufrufe untergeordneter Optimierungssysteme.
- **Optimierungsalgorithmen:** Da die Algorithmen abhängig von der Anwendung unterschiedliche Vor- und Nachteile haben, muss eine Bibliothek unterschiedli-cher Verfahren zur Verfügung stehen. Die sehr schnellen Optimierungsalgorithmen der *Mathematischen Programmierung* wie z. B. *Sequential Quadratical Programming*

(SQP) oder *Method of Feasible Directions* haben Nachteile bei der Suche nach einem globalen Optimum. *Evolutionsverfahren* finden das globale Optimum besser, brauchen aber teilweise bis zu 100-mal so lange. Die vorhandenen Algorithmen müssen kombinierbar sein.

- **Versuchsplanung („Design of Experiments") und Meta-Modelle:** Es müssen verschiedene Verfahren zur Versuchplanung (Kap. 4) vorhanden sein, damit man in der Lage ist, zu Beginn der Optimierung den Lösungsraum abzutasten und ein *Meta-Modell* über diese Werte anzupassen. Die Güte dieser Approximation muss dabei mit unterschiedlichen Kriterien überprüfbar sein. Eine sukzessive Anpassung des *Meta-Modells* sollte unterstützt werden. Notwendig ist ebenfalls die Möglichkeit zur Integration extern erstellter Versuchpläne und *Meta-Modelle*.

- **Offenheit des Systems:** Bei der Bearbeitung von Optimierungsaufgaben stößt man schnell an die Grenzen der standardmäßig eingerichteten Möglichkeiten der Optimierungssysteme. Dann helfen offene Schnittstellen z. B. zur Implementierung selbst geschriebener und erworbener Optimierungsalgorithmen.

- **Diskrete Werte der Entwurfsvariablen:** Klassischerweise besitzen die Entwurfsvariablen kontinuierliche Wertebereiche. In vielen Fällen dürfen sie aber nur diskrete Werte annehmen. Die Definition und Behandlung dieser diskreten Werte muss von der Software unterstützt werden.

- **„Batch"-Fähigkeit:** Um die definierte Optimierung in übergeordnete Prozesse integrieren zu können, ist es erforderlich, das Programm im Hintergrund laufen lassen zu können.

- **"Restart"-Fähigkeit:** Bei Optimierungsproblemen, die mehrere Tage dauern, sollte bei eventuellen Hardwareproblemen die Optimierung nicht wieder vom Anfang gestartet werden müssen.

- **Bearbeitung von Variablen:** Es müssen vorhandene Abhängigkeiten von Variablen definiert werden können. Diese Variablen müssen von der Optimierungssoftware nach Definition durch den Anwender automatisch an die richtigen Stellen in die Eingabefiles der Simulationsprogramme geschrieben werden. Die Definition sollte einfach durchgeführt werden können, indem die Eingabefiles mit speziellen Editoren aufgerufen werden und die Selektion der Werte mit Mausklick erfolgen kann. Von den Ausgabefiles müssen die Ergebnisvariablen mithilfe von automatischen Suchprozeduren („parsing algorithms") wieder eingeladen werden können. Die Suche soll nach flexiblen Regeln erfolgen, welche z. B. nach bestimmten Wortkombinationen suchen.

- **Parallelverarbeitung:** Wenn die Rechenzeit einer einzelnen Simulation mehrere Stunden beträgt, ist die Parallelisierung der benötigten Simulationen unabdingbar. Das Optimierungsprogrammsystem muss eine Möglichkeit zur Parallelisierung bieten. Dies ist in jedem Fall für eine Gradientenberechnung nach der Differenzen-Methode sinnvoll.

- **Bearbeitung von Funktionen:** Es müssen Filter, Vergleichsmöglichkeiten (Korrelation), Integrationen, Differenziationen vorhanden sein. Dies ist vor allem für Optimierungen, die zur Parameteranpassung eingesetzt werden, notwendig.

- **Ausgabemöglichkeiten:** Alle Ergebnisse müssen zur externen Weiterverarbeitung im ASCII-Format ausgelesen werden können.
- **Sparsamer Umgang mit Plattenplatz**

Bezüglich der Benutzerfreundlichkeit sind folgende Aspekte zu beachten:

- **Grafische Oberfläche:** Anwender/-innen von Optimierungssoftware sind nicht nur Optimierungsspezialisten/-innen sondern z. B. auch Konstrukteure/-innen, die nur ab und zu Optimierungsalgorithmen zur Verbesserung ihrer Konstruktionen verwenden. Die Benutzung muss also für Anwender/-innen möglich sein, die nicht so sehr mit dem Programmsystem und den Verfahren der Optimierung vertraut sind („easy-to-use"). Meist wird mit der grafischen Oberfläche ein Eingabedatensatz für die Optimierung erzeugt. Dieser Datensatz soll dann von geübten Anwendern/-innen editiert werden können, damit spezielle Anforderungen integrierbar sind. Der veränderte Optimierungsdatensatz muss aus Gründen der Austauschbarkeit mit anderen Anwendern/-innen wieder in die grafische Oberfläche übertragbar sein.
- **„On-line"-Hilfe:** Es müssen verständliche Fehlermeldungen gegeben werden, die sinnvolle Handlungsvorschläge liefern. Die Bereitstellung von Default-Werten für die Einstellung der Parameter zur Steuerung der Optimierungsalgorithmen sowie die Existenz einer Beispielbibliothek ist ebenfalls notwendig.
- **„Online Monitoring":** Es muss während der Optimierung der Status zu beobachten sein, damit die Optimierung eventuell abgebrochen oder korrigiert werden kann.
- **Grafische Aufbereitung der Ergebnisse:** Die üblichen zwei- und dreidimensionalen Darstellungsmöglichkeiten sollten vorhanden sein. Wichtig ist die Darstellung aller Parameter in Abhängigkeit der Optimierungsschritte, die Darstellung der *Meta-Modelle* und die Ausgabe von Korrelationsmatrizen bezüglich aller Parameter.
- **Unterstützung durch die Software-Firma:** Gibt es eine Support-Hotline in Deutschland oder zumindest in der näheren Umgebung?

5.2.2   Analytische Testfunktionen

Um die unterschiedlichen Algorithmen in den Software-Paketen zu testen, werden im einfachsten Fall analytische Testfunktionen verwendet (Hock und Schittkowski 1981). Sie sollten in eigenständigen Routinen (z. B. mit FORTRAN) mit Eingabefile und Ausgabefile programmiert sein. Diese Routinen sollten dann in die Optimierung integriert werden. An dieser Stelle seien drei sehr unterschiedliche Funktionen vorgestellt. Sie sind den Softwarefirmen natürlich ebenfalls bekannt, und es ist möglich, dass einige Algorithmen bereits auf diese Testfunktionen „getrimmt" sind. Hilfreich ist die Erstellung eigener Testfunktionen, die vom Verhalten möglichst nah an den beabsichtigten Simulationen liegen.

Rosenbrock-Funktion
Die *Rosenbrock-Funktion*, wegen ihrer Form auch *Bananenfunktion* genannt, testet die interne Genauigkeit der Optimierungsalgorithmen (Abb. 5.2). Durch ein schmales Tal

Abb. 5.2 Rosenbrock-
Bananenfunktion

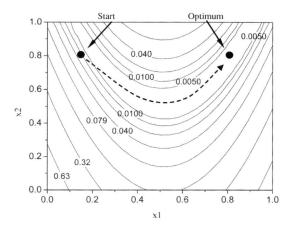

mit schwachem Abstieg muss der Algorithmus den Weg zum Optimum finden. Die
Funktion

$$f = \frac{1}{1737{,}32} \left[100 \left(\bar{x}_2 - \bar{x}_1^2 \right)^2 + (1 - \bar{x}_1)^2 \right] \tag{5.3}$$

mit $\bar{x}_1 = 3{,}2 \, (x_1 - 0{,}5)$ und $\bar{x}_2 = 3{,}2 \, (x_2 - 0{,}5)$ soll minimiert werden. Die Werte-
bereiche der Entwurfsvariablen x_1 und x_2 liegen zwischen 0 und 1, die Werte der
Zielfunktionen liegen ebenfalls zwischen 0 und 1. Die Startwerte sind $x_1 = 0{,}1250$ und
$x_2 = 0{,}8125$. Der Funktionswert dieses Startentwurfs ist $f = 0{,}0139295$. Die optimale
Lösung liegt bei $x_1 = 0{,}8125$, $x_2 = 0{,}8125$ und $f = 0{,}0$.

Um den Umgang mit einer größeren Anzahl von Entwurfsvariablen zu testen, kann
diese Funktion z. B. auf 10 Entwurfsvariablen erweitert werden:

$$f = \frac{1}{8686{,}6} \sum_{i=1}^{5} \left[100 \left(\bar{x}_{2i} - \bar{x}_{2i-1}^2 \right)^2 + (1 - \bar{x}_{2i-1})^2 \right] \tag{5.4}$$

mit $\bar{x}_i = 3{,}2 \, (x_i - 0{,}5)$.

Die Startwerte sind hier: $x_1 = 0{,}1250$, $x_2 = 0{,}8125$, $x_3 = 0{,}1250$, $x_4 = 0{,}8125$, $x_5 = 0{,}1250$,
$x_6 = 0{,}8125$, $x_7 = 0{,}1250$, $x_8 = 0{,}8125$, $x_9 = 0{,}1250$, $x_{10} = 0{,}8125$.

Die optimale Lösung liegt bei $x_1 = 0{,}8125$, $x_2 = 0{,}8125$, $x_3 = 0{,}8125$, $x_4 = 0{,}8125$,
$x_5 = 0{,}8125$, $x_6 = 0{,}8125$, $x_7 = 0{,}8125$, $x_8 = 0{,}8125$, $x_9 = 0{,}8125$, $x_{10} = 0{,}8125$. Hierbei ist
$f = 0$.

Goldstein-Price-Funktion

Die von zwei Entwurfsvariablen abhängige Funktion (Mockus 1984)

$$f = [1 + (\bar{x}_1 + \bar{x}_2 + 1)^2(19 - 14\bar{x}_1 + 3\bar{x}_1^2 - 14\bar{x}_2 + 6\bar{x}_1\bar{x}_2 + 3\bar{x}_2^2)]$$
$$[30 + (2\bar{x}_1 - 3\bar{x}_2)^2(18 - 32\bar{x}_1 + 12\bar{x}_1^2 + 48\bar{x}_2 - 36\bar{x}_1\bar{x}_2 + 27\bar{x}_2^2)] \tag{5.5}$$

mit $\bar{x}_1 = 4\,(x_1 - 0{,}5)$ und $\bar{x}_2 = 4\,(x_2 - 0{,}5)$ weist 4 lokale Minima auf (s. Abb. 5.3 und Tab. 5.1). Es wird keine Restriktionsfunktion berücksichtigt.

Diese Funktion ist sehr gut geeignet, um die Effizienz von Optimierungsalgorithmen zu testen, die für sich in Anspruch nehmen, das globale Optimum zu finden (z. B. *Evolutionsstrategien* …). Von allen Eckpunkten ausgehend soll das globale Optimum gefunden werden:

Startentwurf 1: $x_1 = 0$ und $x_2 = 0$,
Startentwurf 2: $x_1 = 0$ und $x_2 = 1$,
Startentwurf 3: $x_1 = 1$ und $x_2 = 1$,
Startentwurf 4: $x_1 = 1$ und $x_2 = 0$.

Rosen-Suzuki-Funktion (RSF)

Minimiert werden soll die von vier Entwurfsvariablen abhängige Funktion (Hock und Schittkowski 1981)

$$f = 0{,}004377452\left(\bar{x}_1^2 + \bar{x}_2^2 + 2\bar{x}_3^2 + \bar{x}_4^2 - 5\bar{x}_1 - 5\bar{x}_2 - 21\bar{x}_3 + 7\bar{x}_4\right) + 0{,}3039885$$
$$\text{mit } \bar{x}_i = 6\,(x_i - 0{,}5)\,.$$

(5.6)

Abb. 5.3 Goldstein-Price-Funktion

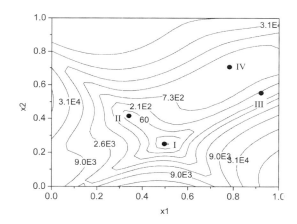

Tab. 5.1 Optima der Goldstein-Price-Funktion

	Nr.	x_1	x_2	f
globales Optimum	I	0,5	0,25	3
lokale Optima	II	0,35	0,4	30
	III	0,95	0,55	84
	IV	0,8	0,7	840

Dabei sollen die drei Restriktionen

$$g_1 = \bar{x}_1^2 + \bar{x}_2^2 + \bar{x}_3^2 + \bar{x}_4^2 + \bar{x}_1 - \bar{x}_2 + \bar{x}_3 - \bar{x}_4 - 8 \leq 0$$

$$g_2 = \bar{x}_1^2 + 2\bar{x}_2^2 + \bar{x}_3^2 + 2\bar{x}_4^2 - \bar{x}_1 - \bar{x}_4 - 10 \leq 0$$

$$g_3 = 2\bar{x}_1^2 + \bar{x}_2^2 + \bar{x}_3^2 + 2\bar{x}_1 - \bar{x}_2 - \bar{x}_4 - 5 \leq 0$$

eingehalten werden. Das Optimierungsproblem besitzt folgendes globales Minimum: $x_1 = 1/2$; $x_2 = 2/3$, $x_3 = 5/6$, $x_4 = 1/3$, $f = 0{,}11138$, $g_1 = 0$, $g_2 = -1$, $g_3 = 0$. Ein möglicher Startentwurf lautet: $x_1 = 1/2$; $x_2 = 1/2$, $x_3 = 1/2$, $x_4 = 1/2$. Diese Funktion ist sehr gut geeignet, um das Einhalten der Restriktionen zu testen.

Erweiterungen
Bei einigen Simulationen (z. B. Crashsimulation) streuen die Ausgaben der Ergebnisse. Dies kann in der Optimierung zu großen Schwierigkeiten führen. Deshalb ist es sinnvoll, das Verhalten auch für diese Fälle zu testen. Das ist in den Testfällen durch die Addition bzw. Subtraktion eines vom Zufallszahlgenerator erzeugten Wertes möglich.

Vorstellung einiger Testabläufe
Zum Test der Optimierungssoftware wird zuerst eine Rechnung ohne Änderung der Voreinstellung der Optimierungssoftware durchgeführt. Mit dieser Einstellung beginnt man in der Regel auch in den Fällen, in denen man wenig über das Optimierungsproblem weiß. Danach verwendet man andere Optimierungsalgorithmen. Als weitere Möglichkeit werden die Einstellgrößen angepasst.

Exemplarisch werden einige Testverläufe mit der Optimierungssoftware Optimus® vorgestellt. Dabei werden die folgenden Optimierungsalgorithmen und zugehörige Standardeinstellungen einbezogen:

- **SQP** (Sequenzielle Quadratische Programmierung) Toleranzwert: 0.0001, Sensitivitätsanalyse: Vorwärts-Differenzen-Methode mit $\Delta x = 0.001$, maximale Anzahl der Iterationen: 10),
- **EVOL1** (Evolutionsalgorithmus 1 (Diff.)) (Populationsgröße: 10, Anfangsschrittweite: 0.5, Wichtungsfaktor: 0.7, Inverse crossover prob. 0.85, Average stopping stepwidth 0.01 Maximale Anzahl der Iterationen: 30),
- **EVOL2** (Evolutionsalgorithmus 2 (Self.)) (Anzahl der Eltern 2, Anzahl der Sexualitäten: 2, Population size 10, Initial stepwidth 0.5, Average stopping stepwidth 0.01, Stepwidth mutation factor 1.3, Maximum number of iterations 30) und
- **SA** (Simulated Annealing) (Starttemperatur: 1, Annealing factor 0.85, Stepwidth adjustment factor 1.5, Number of cycles 3, Iterations at T = const 3, Average stopping stepwidth 0.01, Maximale Anzahl der Funktionsaufrufe 500).

In der Tab. 5.2 ist eine solche Testreihe für die *Rosenbrock-Bananenfunktion* aufgezeichnet. Die Optimierungsrechnungen, die zum richtigen Optimum führen, sind fett gekennzeichnet.

In Abb. 5.4 ist die Optimierung der Rosenbrock-Bananenfunktion mit SQP (Lauf 7) dargestellt.

Die *Rosenbrock-Bananenfunktion mit 10 Entwurfsvariablen* wurde nur von SQP gelöst, wobei 1003 Funktionsaufrufe erforderlich waren (Einstellungen: Toleranz: 1e-09, Sens. Anal.: Zentrale Differenzen mit $\Delta x = $ 1e-05, max. Anz. It. 50).

Bei der *Goldstein-Price-Funktion* findet SQP das Optimum beim Startentwurf 3 nicht, die beiden Evolutionsstrategien finden das globale Optimum mit 310 Funktionsaufrufen (EVOL1) und 170 Funktionsaufrufen (EVOL2), Simulated Annealing findet das Optimum nicht.

Bei der *Rosen-Suzuki-Funktion* finden alle getesteten Optimierungsalgorithmen das Optimum, wobei die Evolutionsstrategien und Simulated Annealing es nur sehr grob

Tab. 5.2 Testreihe für die *Rosenbrock-Bananenfunktion*

	Optimierungsalg.	Fkt.-aufrufe	f*	x_1*	x_2*	Abweichung vom Standard, Bemerkungen
1	SQP	13	2,3701e-03	0,17892	0,82727	
2	EVOL1	310	**5,6647e-07**	**0,81722**	**0,82287**	Ergebn. in It. 21 Fkt.aufruf 203
3	EVOL2	120	**9,0565e-05**	**0,83035**	**0,83694**	Ergebnis in It. 1 Fkt.aufruf 8
4	EVOL2	120	2,0207e-04	0,63562	0,56433	Ergebnis in It. 6 Fkt.aufruf 60
5	SA	501	**4,8861e-07**	**0,80340**	**0,79457**	Ergebnis in It. 5, Fkt.aufruf 86
6	SQP	108	2,5249e-04	0,61349	0,53553	Toleranz: 1e-07, Sens. Anal.: Zentrale Differenzen mit $\Delta x = $ 1e-5, max. Anz. It. 20
7	SQP	183	**4,3651e-10**	**0,81242**	**0,81230**	Toleranz: 1e-09, Sens. Anal.: Zentrale Diff. mit $\Delta x = $ 1e-5, max. Anz. It. 50
8	SQP	226	**1,4987e-13**	**0,81250**	**0,81249**	Toleranz: 1e-11, Sens. Anal.: Zentrale Differenzen mit $\Delta x = $ 1e-6, max. Anz. It. 50

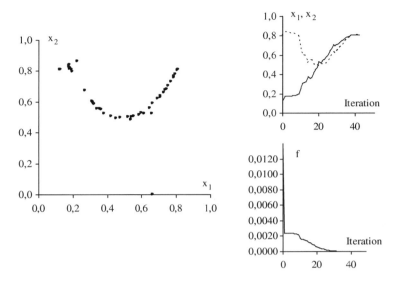

Abb. 5.4 Optimierung der Rosenbrock-Bananenfunktion mit SQP

treffen. SQP benötigt dafür 41 Funktionsaufrufe, EVOL1 benötigt 620 Funktionsaufrufe und EVOL2 benötigt 280 Funktionsaufrufe.

5.2.3   Testbeispiele aus der Praxis

Um das Optimierungsprogrammsystem zu testen, genügt die Verwendung von analytischen Testfunktionen nicht. Es sind Beispiele aus der eigenen Praxis auszuwählen. Diese Auswahl ist durchaus sehr individuell. Zur Beurteilung sollen die üblichen Kriterien (Anzahl der Simulationsläufe, Optimierungsfortschritt, Verletzung von Randbedingungen, manuelle Eingriffe ...) protokolliert werden.

Um eine Idee über solche Tests zu bekommen, werden im Folgenden einige Testbeispiele vorgestellt, welche die Forschungsgemeinschaft Automobiltechnik (FAT) im Jahr 2001 zum Testen von Optimierungssoftware zur Behandlung nichtlinearer Probleme der Strukturmechanik verwendet hat.

Hutprofil
Das in Abb. 5.5 dargestellte Hutprofil ist Teil einer Fahrzeugkarosserie. Es ist verklebt und soll sich im Crashfall zur Energieaufnahme in der dargestellten Weise verformen. Große Schwierigkeiten in der Simulationsrechnung macht die Bestimmung der richtigen Materialwerte des Klebers. Die Bestimmung dieser Materialwerte soll über eine Optimierung erfolgen. Hierzu wird ein Materialverhalten nach dem in Abb. 5.5 skizzierten Diagramm angenommen. Die Entwurfsvariablen sind der Elastizitätsmodul

Abb. 5.5 Anpassung der
Materialwerte für die Crash-
Simulation eines Hutprofils

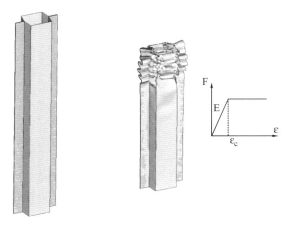

E (von 2 N/mm^2 bis 200 N/mm^2) und die maximale elastische Dehnung ε_c (von 0,002 bis 0,2). Ziel ist das Anpassen einer Kraft-Zeit-Kurve aus Versuch und Simulation, also die Minimierung des Wertes der folgenden Funktion:

$$f = \sum_{i=1}^{N} \left(F_{z,i}^{Simulation} - F_{z,i}^{Versuch}\right)^2.$$

Das für einen expliziten *Finite Elemente Löser* (LS-DYNA®) erstellte Modell besitzt 9764 Knoten und rechnet auf einer Workstation eine Stunde. Die Anzahl der auszuwertenden Lastschritte ist $N = 13$.

Kastenholm

Der in Abb. 5.6 dargestellte Kastenholm ist 500 mm lang und in 5 Segmente unterteilt. Die geometrisch gleichartigen Querschnitte bilden Hohlprofile, deren Wandstärken verschiedene diskrete Werte annehmen dürfen.

Der Kragbalken kann durch Stützen an der Einspannungsstelle sowie eine Verstärkung innerhalb des Profils versteift werden. Das Problem weist folgende Entwurfsvariablen auf:

x_1 Dicke des Segments krag1 aus {4,0 / 3,5 / 3,0 / 2,5 / 2,0} mm

x_2 Dicke des Segments krag2 aus {4,0 / 3,5 / 3,0 / 2,5 / 2,0} mm

x_3 Dicke des Segments krag3 aus {4,0 / 3,5 / 3,0 / 2,5 / 2,0} mm

x_4 Dicke des Segments krag4 aus {4,0 / 3,5 / 3,0 / 2,5 / 2,0} mm

x_5 Dicke des Segments krag5 aus {4,0 / 3,5 / 3,0 / 2,5 / 2,0} mm

x_6 Mit dieser Variablen werden E-Modul und Dichte der beiden dreieckigen Stützen bestimmt: E-Modul = 210.000 x_6 und Dichte = 7,8e-09 x_6 aus {0,001 / 1},

x_7 Mit dieser Variablen werden E-Modul und Dichte der inneren Verstärkung im Rohr bestimmt: E-Modul = 210000 x_7 und Dichte = 7.8e-09 x_7 aus {0,001 / 1.}.

Abb. 5.6 Diskrete
Optimierung eines
Kastenholms

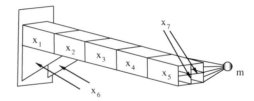

Abb. 5.7 Insassensimulation
bei KFZ-Frontalcrash

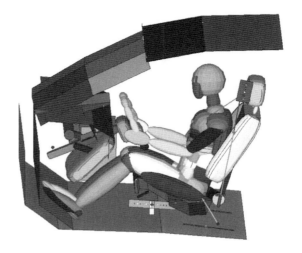

Also weisen die Entwurfsvariablen x_6 und x_7 lediglich die beiden diskrete Werte „ohne Verstärkung" und „mit Verstärkung" auf. Ziel ist die Minimierung einer Kostenfunktion

$$f = \text{Strukturmasse} + 10\,x_6 + 5\,x_7$$

mit der Strukturmasse in kg und den Kostengrößen für die Verstärkungen. Die dritte und vierte Eigenfrequenz soll bestimmte Werte nicht unterschreiten. An dem skizzierten Ausleger ist eine Masse von 2 kg angebracht. Ebenfalls zu berücksichtigen ist eine Einzellast in Querrichtung, die eine große Verformung bewirkt. Zur dynamischen Analyse soll eine NASTRAN®-Rechnung durchgeführt werden, die nicht-lineare Berechnung soll mit ABAQUS® durchgeführt werden. Bei dieser nicht-linearen Rechnung steigt die Last auf einen Maximalwert und wird dann wieder auf Null reduziert.

Insassensimulation bei KFZ-Frontalcrash

Mithilfe des Simulationsprogramms MADYMO® werden Insassensimulationen in Crash-Situationen durchgeführt. In Abb. 5.7 ist ein Fahrer-Dummy abgebildet.

Neben der Geometrie sind eine Reihe weiterer Größen des Sicherheitssystems einstellbar, wie z. B. die Zeitpunkte zum Zünden des Gurtstraffers oder des Airbags. In der Optimierung sollen 18 dieser Größen als Entwurfsvariablen verwendet werden. Ausgabegrößen sind Beschleunigungswerte des Dummies und der HIC-Wert (Head Injury Criterion). Ziel ist die Minimierung einer Dummy-Bewertungsgröße, die sich aus dem HIC-Wert, bestimmten Beschleunigungen und Kräften zusammensetzt.

5.3   Spezielle Software zur Strukturoptimierung und Sensitivitätsanalyse

5.3.1   Analytische Sensitivitätsanalyse

In vielen Fällen der Strukturmechanik ist man in der Lage, analytische Ausdrucke für die Sensitivitäten zu ermitteln. Es ist dann keine Berechnung nach der Differenzen-Methode

$$\left(\frac{\partial g}{\partial x_i}\right)_{x_0} \approx \frac{g(x_1, x_2, \ldots, x_i + \Delta x_i, \ldots, x_n) + g(x_1, x_2, \ldots, x_i, \ldots, x_n)}{\Delta x_i} \tag{5.7}$$

erforderlich. Das spart fast Faktor n Rechenzeit und erhöht zudem die Genauigkeit der Sensitivitäten. Ist beispielsweise die Sensitivität der Spannungsrestriktion in einem Gebiet mit Finiten Elementen der Anzahl NE

$$g(x) = \max \left\{ \sigma_{ne} - \sigma_{ne}^{zulässig} \leq 0 \text{ mit } ne = 1, NE \right\} \tag{5.8}$$

zu ermitteln, so erhält man mit der Kettenregel:

$$\frac{\partial g}{\partial x_i} = \sum_{ne=1}^{NE} \frac{\partial g}{\partial \sigma_{ne}} \frac{\partial \sigma_{ne}}{\partial x_i} . \tag{5.9}$$

Allgemein gilt für eine beliebige Strukturantwort r mit dem Verschiebungsvektor $\hat{v}$:

$$\frac{\partial r_j}{\partial x_i} = \sum_{nz=1}^{NZ} \frac{\partial r}{\partial \hat{v}_{nz}} \frac{\partial \hat{v}_{nz}}{\partial x_i} , \tag{5.10}$$

mit der Knotenanzahl NZ. Der Term $\partial r / \partial \hat{v}_{nz}$ berechnet sich aus den FE-Basisgleichungen (Abschn. 2.3.1). Für die Spannung gilt beispielsweise

$$\sigma_{ne} = {}^{E}\mathbf{C}_{ne} {}^{E}\mathbf{B}_{ne} \hat{v} . \tag{5.11}$$

Der Ausdrücke $\partial \hat{v}_{nz}/\partial x_i$ bzw. der Ausdruck $\partial \hat{v}/\partial x_i$ wird aus der Ableitung der *Finite Element Hauptgleichung*

$$\mathbf{K}\,\hat{\mathbf{v}} = \mathbf{f} \tag{5.12}$$

(mit der Steifigkeitsmatrix $\mathbf{K}$ und dem Lastvektor $\mathbf{f}$) berechnet (Produktregel):

$$\mathbf{K}\,\frac{\partial\hat{\mathbf{v}}}{\partial x_i} + \frac{\partial\mathbf{K}}{\partial x_i}\,\hat{\mathbf{v}} = \frac{\partial\mathbf{f}}{\partial x_i}. \tag{5.13a}$$

Die Hauptarbeit bei der Berechnung, die Zerlegung der Steifigkeitsmatrix, wird bereits für die Strukturberechnung durchgeführt. Die Sensitivitätsanalyse erfolgt mit einem anderen Lastvektor gemäß der folgenden Gleichung:

$$\mathbf{K}\,\hat{\mathbf{v}} = \mathbf{f} \tag{5.13b}$$

und

$$\mathbf{K}\,\frac{\partial\hat{\mathbf{v}}}{\partial x_i} = \frac{\partial\mathbf{f}}{\partial x_i} - \frac{\partial\mathbf{K}}{\partial x_i}\,\hat{\mathbf{v}}. \tag{5.13c}$$

In dieser Gleichung ist die Berechnung der Gradienten $\partial\mathbf{f}/\partial x_i$ und $\partial\mathbf{K}/\partial x_i$ beispielsweise sehr schnell mit einer Differenzen-Methode möglich. Dann bezeichnet man das Verfahren als *semi-analytisch*. Oft ist der Term $\partial\mathbf{f}/\partial x_i$ gleich Null, weil die Kräfte nicht von den Entwurfsvariablen abhängen. Auch für dynamische Berechnungen sind die Sensitivitäten analytisch berechenbar. Die Systemgleichung für ungedämpfte Schwingungen lautet:

$$\mathbf{M}\,\ddot{\hat{\mathbf{v}}} + \mathbf{D}\,\dot{\hat{\mathbf{v}}} + \mathbf{K}\,\hat{\mathbf{v}} = \mathbf{f} \tag{5.14}$$

mit der Massenmatrix $\mathbf{M}$ und der Dämpfungsmatrix $\mathbf{D}$. Sie lässt sich mithilfe des Ansatzes $\hat{\mathbf{v}} = \hat{\mathbf{v}}_0\,e^{i\omega_j t}$ ($\omega_j = $ Eigenkreisfrequenz der j-ten Eigenschwingform) überführen in:

$$(-\omega_j^2\mathbf{M} + i\omega_j\mathbf{D} + \mathbf{K})\,\hat{\mathbf{v}} = \mathbf{f}. \tag{5.15}$$

Für ein ungedämpftes System mit der Gleichung $(-\omega_j^2\mathbf{M} + \mathbf{K})\hat{\mathbf{v}} = \mathbf{f}$ erhält man die Sensitivitäten für die j-te Eigenkreisfrequenz:

$$\frac{\partial\omega_j}{\partial x_i} = \frac{1}{2\omega_j}\,\hat{\mathbf{v}}^{T}\left(\frac{\partial\mathbf{K}}{\partial x_i} - \omega_j\frac{\partial\mathbf{M}}{\partial x_i}\right)\hat{\mathbf{v}} \tag{5.16}$$

Die analytische Berechnung der Sensitivitäten in dieser Form ist nur für FE-Berechnungsprogramme nach dem impliziten Verfahren möglich. Bei den expliziten Verfahren wird die Steifigkeitsmatrix nicht invertiert und die Angabe der Sensitivitäten ist nicht so einfach möglich. Hier kommen meistens die zeitaufwendigen Differenzen-Methode oder *Methoden der statistischen Versuchsplanung* zum Einsatz (s. Abschn. 4.3).

5.3.2 Finite Elemente Programme mit integriertem Optimierungsalgorithmus

In einigen *Finite Elemente Programmen* ist die analytische Sensitivitätsanalyse zusammen mit Optimierungsalgorithmen integriert. Optimierungsaufgaben, die innerhalb dieser Programme zu bearbeiten sind, sollten wegen der deutlich geringeren Rechenzeit mit den integrierten Optimierungsalgorithmen bearbeitet werden. Am Beispiel von NASTRAN® und OptiStruct®, die beide identische Formate der Eingabefiles besitzen, wird diese Integration näher beschrieben. Um die Optimierungsmöglichkeit in NASTRAN® zu nutzen, ist der Berechnungstyp „SOL200" zu wählen. Verwendet werden in NASTRAN® drei Optimierungsalgorithmen, von denen der erste standardmäßig eingesetzt wird:

1. Methode der zulässigen Richtungen (s. Abschn. 4.2.2)
2. Sequentielle Lineare Programmierung
3. Sequentielle Quadratische Programmierung (s. Abschn. 4.4.3)

Wie in Abschn. 2.3.2 für die Strukturanalyse soll hier ein kleines Beispiel für die Strukturoptimierung mit NASTRAN® bzw. OptiStruct® gegeben werden. Minimiert werden soll die Verschiebung des Knoten 6 (s. auch Abb. 2.9) unter Einhaltung einer Masse von maximal 0,0675 kg. Dabei sollen die Dicken der Schalenelemente als Entwurfsvariablen definiert werden:

```
$-------------------------------------------------
$ FILE MANAGEMENT, EXECUTIVE CONTROL, CASE CONTROL
$-------------------------------------------------
$       Definition des Ausgabefiles
ASSIGN OUTPUT2 = 'krag_opt.op2',UNIT = 12
$       Bezeichnung
ID Optimierung eines Kragbalkens (Statik)
$       Solver-Typ: Optimierung
SOL 200
TIME 1000
CEND
$       Lastfall
SPC = 100
LOAD = 5
$       Zur Optimierung
ANALYSIS = STATIC
DESOBJ(MIN) = 40001   $ (Minimiere Nr. 40001)
DESSUB = 50001        $ (Restringiere Nr. 50001)
$-------------------------------------------------
```

```
$ BULK DATA DECK
$--------------------------------------------------
BEGIN BULK
$--------------------------
$ Strukturmodell
$--------------------------
$      FE-Knoten (Nummer, Koordinaten)
GRID, 1,,0.,0.,0.
GRID, 2,,0.,50.,0.
GRID, 3,,50.,0.,0.
GRID, 4,,50.,50.,0.
GRID, 5,,100.,0.,0.
GRID, 6,,100.,50.,0.
$      FE-Schalenelemente (Nummer, Elementeigenschafts-Nr.,
$      Knoten-Nr.)
CQUAD4,1,101,1,3,4,2
CQUAD4,2,102,3,5,6,4
$      Elementeigenschaften (Nummer, Material-Nr., Dicke)
PSHELL,101,133,5.000
PSHELL,102,133,4.000
$      Material (Nr., E-Mod., G-Mod., Querkontr., Dichte)
MAT1,133,73800.,28380.,0.3,2.7e-9
$      Flaechenlast (Nummer, Betrag, beaufschlagte Elemente)
PLOAD2,5,0.2,1,THRU,2
$      Feste Einspannung (Nummer, alle 6 Richtungen fest,
$      Knoten.Nr.)
SPC1,100,123456,1,THRU,2
$--------------------------
$      Optimierungsmodell
$--------------------------
$      Entwurfsvariablen (Nummer, Bezeichnung, Startwert,
$      untere Grenze, obere Grenze)
DESVAR,301,Dicke1,5.,1.,10.
DESVAR,302,Dicke2,5.,1.,10.
$      Verknuepfung der Entwurfsvariablen mit den zu op-
$      timierenden Komponenten der PSHELL-Karten (Nummer,
$      Typ der Elementeigenschaft,Elementeigenschafts-
$      Nr.,Feldpositions-Nr.,,,,Entwurfsvariablen-Nr.,
$      Faktor zwischen Entwurfsvariable und phys. Wert)
DVPREL1,201,PSHELL,101,4,,,,301,1.0
DVPREL1,202,PSHELL,102,4,,,,302,1.0
$      Optimierungsfunktionale(Nummer, Bezeichnung, Typ:
```

```
$       DISP = Verschiebung,WEIGHT = Gewicht,,,
$       Koordinatenrichtung,,Knoten- bzw. Element-Nr.)
DRESP1, 40001,ZIEL., DISP,,,3,,6
DRESP1, 40002,RESTR.,WEIGHT,,,,,ALL
$       Restriktion: Gewicht (Nummer,Optimierungs-
$       funktional-Nr., untere Grenze, obere Grenze)
DCONSTR,50001,40002,0.00E + 00,67.5e-6
$       Parameter zur Steuerung der Optimierungs-
$       algorithmen (20 Iterationen, Algorithmus Nr. 1)
DOPTPRM,DESMAX,20,METHOD,1
ENDDATA
```

Um Strukturantworten zusammen zu fassen, wird die Möglichkeit zur Definition von Gleichungen mit der DEQATN-Karte gegeben. Neben der linearen Statik gibt es in NASTRAN® eine Reihe weiterer Analysemöglichkeiten, die in eine Strukturoptimierung integriert werden können, s. Tab. 5.3. Dabei sind alle berechneten Ergebnisse als Optimierungsfunktionale verwendbar:

- Gewicht und Volumen,
- Eigenfrequenzen,
- kritische Beullast,
- lokale Verschiebungen, Geschwindigkeiten und Beschleunigungen (auch in Abhängigkeit bestimmter Anregungsfrequenzen),
- Spannungen im Bauteil,
- Kräfte (auch an den Einspannungen),
- Dehnungen,
- Versagenskriterien für Faserverbundwerkstoffe,
- Flattergeschwindigkeit.

Tab. 5.3 Optimierungs möglichkeiten in NASTRAN®

Art der Analyse	Type of analysis	ANALYSIS
Statik	Statics	STATICS
Eigenfrequenzanalyse	Normal Modes	MODES
Stabilität (Knicken und Beulen)	Buckling	BUCK
Frequenzantwort	Direct Frequency	DFREQ
	Modal Frequency	MFREQ
	Modal Transient	MTRAN
Statische Aeroelastik	Steady Aeroelastic	SAERO
Flatterrechnung	Flutter	FLUTTER

Als Entwurfsvariablen können alle Größen der *Finite Element Eigenschaften* definiert werden. Hier ein paar Beispiele:

- Querschnittfläche und Flächenmomente bei Balkenelementen,
- Dicken bei Schalenelementen,
- Dicken und Faserwinkel bei Faserverbundwerkstoffen,
- Steifigkeits- und Dämpfungswerte bei Federelementen.

Zudem sind die Knotenkoordinaten als Entwurfsvariablen zu definieren. Für die damit mögliche Formoptimierung sind aber noch weitere Definitionen erforderlich, die in Kap. 7 genauer beschrieben werden.

5.3.3   Dimensionierungsbeispiele

Kragblech mit 8 Bereichen unter statischer Last
Das in Abb. 5.8 skizzierte Kragblech besteht aus 8 Bereichen, die jeweils 4 achtknotige Schalenelemente beinhalten. Die Dicken der 8 Bereiche betragen im Startentwurf 5 mm, dürfen aber Werte zwischen 1 mm und 10 mm annehmen. Das Kragblech ist fest aber statisch bestimmt eingespannt. Ein Eckknoten ist fixiert in allen translatorischen Richtungen und in der Rotation um y, der andere Eckknoten ist translatorisch fixiert in x- und z-Richtung und in der Rotation um y. Die Kraft am Ende des Kragblechs wird auf der Vorderkante verteilt. Ziel ist die Minimierung der Verschiebung der Krafteinleitung in z-Richtung unter Beibehaltung des Gewichts des Startentwurfs (G_{soll}).

Die Optimierung mit den Grundeinstellungen von NASTRAN liefert die in Abb. 5.9 dargestellten Ergebnisse. Die Verschiebung kann von 6,8 mm auf 3,8 mm gesenkt

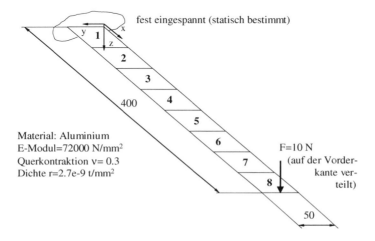

Abb. 5.8 Kragblech mit 8 Bereichen unter statischer Last

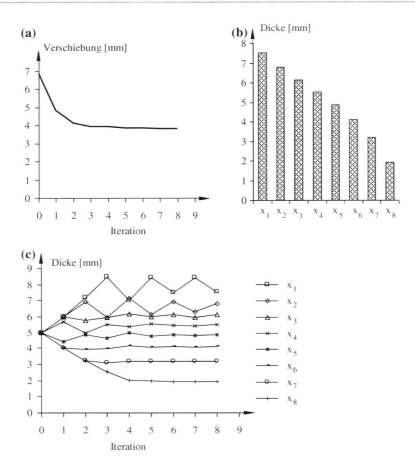

Abb. 5.9 Ergebnisse der Optimierung des Kragbalkens

werden. Für die 8 Iterationen werden 9 Funktionsaufrufe benötigt. Der Verlauf der Zielfunktion ist in Abb. 5.9 a dargestellt. Die Restriktion wird in jeder Iteration eingehalten. Ausgegeben wird eine normierte Restriktion:

$$g = \frac{G_{ist}}{G_{soll}} - 1 \le 0. \tag{5.17}$$

Standardmäßig wird eine Restriktionsverletzung 0,3 % noch als zulässig gewertet. In Übungsaufgabe 5.1 werden weitere Optimierungsrechnungen zu diesem Kragblech durchgeführt. Mit Aufgabe 5.2 kann man die Strukturoptimierung an einem weiteren Beispiel aus der linearen Statik üben.

Träger unter dynamischer Last
Der in Abb. 5.10 dargestellte Balken mit einer Höhe von 2 mm, einer Breite von 10 mm und einer Länge L = 200 mm besteht aus Aluminium (E = 72.000 N/mm²,

Abb. 5.10 Träger unter
dynamischer Last

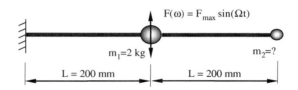

$\rho = 2,7 \text{ kg/dm}^3$, Materialdämpfung $= 0,005$). Der Balken trägt eine Masse m_1, welche mit einer Kraft $F = F_{max}\sin(\Omega t)$ mit $F_{max} = 20$ N angeregt wird. Bei bestimmten Erregerfrequenzen Ω kommt der Träger in Resonanz, was zu einer ungewünschten Auslenkung der Masse führt. Diese Auslenkung soll mithilfe einer Ausgleichsmasse m_2 am Ende des Trägers reduziert werden. Das Optimierungsziel wird folgendermaßen definiert

$$\min \bar{w}_{m1} = \frac{1}{\Omega_{max} - \Omega_{min}} \int\limits_{\Omega_{min}}^{\Omega_{max}} w_{m1} \ d\Omega \tag{5.18}$$

mit $\Omega_{min} = 0,5 \text{ s}^{-1}$ und $\Omega_{min} = 100 \text{ s}^{-1}$. Es wird die Masse m_2 als einzige Entwurfsvariable definiert. Bei der Verwendung der in NASTRAN implementierten Optimierungsalgorithmen ist das Optimalergebnis abhängig vom Startentwurf. Diese Abhängigkeit verdeutlicht auch die komplette Auswertung der Funktion $\min \bar{w}_{m1}(m_2)$ in Abb. 5.11. Es existiert eine Vielzahl lokaler Optima. Das globale Optimum für den definierten Bereich liegt bei einer Ausgleichsmasse von $m_2 = 1,3$ kg. In Abb. 5.12 sind die Verformungsbilder der Struktur ohne Ausgleichsmasse und mit Ausgleichmasse bei der Frequenz von $f = 1,5$ Hz gegenüber gestellt.

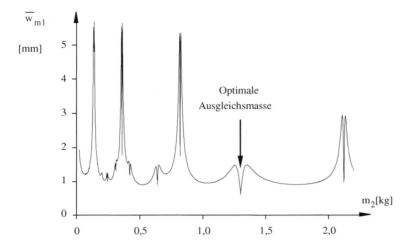

Abb. 5.11 Mittlere Verschiebung der Erregermasse m_1 in Abhängigkeit der Ausgleichsmasse m_2

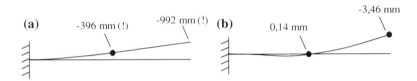

Abb. 5.12 Vergleich der Verschiebungen für $m_2 = 0$ (a) und $m_2 = 1,3$ kg (b) bei der Anregungsfrequenz von $f = 1,5$ Hz

Trotz dieses guten Ergebnisses ist es vor der Realisierung erforderlich, die einzelnen Resonanzen genauer zu betrachten, weil in dieser Optimierung lediglich das Integral als Zielfunktion herangezogen wurde. Es wird bei der optimierten Struktur, also bei $m_2 = 1,3$ kg mit Sicherheit Frequenzen geben, bei denen die Verformungen größer als bei der Ausgangsstruktur sind. Zudem sei auf das sehr schmale Minimum an der Stelle $m_2 = 1,3$ kg hingewiesen. Kleine Streuungen der Eingangsgrößen führen zu großen Änderungen der Ergebnisse. Problemlösung zu dem Thema finden sich in Abschn. 6.5.

5.4 Optimierung großer Systeme durch Parallelverarbeitung

5.4.1 Parallelisierungsmöglichkeiten

Die einzelnen Rechner der heute üblichen Workstation/Server-Umgebungen werden nicht rund um die Uhr zum interaktiven Arbeiten verwendet. Es ergibt sich daraus ein großes Potenzial an Rechenleistung, das durch Umverteilung der Last genutzt werden kann. Für große Optimierungsrechnungen ist dies besonders interessant. Voraussetzung zum Verteilen der Last einer Optimierungsrechnung ist die Parallelisierungsmöglichkeit (*Dekomposition*). Die Güte der Parallelisierung kann mit dem sog. „Speed-Up"

$$S_m = \frac{T_{seq}}{T_m} \tag{5.19}$$

mit der Berechnungszeit für die sequenzielle Bearbeitung mit einem Prozessor T_{seq} und der Berechnungszeit beim parallelen Einsatz von m Prozessoren T_m, quantifiziert werden. Die „Effizienz"

$$E_m = \frac{S_m}{m} \tag{5.20}$$

ist ein Maß für die Auslastung der eingesetzten Prozessoren.

Die Dekomposition der Optimierungsrechnung kann grundsätzlich auf den folgenden Ebenen ablaufen:

- **Dekomposition des Optimierungsmodells:** Unter Verwendung des unveränderten Simulationsmodells wird das Optimierungsmodell dekomponiert. Der einfachste

Fall ist die Parallelisierung der numerischen Sensitivitätsanalyse. Wenn beispielsweise Sensitivitäten für 20 Entwurfsvariablen zu berechnen sind und dafür 21 unabhängige Analysen durchgeführt werden, so kann sich im besten Fall die Rechenzeit auf 5 % der sequentiellen Rechenzeit reduzieren, also $S_{20} = 20$ und $E_{20} = 1$.

- **Dekomposition des Simulationsmodells:** Beispielsweise wird durch Aufteilung der Bauteilstruktur in kleine Bereiche eine parallele Berechnung möglich. Besonders effektiv ist hierbei die Parallelisierung bei *expliziten Finite Elemente Programmen*, welche zur Crashberechnung eingesetzt werden. Die Tab. 5.4 zeigt eine Studie zur Parallelisierung der Crashberechnung mit einem aus 381.835 Knoten bestehenden LS-DYNA®-Modell mit der parallelisierten Version von LS-DYNA® (Kann und Lin 2000).

5.4.2 Software zum Verteilen der Rechenlast

Zur Verteilung der Rechenlast existiert eine Vielzahl unterschiedlicher Software. Exemplarisch seien die Möglichkeiten des Systems PBS® beschrieben. Mit PBS® wird eine Lastverteilung in einer heterogenen Umgebung (UNIX- und Windows®-Systeme) ermöglicht. Für die Optimierung ist nur der Aufruf von „Jobs" im „Batch" über ein Skriptfile praktikabel, weil der Aufruf der „Jobs" von der Optimierungssoftware gesteuert werden muss. Mit Unterstützung von PBS® wartet die Optimierungssoftware das Ende der Simulationsrechnungen ab und sammelt die Ergebnisse ein. Nachfolgend seien einige PBS®-Funktionalitäten für den/die Anwender/-in beschrieben:

- Kontrolle der laufenden „Jobs": Es wird der Grund angegeben, warum ein „Job" noch nicht zur Abarbeitung gekommen ist.
- Umlenken von „Jobs" in andere Rechner-Queues,
- Modifikationen von „Jobs".

Um interaktives Arbeiten am Rechner nicht zu stören, bietet PBS® unterschiedliche Möglichkeiten. Beispielsweise kann PBS® in Abhängigkeit von Maus- oder Tastaturbewegung die Rechnung auf einen anderen Rechner verlagern.

	Prozessoren	CPU-Zeit	Speed-Up	Effizienz
Tab. 5.4 Studie zur Parallelisierung einer Crashberechnung	1	128	1,00	1,00
	2	66	1,94	0,97
	3	56	2,29	0,76
	4	45	2,84	0,71
	5	40	3,20	0,64
	6	34	3,76	0,63
	7	21	6,09	0,87
	8	19	6,74	0,84

5.4.3 Steuerung durch die Optimierungssoftware

Idealerweise steuert die Optimierungssoftware ein bereits vorhandenes Lastverteilungs-programm an. Je nach Installation kann der/die Anwender/-in dann im Parallel-Modus die gewünschte Job-Queue auswählen, und alles Weitere wird automatisch durchgeführt.

5.5   Übungsaufgaben

Aufgabe 5.1: Analytische Sensitivitätsanalyse am FE-Modell (H)
Basierend auf der in Aufgabe 2.6 für das Stabwerk mit drei Stäben (Abb. 2.20b) aufge-stellten Systemgleichung

$$\begin{pmatrix} \alpha_1 & -\alpha_1 & 0 & 0 \\ -\alpha_1 & \alpha_1 + \alpha_2 & -\alpha_2 & 0 \\ 0 & -\alpha_2 & \alpha_2 + \alpha_3 & -\alpha_3 \\ 0 & 0 & -\alpha_3 & \alpha_3 \end{pmatrix} \cdot \begin{pmatrix} v_1 \\ v_2 \\ v_3 \\ v_4 \end{pmatrix} = \begin{pmatrix} F_1 \\ F_2 \\ F_3 \\ F_4 \end{pmatrix} \text{ mit } \alpha_i = \frac{EA_i}{L} \text{ .}$$

also $-\alpha_1 v_2 = F_1$, $(\alpha_1 + \alpha_2)\, v_2 - \alpha_2 v_3 = F_2$, $-\alpha_2 v_2 + (\alpha_2 + \alpha_3)\, v_3 = F_3$, $-\alpha_3 v_3 = F_4$

und deren Auflösung nach den zu berechnenden Verschiebungen

$$v_3 = \frac{\alpha_2 F_2 + (\alpha_2 + \alpha_3)\, F_3}{(\alpha_1 + \alpha_2)\, (\alpha_2 + \alpha_3)\, - \, \alpha_2^2} \; ; \; v_2 = \frac{F_2}{\alpha_1 + \alpha_2} + \frac{\alpha_2}{\alpha_1 + \alpha_2} v_3$$

sollen die Sensitivitäten der Verschiebungen v_2 und v_3 nach den Entwurfsvariablen $x_1 = A_1$, $x_2 = A_2$, $x_3 = A_3$ gemäß Gl. (5.13) ermittelt werden. Ermitteln Sie die Sensi-tivitäten ohne erneutes Lösen des Gleichungssystems. Substituieren Sie den Kraftvektor geeignet.

Aufgabe 5.2: Kragblech mit 8 Bereichen unter statischer Last (FE)
Das in Abb. 5.8 skizzierte Kragblech besteht aus 8 Bereichen. Ziel ist die Minimierung der Verschiebung der Krafteinleitung in z-Richtung unter Beibehaltung des Gewichts des Startentwurfs. Die Dicken der 8 Bereiche betragen im Startentwurf 5 mm, dür-fen aber Werte zwischen 1 mm und 10 mm annehmen. Idealerweise verwenden Sie für diese Aufgabe NASTRAN® oder OptiStruct®. Haben Sie keines dieser beiden Programme zur Verfügung, so nutzen Sie Ihr eigenes *Finite Elemente Programm* und binden es in ein allgemein verwendbares Optimierungsprogramm ein (s. Abschn. 5.1). Führen Sie selbst die definierte Optimierungsaufgabe aus. Vergleichen Sie die Ergebnisse mit den in Abschn. 5.3.3 dargestellten Ergebnissen. Interpretieren Sie eventuell vorhan-dene Abweichungen. Vergleichen Sie die Anzahl der Iterationen und vor allem die

Anzahl der Funktionsaufrufe. Im Folgenden werden einige Modifikationen durch-geführt, wobei sich die Beschreibung der Änderung immer auf die Basisdefinition des Optimierungsproblems bezieht und nicht auf die vorherige Optimierung. Vergleichen Sie ebenfalls die Ergebnisse (Ziel- und Restriktionsfunktionen, optimale Dicken der 8 Bereiche, Anzahl der Iterationen, Anzahl der Funktionsaufrufe).

a) Ändern Sie den Startentwurf (z. B. alle Startdicken auf 3 mm).
b) Verwenden Sie andere Optimierungsalgorithmen.
c) Substituieren Sie Aluminium durch Stahl (E $= 210000$ N/mm^2, $\nu = 0{,}3$, $\rho = 7{,}9$e-9 t/mm^3).
d) Setzen Sie die oberen Grenzen auf 6 mm und die unteren Grenzen auf 3 mm (Einschränkung des Lösungsraums).
e) Minimieren Sie die Verschiebung des FE-Knotens an der Stelle x $= 200$ mm und y $= 25$ mm (anstelle der Verschiebung des Knotens an der Krafteinleitung).
f) Verwenden Sie 4 Entwurfsvariablen durch Zusammenfassung der Bereiche 1-2, 3-4, 5-6, 7-8.
g) Verwenden Sie 2 Entwurfsvariablen durch Zusammenfassung der Bereiche 1-2-3-4, 5-6-7-8.

Aufgabe 5.3: Stabwerk unter zwei Einzelkräften (FE, H)
Das in Abb. 5.13 dargestellte Fachwerk besteht aus 10 Stäben (Zehnstab), deren Querschnitte optimiert werden sollen. Die Querschnitte sollen zwischen 1 mm^2 und 200 mm^2 liegen. Folgende Größen sind gegeben:

- Länge L $= 360$ mm,
- Kräfte $F_1 = F_2 = 10.000$ N,
- E-Modul E $= 210.000$ N/mm^2,
- Dichte $\rho = 7{,}85$e-9 t/mm^3,
- maximal zulässige Spannung $\sigma_{max,zul} = 235$ N/mm^2,
- minimal zulässige Spannung $\sigma_{min,zul} = -235$ N/mm^2.

Abb. 5.13 Zehnstab unter zwei Einzelkräften

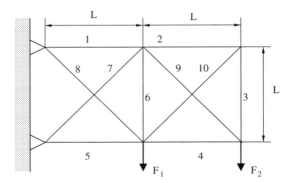

Das Optimierungsproblem lautet: Minimierung des Gewichts unter Beachtung der Spannungsrestriktionen $\sigma_{max} - \sigma_{max,zul} \leq 0$ und $\sigma_{min,zul} - \sigma_{min} \leq 0$. Das Eigengewicht der Stäbe kann bei der Berechnung der Spannungen und Verschiebungen unberücksichtigt bleiben.

a) Erstellen Sie ein Berechnungsmodell mit dem von Ihnen verwendeten Finite Elemente System (idealerweise NASTRAN® oder OptiStruct®). Für diese Struktur kann auch eine analytische Lösung verwendet werden, die Sie für dieses statisch unbestimmte System ermitteln können.
b) Koppeln Sie die Strukturanalyse mit der von Ihnen verwendeten Optimierungssoftware.
c) Führen Sie Optimierungsrechnungen mit unterschiedlichen Optimierungsalgorithmen und unterschiedlichen Startentwürfen durch. Vergleichen Sie die Ergebnisse.

Literatur

Hock W, Schittkowski K (1981) Test examples for nonlinear programming codes. Lecture notes in economics and mathematical systems, vol 187. Springer, Berlin, Heidelberg

Kann CD, Lin YY (2000) Evaluation of performance, reliability and consistency of MPP version of LS-DYNA. In: 6th international LS-DYNA users conference, Dearborn

Mockus J (1984) Bayesian approach to global optimization. Kluwer Academic Publishers, Dordrecht

Optimierungsstrategien

6

Um die in Kap. 4 beschriebenen Optimierungsverfahren bzw. die in Kap. 5 vorgestellten Optimierungsprogrammsysteme für die eigenen Problemstellungen anwenden zu können, benötigt man Strategien. Zu diesen Optimierungsstrategien zählen Strategien zum Verfahren bzw. zum Prozess der Strukturoptimierung. Außerdem müssen auch Probleme bearbeitet werden können, die nicht unmittelbar mit den Optimierungsalgorithmen gelöst werden können. Diese sind

- Optimierungsprobleme mit mehreren Zielen,
- multidisziplinäre Probleme,
- Multilevel-Optimierungen, bei denen Optimierungen auf unterschiedlichen Hierarchieebenen kombiniert betrachtet werden müssen,
- Probleme, bei denen die Streuung der Strukturparameter berücksichtigt werden soll.

Die Behandlung dieser Probleme ist Kern dieses Kapitels.

6.1 Verfahrensstrategien und Voroptimierungen

Die meisten praktischen Anwendungen erfordern Vorüberlegungen, welche den Aufwand der Optimierung reduzieren, bzw. Zwischenergebnisse liefern, mit deren Informationen der weitere Verlauf der Optimierung gesteuert wird. Bei Optimierungsalgorithmen, die einen zulässigen Startentwurf erfordern, kann es beispielsweise bei Vorliegen eines unzulässigen Startentwurfs sinnvoll sein, mit einem anderen Optimierungsalgorithmus und wenigen sehr sensitiven Entwurfsvariablen in einen zulässigen Bereich zu gelangen. Der gefundene Entwurf ist dann der Ausgangspunkt für verfeinerte Optimierungsläufe.

Um vor der eigentlichen Optimierung die wesentlichen Entwurfsvariablen zu erkennen, wird im einfachsten Fall eine lineare Sensitivitätsanalyse durchgeführt. Man erkennt mit dieser Analyse die Einflüsse der einzelnen Entwurfsvariablen auf die

A. Schumacher, *Optimierung mechanischer Strukturen*,
DOI: 10.1007/978-3-642-34700-9_6, © Springer-Verlag Berlin Heidelberg 2013

Ziel- und Restriktionsfunktionen. Optimierungsprogrammsysteme bieten entsprechende Visualisierungsmöglichkeiten an. Beispielsweise kann man eine farblich aufbereitete Korrelationsmatrix analysieren, mit der alle Größen jeweils zueinander in Beziehung gebracht werden. Eine wesentlich übersichtlichere Vorgehensweise ist aber die Erstellung einfacher *Meta-Modelle*, mit denen schnelle Optimierungen durchgeführt werden:

- Optimierungsrechnungen auf Basis von *Meta-Modellen*: Diese Modelle sind im einfachsten Fall linear und kosten dann die gleiche Rechenzeit wie eine lineare Sensitivitätsanalyse. Mit jeweils einer konstant gehaltenen Entwurfsvariablen werden die Optimierungen durchgeführt, sodass für jede Entwurfsvariable eine Optimierungsrechnung erfolgt. Diese Optimierungsrechnungen auf Basis der *Meta-Modelle* kosten extrem wenig Rechenzeit.
- Auswahl der Entwurfsvariablen: Die Entwurfsvariablen, die bei den schlechtesten Optimierungsergebnissen konstant gehalten wurden, zeichnen sich als sehr sensitive Entwurfsvariablen aus. Sie sollten in dem Optimierungslauf unter Einbeziehung der Simulationsrechnungen berücksichtigt werden.

Dieses Verfahren berücksichtigt alle Ziel- und Restriktionsfunktionen. Damit ist die Optimierungsaufgabe bereits vollständig definiert (Schumacher et al. 2002). Der Unterschied zur nicht-linearen Optimierung liegt in den vereinfachten Gleichungen für die Strukturanalyse.

Eine weitere Aufgabe in der Verfahrensstrategie ist die Auswahl des Optimierungsalgorithmus bzw. die geeignete Aneinanderreihung unterschiedlicher Algorithmen. Im Allgemeinen wird zunächst ein schneller und robuster Algorithmus verwendet und ein genauerer Algorithmus für das „Feintuning" nachgeschaltet. In Abschn. 4.7.3 sind bereits einige Regeln zur Auswahl und Kombination der Algorithmen vorgestellt worden.

6.2 Mehrzieloptimierung

Kennzeichnend für Optimierungsprobleme mit mehreren Zielen ist in der Regel das Auftreten eines Zielkonflikts. Es gibt keine Lösung, bei der alle Zielfunktionen ihr Einzeloptimum annehmen. Bei solchen Optimierungsproblemen sind sog. Vektoroptimierungsprobleme (PARETO-Optimierungen) zu lösen. Ausgenommen hiervon sind die Fälle, in denen kein Zielkonflikt vorliegt, sodass eine Lösung existiert, bei der alle Zielfunktionen optimal sind. Die Abb. 6.1a zeigt beispielsweise zwei Zielfunktionen, die von einer Entwurfsvariablen abhängen. Beide haben jeweils ein Optimum im zulässigen Entwurfsraum ($1 < x < 8$). Die beiden Zielfunktionen sind in Abb. 6.1b in einem Polardiagramm übereinander aufgetragen und die zugehörigen Werte der Entwurfsvariablen eingetragen. Die möglichen Optima für das dargestellte Problem liegen zwischen dem Optimum der ersten Funktion und dem Optimum der zweiten Funktion.

Abb. 6.1 Entwicklung eines Polardiagramms für zwei Zielfunktionen

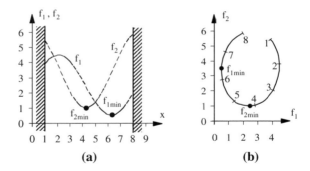

(a)   (b)

Allgemein kann die Optimierungsaufgabe folgendermaßen formuliert werden:

$$\min_{\mathbf{x} \in \Re^n} \{ \mathbf{f}(\mathbf{x}) \mid \mathbf{h}(\mathbf{x}) = \mathbf{0}; \ \mathbf{g}(\mathbf{x}) \le \mathbf{0} \}, \tag{6.1}$$

mit dem Vektor der Zielfunktionen $\mathbf{f}$, dem Vektor der Entwurfsvariablen $\mathbf{x} \in \Re^n$ und den Vektoren der Gleichheits- und Ungleichheitsrestriktionen $\mathbf{h}$ und $\mathbf{g}$.

Der zulässige Bereich ist somit $X := \{ \mathbf{x} \in X \mid \mathbf{h}(\mathbf{x}) = \mathbf{0}; \ \mathbf{g}(\mathbf{x}) \le \mathbf{0} \}$. Es existieren bei solchen Mehrzieloptimierungen mehrere Optima. Ein Entwurf $\mathbf{x}^* \in X$ heißt dann PARETO-optimal oder „funktionaleffizient", wenn kein Vektor $\mathbf{x} \in X$ existiert mit der Eigenschaft

$$f_j(\mathbf{x}) \le f_j(\mathbf{x}^*) \quad \text{für alle } j \in \{ 1, \dots, m \} \text{ und}$$
$$f_j(\mathbf{x}) < f_j(\mathbf{x}^*) \quad \text{für mindestens ein } j \in \{ 1, \dots, m \}.$$

Bei allen Vektoren, die nicht PARETO-optimal sind, lässt sich der Wert mindestens einer Zielfunktion vermindern, ohne dabei die Funktionswerte der übrigen Zielfunktionen zu erhöhen.

In Abb. 6.2 sind zwei Zielfunktionen übereinander aufgetragen. Der mit durchgezogener Linie gekennzeichnete Rand des zulässigen Entwurfsraums wird als PARETO-optimaler Rand bezeichnet. Die Lösungen auf diesem Rand sind „funktionaleffizient". Es wird versucht, einen guten Kompromiss zwischen den zu beachtenden Zielfunktionen zu finden. Dieser Kompromiss ist in Abb. 6.2 mit Sicherheit nicht in den Bereichen „*1" oder „*2" zu finden, sondern irgendwo dazwischen.

Die Generierung der PARETO-optimalen Ränder kann für reale Optimierungsprobleme sehr zeitaufwendig sein, sodass oft auf Ersatzprobleme zurückgegriffen wird. Diese Ersatzprobleme sollen eine Kompromisslösung finden. Das Optimierungsproblem erweitert sich um eine sog. *Präferenzfunktion* p:

$$\underset{\mathbf{x} \in X}{\text{Min}} \{ p\,[\mathbf{f}(\mathbf{x})] \} = p\,[\mathbf{f}(\mathbf{x}^*)], \tag{6.2}$$

mit dem Vektor der PARETO-optimalen Entwurfsvariablen $\mathbf{x}^* \in X$ und dem zulässigen Bereich $X := \{ \mathbf{x} \in X \mid \mathbf{h}(\mathbf{x}) = \mathbf{0}; \ \mathbf{g}(\mathbf{x}) \le \mathbf{0} \}$.

Abb. 6.2 PARETO-optimaler
Rand für die Zielfunktionen f_1
und f_2

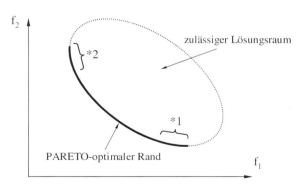

6.2.1 Methode der Zielgewichtung

Der einfachste Ansatz für eine Präferenzfunktion ist die Gewichtung aller zu minimierenden Zielfunktionen:

$$p\left[\mathbf{f}(\mathbf{x})\right] := \sum_{j=1}^{m} \left[w_j f_j(\mathbf{x})\right], \tag{6.3}$$

mit den Wichtungsfaktoren $0 \leq w_j \leq 1, \sum_{j=1}^{m} w_j = 1$.

In Abb. 6.3 ist die Präferenzfunktion für drei Zielfunktionen in Abhängigkeit von einer Entwurfsvariablen beispielhaft skizziert. Bei konvexen Problemen gewährleistet dieser Ansatz, dass das Optimum auf dem PARETO-optimalen Rand liegt.

Die Unsicherheit bei diesem Verfahren liegt in der Definition der Wichtungsfaktoren. Vor allem beim Vorliegen sehr unterschiedlicher Zielfunktionen (wie Gewicht und Verschiebung) müssen sie zum Teil willkürlich bestimmt werden. Der Versuch, eine bessere Wichtung durch geeignete Normierungen zu erreichen, ist ebenfalls nicht hilfreich. Die erzeugten Optimierungsergebnisse sind deshalb schlecht interpretierbar. Von der Methode der Zielgewichtung ist also in der Regel abzuraten.

6.2.2 Methode der Abstandsfunktionen

In den Fällen, in denen ein *Anspruchsniveau* für die Zielfunktionen vorliegt oder definiert werden kann, bietet sich folgender Ansatz an:

$$p\left[\mathbf{f}(\mathbf{x})\right] := \left(\sum_{j=1}^{m} \left|f_j(\mathbf{x}) - \overline{y}_j\right|^r\right)^{1/r}, \tag{6.4}$$

Abb. 6.3 Beispiel zur Methode
der Zielgewichtung ($w_i = 1/3$)

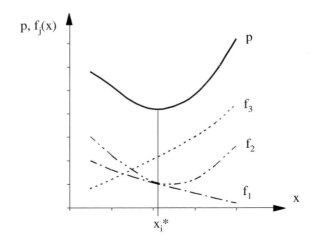

mit dem Vektor der *Anspruchsniveaus* $\overline{\mathbf{y}} = (\overline{y}_1, \ldots, \overline{y}_m)^T$ und dem Exponenten $1 \leq r \leq \infty$. Je größer der Exponent r ist, desto wichtiger wird die Zielfunktion mit dem größten Abstand zum *Anspruchsniveau*:

$$r = 1 \quad \rightarrow p\,[\mathbf{f}(\mathbf{x})] := \sum_{j=1}^{m} \left| f_j(\mathbf{x}) - \overline{y}_j \right|,$$

$$r = 2 \quad \rightarrow p\,[\mathbf{f}(\mathbf{x})] := \sqrt{\sum_{j=1}^{m} \left| f_j(\mathbf{x}) - \overline{y}_j \right|^2},$$

$$r = \infty \quad \rightarrow p\,[\mathbf{f}(\mathbf{x})] := \max_{j=1,m} \left| f_j(\mathbf{x}) - \overline{y}_j \right|.$$

Wie in Abb. 6.4 dargestellt, ist die Definition der *Anspruchsniveaus* nicht immer einfach.

Abb. 6.4 Probleme
bei der Definition des
Anspruchsniveaus ($\overline{y}_I$, $\overline{y}_{II}$, $\overline{y}_{III}$
sind die Anspruchsniveaus;
f_I, f_{II}, f_{III} sind die zugehörigen
optimalen Lösungen)

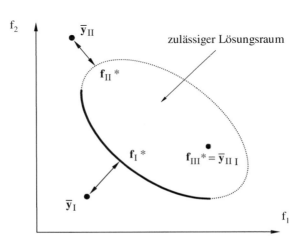

Je nach Lage des *Anspruchniveauvektors* erhält man mehr oder weniger sinnvolle optimale Lösungen. Der *Anspruchniveauvektor* $\bar{y}_I$ führt zu einer Lösung auf dem
PARETO-optimalen Rand, $\bar{y}_{II}$ liefert keine PARETO-optimale Lösung und die Lösung
bei der Verwendung von $\bar{y}_{III}$ liegt gar nicht auf dem Rand des zulässigen Lösungsraums.

6.2.3 Methode der restriktionsorientierten Transformation

Die Idee bei dieser Methode ist die Aufteilung der Zielfunktionen in ein Hauptziel f_1 und
in Nebenziele f_2 bis f_m:

$$p\,[\mathbf{f}\,(\mathbf{x})] := f_1\,(\mathbf{x}) \quad \text{mit} \quad f_j\,(\mathbf{x}) \le \bar{y}_j, \quad j = 2, \ldots, m. \tag{6.5}$$

Wenn man hierbei die Optimierungen für verschiedene Werte der definierten Restriktionen $\bar{y}_j$ durchführt, so erhält man jeweils Punkte auf dem PARETO-
optimalen Rand, mit denen man den Rand grafisch darstellen kann, s. Abb. 6.5
Das ist sehr zeitaufwendig, aber hinsichtlich der Mehrzieloptimierung die beste
Vorgehensweise.

Die zu Restriktionen umgewandelten Zielfunktionen sind auf dem Rand gerade
aktiv. Man kann den PARETO-optimalen Rand natürlich auch finden, indem man
die Wichtungsfaktoren in Gl. 6.3 für unterschiedliche Optimierungsrechnungen
variiert.

Die Bearbeitung von Aufgabe 6.1 übt die Erstellung des PARETO-optimalen Rands.

Abb. 6.5 Restriktionsorientierte
Transformation

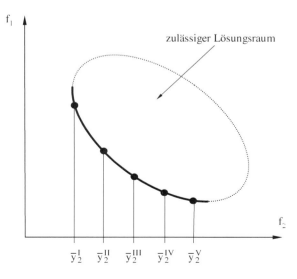

6.2.4 Min-Max-Formulierung

Bei dieser Methode werden die Optimierungen für jede Zielfunktion einzeln durchgeführt. Aus dem Satz der ermittelten Einzeloptima wird die Lösung ausgewählt, die den kleinsten Wert des maximalen relativen Abstands aufweist:

$$p\left[\mathbf{f}(\mathbf{x})\right] := \max\left[\frac{f_j(\mathbf{x}) - \bar{f}_j}{\bar{f}_j}\right] \tag{6.6}$$

mit den Einzelextrema $\bar{f}_j > 0$, für $j = 1, \ldots, m$.

6.2.5 BETA-Methode

Die in Abschn. 2.4.3 zur Zusammenfassung mehrerer Restriktionen vorgestellte BETA-Methode kann auch für Mehrzieloptimierungen eingesetzt werden:

$$p\left[\mathbf{f}(\mathbf{x})\right] := \beta \quad \text{mit} \quad \frac{f_j(\mathbf{x}) - \bar{f}_j}{\bar{f}_j} - \beta \le 0 \quad \text{für} \quad j = 1, \ldots, m. \tag{6.7}$$

Bei dieser Definition wird durch die Minimierung von β in jedem Iterationsschritt die jeweils schlechteste Zielfunktion betrachtet, in dem der maximale relative Abstand zu den Einzeloptima herangezogen wird.

6.2.6 Darstellung des PARETO-optimalen Rands im Ant-Hill-Plot

Existieren viele Rechnungen, so kann man alle zulässigen Lösungen in einem sog. *Ant-Hill-Plot* darstellen. Der PARETO-optimale Rand ist dann ebenfalls graphisch darstellbar (siehe Abb. 6.6).

Mithilfe der in Kap. 4.5.2 vorgestellten Algorithmen kann man den PARETO-optimale Rand auch direkt bestimmen. Hierzu werden Entwürfe zueinander bewertet und entsprechend des vermeintlich kleinsten Abstands zum angenommenen PARETO-optimale Rand selektiert.

6.3 Multidisziplinäre Optimierung

Wie in Kap. 2 beschrieben, sind an der Entwicklung eines Großprojekts sehr unterschiedliche Disziplinen beteiligt. In vielen Fällen kann die Definition des Optimierungsproblems nur unter Einbeziehung mehrerer Disziplinen erfolgen. Die Beteiligung mehrerer Disziplinen an der Aufgabenstellung bezeichnet man als „multidisziplinär". Die Zusammenarbeit unterschiedlicher Fachabteilungen bei der Aufstellung der

Abb. 6.6 Darstellung des PARETO-optimalen Rands im Ant-Hill-Plot

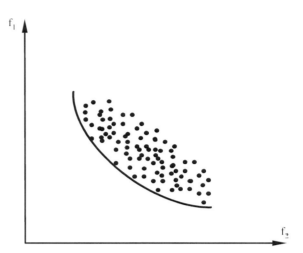

Optimierungsaufgabe kann eine sehr große Herausforderung sein. Es muss berücksichtigt werden, dass die Disziplinen zum Teil gravierende Unterschiede aufweisen:

- Konstruktive Vorgehensweisen
- Verwendete Geometriemodelle (CAD-Modelle)
- Simulationsmethoden und -modelle (unterschiedliche Finite Elemente Modelle, Mehrkörpersimulationsmodelle, …)
- Zielfunktionen und Restriktionen
- Zur Verfügung stehende Entwurfsvariablen
- Vorhersagequalitäten der Simulationsmodelle
- Arten der Bereitstellung von Sensitivitäten
- Rechenzeit für eine Simulation
- Parallelisierbarkeit der Simulationen
- Benötigte Hardware, z. B. für explizite FEM braucht man hohe Rechenkapazität, für implizite FEM braucht man hohes Speichervolumen
- Einfluss von Streuungen auf das System
- Position der Disziplin im Entwicklungsprozess des Produktes
- Relevanz der Disziplin für das Unternehmen

Die methodischen Entwicklungen im Bereich der multidisziplinären Optimierung können helfen, die Einbeziehung der unterschiedlicher Disziplinen bzw. Abteilungen zu organisieren.

6.3.1   Globale Sensitivitätsmatrix

Immer dort, wo einzelne Disziplinen Optimierungen am Gesamtsystem durchführen, die nicht unabhängig betrachtet werden können, müssen Kopplungen generiert werden. Die Kopplungen können stark, schwach oder vernachlässigbar sein.

Mithilfe der von Sobieski (Sobieszczanski-Sobieski 1992) vorgeschlagenen *globalen Sensitivitätsmatrix*, wie sie in Abb. 6.7 schematisch auf den Fahrzeugbau übertragen ist, werden die Aufgaben und Belange der unterschiedlichen Abteilungen über Sensitivitäten miteinander verbunden. Werden beispielsweise in der Fahrzeugsicherheit Änderungen durchgeführt, so haben diese Änderungen Einfluss auf die Anforderungen anderer Abteilungen. Diese Einflüsse werden mittels Sensitivitäten quantifiziert. Dies kann durch komplette Simulationen in den jeweiligen Abteilungen oder durch die Bereitstellung von *Meta-Modellen* erfolgen.

Die Verwendung einer solchen Sensitivitätsmatrix verhindert die einseitige Optimierung hinsichtlich der Belange einer einzelnen Abteilung, stattdessen entstehen multidisziplinäre Optimierungsläufe. Der Aufbau untergeordneter *Sensitivitätsmatrizen* innerhalb der einzelnen Abteilungen ist zudem sehr hilfreich.

Beispiel

Mit dem bereits in Aufgabe 3.3 optimierten Kragbalken (s. Abb. 2.19) soll die Arbeit mit *Sensitivitätsmatrizen* erläutert werden. Aufgabe war die Minimierung der Absenkung des äußeren Punktes (bei x = 0):

$$w_0 = \frac{12q\,l^4}{h^3\,E}\left[\frac{1}{128\,b_1} + \frac{1}{8\,b_2} - \frac{1}{128\,b_2}\right], \tag{6.8}$$

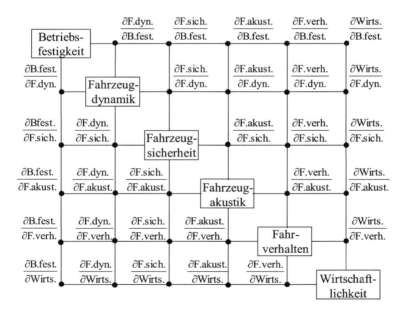

Abb. 6.7 Globale Sensitivitätsmatrix für die multidisziplinäre Fahrzeugentwicklung

dabei sollen die Breiten b_1 und b_2 optimal eingestellt werden. Zu beachten ist die normierte Gewichtsrestriktion

$$B = b_1 + b_2. \tag{6.9}$$

Zunächst wird die *Sensitivitätsmatrix* aufgestellt. Wir nehmen an, dass die „Abteilungen" b_1 und b_2 für die Bestimmung der entsprechenden Variablen zuständig sind und zusätzlich die Aufgabe haben, dabei die Gewichtsrestriktion (Gl. 6.9) einzuhalten.

Die Abteilung w_0 ermittelt die Zielfunktion, die minimiert werden soll. In Abb. 6.8 ist die zugehörige *Sensitivitätsmatrix* dargestellt.

Jetzt werden die Ableitungen bestimmt:

aus (6.9) folgt: $\quad \frac{\partial b_2}{\partial b_1} = -1 \quad$ und $\quad \frac{\partial b_1}{\partial b_2} = -1$

und aus (6.8) $\quad \frac{\partial w_0}{\partial b_1} = \frac{12 q l^4}{h^3 E} \left[-\frac{1}{128\, b_1^2} \right] = -K \frac{1}{b_1^2} \quad$ (flacher Verlauf)

$\qquad\qquad\qquad \frac{\partial w_0}{\partial b_2} = \frac{12 q l^4}{h^3 E} \left[-\frac{15}{128\, b_2^2} \right] = -K \frac{15}{b_2^2} \quad$ (steiler Verlauf)

Die Vorgehensweise für den Verbesserungsprozess könnte folgendermaßen aussehen Aus der *Sensitivitätsmatrix* ist erkennbar, dass b_2 für w_0 besonders sensitiv ist, also für eine Minimierung besonders wichtig ist. Abteilung w_0 wird also Abteilung b_2 auffordern b_2 zu steigern. Abteilung b_1 wird nicht angesprochen, da die Sensitivität sehr gering ist Abteilung b_2 muss jetzt berücksichtigen, welche Abteilung durch die Änderung von b_2 betroffen ist.

Neben der Abteilung w_0 ist noch b_1 betroffen. Es ist also Rücksprache mit b_1 zu nehmen.

Abb. 6.8 Sensitivitätsmatrix
für das Balkenbeispiel

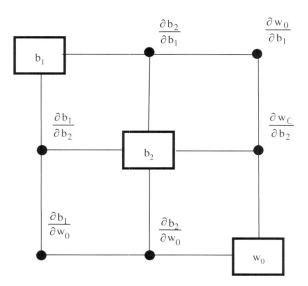

Zahlenmäßig könnte dieses Vorgehen wie in Tab. 6.1 dargestellt aussehen (Anfangs-werte: $b_1 = 0.5$ B und $b_2 = 0.5$ B, die Schrittweite soll zu Anfang 50 % betragen, sie wird im Laufe des Prozesses reduziert).

6.3.2 Vorbereitende Optimierungen in den Einzeldisziplinen

Wenn die globale Sensitivitätsmatrix nicht vorhanden ist bzw. die Aufstellung zu zeitin-tensiv ist, kann man in den Einzeldisziplinen auch vorbereitende Optimierungen starten. Ziel dieser Optimierungen ist dann aber nicht die Ermittlung eines optimalen Punktes,

Tab. 6.1 Ablauf der multidisziplinären Auslegung für das Balkenbeispiel

Status b_1-vor	Status b_2-vor	Status b_1-nach	Status b_2-nach	Abteilung w_0	Abteilung b_1	Abteilung b_2
0,5B	0,5B	0,5B	0,75B	$\frac{\partial w_0}{\partial b_1} = -4K$ $\frac{\partial w_0}{\partial b_2} = -60K$ ← **Vorschlag**		
0,5B	0,75B	0,25B	0,75B			Mit $\frac{\partial b_1}{\partial b_2} = -1$ wird Auswirkung auf b_1 bemerkt ← **Vorschlag**
0,25B	0,75B	0,25B	0,75B		b_1 meldet an w_0: $\frac{\partial w_0}{\partial b_1} = -16K$	
0,25B	0,75B	0,25B	1,5B	w_0 holt sich $\frac{\partial w_0}{\partial b_2} = -26,\bar{6}K$ ← **Vorschlag**		
0,25B	1,5B	−0,5B	1,5B			Mit $\frac{\partial b_1}{\partial b_2} = -1$ ← **Vorschlag**
-0,5B	1,5B	0,125B	0,875B		b_1 meldet an b_2, dass das nicht möglich ist ← **Vorschlag**	
0,125B	0,875B	0,1875B	0,875B	$\frac{\partial w_0}{\partial b_1} = -64K$ $\frac{\partial w_0}{\partial b_2} = -19,59K$ ← **Vorschlag**		
.	.	.	.	.	.	.
.	.	.	.	.	.	.
.	.	.	.	.		
0,2052B	0,7947B			$\frac{\partial w_0}{\partial b_1} = -23,75K$ $\frac{\partial w_0}{\partial b_2} = -23,75K$ → **Optimum**		

sondern die Erzeugung möglichst vieler guter und zulässiger Lösungen. Diese Lösungen können dann von anderen Disziplinen als Lösungsraum für deren eigene Optimierungen verwendet werden. Auch ist es möglich, im Nachgang einer Schnittmenge aller in den Einzeldisziplinen ermittelten Lösungen zu bilden.

6.3.3 Multidisziplinäre Optimierung in einem geschlossenen Rechenlauf

Die bei der Verwendung der *globalen Sensitivitätsmatrix* eingesetzte Interaktion der unterschiedlichen Abteilungen ist sehr gut geeignet, um alle Belange frühzeitig zu berücksichtigen, sie kann aber sehr zeitaufwendig sein. Wenn das Optimierungsproblem es ermöglicht, sollten die speziellen Simulationen in einem Prozess integriert werden. Dies ist mit Optimierungsprogrammsystemen, wie sie in Kap. 5.1 vorgestellt wurden, möglich. Der Simulationsprozess muss hierfür in einem automatischen Prozess komplett abgebildet werden.

   Am Beispiel der Optimierung der Wanddicken des Längsträgers eines Personenwagens soll dieses Vorgehen erläutert werden. Der Längsträger soll hauptsächlich für den Frontalcrash ausgelegt werden. In Abb. 6.9 ist das für eine Frontalcrash-Simulation mit LS-DYNA® verwendete Ersatzmodell dargestellt.

   Für die Einbeziehung von Forderungen aus der Abteilungen „Fahrdynamik" und „Festigkeitsrechnungen" wird eine zusätzliche Rechnung mit NASTRAN® herangezogen.

   Die Simulationen mit LS-DYNA® und NASTRAN® mit unterschiedlichen Eingabedecks aber gleicher Struktur werden simultan in der Strukturoptimierung berücksichtigt. Entwurfsvariablen sind die vier Wanddicken des Längsträgers:

x1: Unteres Blech
x2: Linkes Seitenblech (in Fahrtrichtung)

Abb. 6.9 *Finite Elemente Modell* für die Frontalcrash-Simulation eines Längsträgers

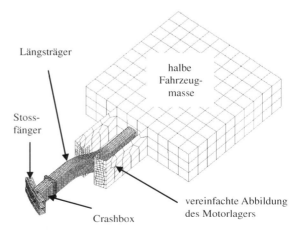

x3: Rechtes Seitenblech (in Fahrtrichtung)
x4: Oberes Blech

Ziel der Optimierung ist die Maximierung der aufgenommenen inneren Energie (f) bei einem Frontalcrash. Als Restriktion sind folgende Größen zu beachten:

- Der Verformungsweg im Frontalcrash (g1) darf nicht größer als 300 mm sein,
- Die Masse des Längsträgers (g2) darf nicht größer als 2,5 kg sein,
- Die statische Deformation bei einer Torsionsbelastung des Längsträgers (g3) darf nicht größer als 2,4 mm sein.

Die Abb. 6.10 zeigt den im Optimierungsprogrammsystem Optimus® definierten Analyseablauf hinsichtlich Crash und Statik. Auf der linken Seite in Abb. 6.10 sind die Entwurfsvariablen x1, x2, x3 und x4 definiert. Die Korrespondenz dieser Entwurfsvariablen zu den Eingabefiles wird mit einem speziellen Grafik-Editor durchgeführt. Hinter „dyna3d", „dyna_weight.e" und „nastran" stehen Befehle auf Betriebssystemebene, die die einzelnen Programme im Batch aufrufen.

Mit dieser Definition ist Optimus® in de Lage, für jeden Entwurf, der gerechnet werden soll, den Eingabefile automatisch zu aktualisieren und die Analysen laufen zu lassen. Mit einem weiteren Editor werden die Optimierungsfunktionale aus den einzelnen Ausgabefiles herausgelesen. In Abb. 6.11 sind Verformungen des Längsträgers im Crash und im statischen Lastfall dargestellt.

Mithilfe des Versuchsplans „Latin Hypercube" (siehe Abschn. 4.3.2) werden für 41 Wanddickenkombinationen Simulationen vorbereitet, wobei sich die Wanddicken in den Grenzen von 2 mm bis 6 mm befinden. Darauf aufbauend werden *Meta-Modelle* mit einem

Abb. 6.10 Definition eines multidisziplinären Analyseablaufs (Crash und Statik) in Optimus®

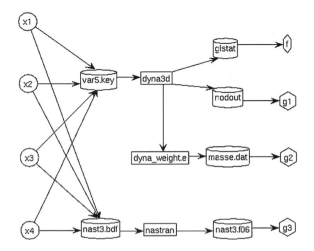

Abb. 6.11 Strukturantworten
des Längsträgers im Crash (**a**)
und im statischen Lastfall (**b**)

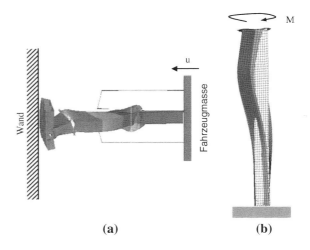

(a)   (b)

Polynomansatz 2. Grades generiert. Für diesen Fall sind die Qualitätskriterien bereits sehr
gut. Die maximalen Abweichungen zwischen dem Modell und den Simulationen betragen:

$$\Delta f = 0{,}4e6 \ (2{,}5 \ \%), \quad \Delta g1 = 0{,}78 \ (0{,}3 \ \%),$$
$$\Delta g2 = 0{,}0 \ (0 \ \%), \quad \Delta g3 = 0{,}08 \ (2{,}6 \ \%).$$

Auf diesem *Meta-Modell* werden Optimierungsrechnungen durchgeführt. Die erste
Optimierung (Opt.1) berücksichtigt nicht die statische Restriktion g3, während bei der
zweiten Optimierung (Opt.2) g3 berücksichtigt wird. In Tab. 6.2 sind die Ergebnisse
dargestellt. Zu erkennen ist, dass sich durch die Mitberücksichtigung von g3 die optimalen Werte der Zielfunktion f reduzieren und sich der Crash-Verformungsweg erhöht.

6.4 Multilevel-Optimierung

Bei der Entwicklung großer Systeme werden Optimierungsrechnungen auf unterschiedlichen Ebenen durchgeführt. Beispielsweise können diese Ebenen wie folgt definiert werden:

Ebene 1: Finden eines bestmöglichen Konzepts,
Ebene 2: Optimale Auslegung von Hauptsystemkomponenten,
Ebene 3: Detailoptimierung von Einzelkomponenten.

Tab. 6.2 Ergebnisse der Optimierung des Längsträgers

	x1 [mm]	x2 [mm]	x3 [mm]	x4 [mm]	f [Nmm]	g1 [mm]	g2 [kg]	g3 [mm]
Opt.1	4,639	2,000	6,000	2,128	11,29e6	−254,9	2,4955	2,5325
Opt.2	3,505	2,000	4,216	3,600	10,81e6	−259,2	2,4964	2,4000

In den drei Ebenen sind jeweils sehr unterschiedliche Ziel- und Restriktionsfunktionen zu berücksichtigen, und die Art der Entwurfsvariablen ist unterschiedlich.
Die drei Detaillierungsebenen müssen miteinander verzahnt werden. Damit wird eine
Optimierung großer Systeme möglich. Programmtechnisch gibt es sehr unterschied-
liche Möglichkeiten der Verschachtelung. In Abb. 6.12 sind ineinander verschachtelte
Schleifen für zwei Hierarchieebenen gezeigt. In der Ebene 1 wird also neben dem eigenen Analysemodell die Optimierung für die untergeordnete Ebene 2 aufgerufen. Mit
dieser Anordnung ist es möglich, in den beiden Ebenen sehr unterschiedliche Ziel- und
Restriktionsfunktionen, aber auch unterschiedliche Entwurfsvariablen zu verwenden.
Die Darstellung des Ablaufs für zwei Ebenen ist für weitere Ebenen entsprechend zu
erweitern. Mit den meisten der in Kap. 5 vorgestellten Optimierungsprogrammsysteme
ist diese Verschachtelung realisierbar.

Mathematisch lautet das Optimierungsproblem für zwei Ebenen:

$$\operatorname*{Min}_{\mathbf{x}^{(1)}\in\mathfrak{R}^{n}}\left\{\mathbf{f}^{(1)}\left(\mathbf{x}^{(1)}\right)+\sum_{k=1}^{s}\mathbf{f}_{k}^{(2)*}\left(\mathbf{x}^{(2)}\right)\;\middle|\;h^{(1)}\left(\mathbf{x}^{(1)}\right)=\mathbf{0};\mathbf{g}^{(1)}\left(\mathbf{x}^{(1)}\right)\leq0\right\} \qquad (6.10)$$

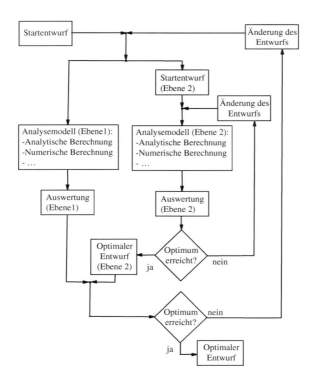

Abb. 6.12 Ineinander verschachtelte Optimierungsschleifen für die Hierarchieebenen 1 und 2

Ebene 1: Konzept
-Wirtschaftlichkeit
-Umweltaspekte
-Sicherheit
- ...

Ebene 2: Hauptsystemkomponente (z.B. Tragflügel)
-Eigenfrequenzen
-Flattergeschwindigkeit
- ...

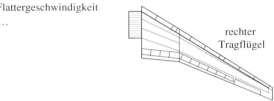

rechter
Tragflügel

Ebene 3: Einzelkomponente (z.B. Flügelrippe)
-Versagenskriterien
-Fertigbarkeit
- ...

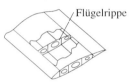

Flügelrippe

Abb. 6.13 Detaillierungsebenen für die Entwicklung eines Verkehrsflugzeugs

mit

$$\mathbf{f}_k^{(2)^*}\left(\mathbf{x}^{(2)}\right) = \underset{\mathbf{x}^{(2)} \in \Re^n}{\text{Min}} \left\{ \mathbf{f}_k^{(2)}\left(\mathbf{x}^{(2)}\right) \,\middle|\, \mathbf{h}_k^{(2)}\left(\mathbf{x}^{(2)}\right) = \mathbf{0};\; \mathbf{g}_k^{(2)}\left(\mathbf{x}^{(2)}\right) \leq 0 \right\},$$

wobei s die Anzahl der Subsysteme in der Ebene 2 ist.

Die Abb. 6.13 zeigt beispielhaft drei mögliche Detaillierungsebenen für die Entwicklung eines Verkehrsflugzeugs.

6.5   Berücksichtigung der Streuung der Strukturparameter, Robust Design

6.5.1   Problemstellung

Alle Strukturparameter realer Bauteile streuen. Bei der Fertigung von Halbzeugen und Bauteilen streuen die Maße, z. B. die Dicke von Blechen. Materialseitig streuen z. B. der Elastizitätsmodul, die Dichte oder die Festigkeitswerte. Was die Festigkeitswerte angeh-, so ist eine Studie von Fiat interessant. Es wurde ein Auto aus nur einer Blechrolle gebaut und danach die Festigkeit an unterschiedlichen Stellen gemessen. Es kamen Unterschiede in der Festigkeit von bis zu 30 % heraus (DuBois 2001). Diese Schwankungen in den Festigkeitswerten sind zum überwiegenden Teil auf Werkstoffveränderungen durch den Fertigungsprozess (Umformung, Erwärmung, …) zurückzuführen. Zusätzlich bestehen Unsicherheiten bei der Definition der Lastfälle. Zum Beispiel ist es bei Crashtests nicht möglich, immer den exakten Aufprallwinkel zu realisieren. Aus Sicht der Praxis ist das ja auch gar nicht sinnvoll, denn reale Unfälle streuen noch mehr.

Die Abb. 6.14 zeigt beispielhaft den Versuchsaufbau für einen Frontalaufpralltest, wie er im Rahmen von EuroNCAP durchgeführt wird. Hier streuen sicherlich der Aufprallwinkel, das Überlappungsmaß der Barriere und die Aufprallgeschwindigkeit. Vor allem bei hochgradig nicht-linearen Simulation wie der Crashberechnung oder bestimmten Bereichen der Strömungssimulation können kleine Abweichungen vom Erwartungswert der Einflussgrößen völlig andere Struktureigenschaften zur Folge haben.

Diese Streuungen können das Optimierungsergebnis maßgeblich beeinflussen. Eine einfache Verwendung von Sicherheitsfaktoren genügt bei solchen Problemen nicht mehr. Erstens kennt man nicht den Wert des Sicherheitsfaktors und zweitens kann dadurch möglicherweise eine sehr harte Struktur entstehen, die dann die Crash-Anforderungen auch nicht mehr erfüllt. Eine deterministische Herangehensweise reicht also nicht aus.

In diesem Unterkapitel wird die Einbeziehung der Streuungen in den Optimie-rungsprozess beschrieben. Zudem kann die Robustheit der Struktur als ein Optimierungsziel definiert werden. Eine robuste Konstruktion hat trotz streuender Einflussgrößen nahezu gleich bleibende Eigenschaften. Eine Robustheitsrechnung ist in der Regel mit hohen Rechenzeiten verbunden (Holzner 1998). Existiert eine geringe Anzahl von streuenden Einflussgrößen, so können die Streuungen über *Scatterplots* identifiziert wer-den. Ein schneller Ansatz zur Berücksichtigung der Streuung in der Strukturoptimierung ist die Entwicklung von erweiterten Funktionen für die Ziel- und Restriktionsfunktionen. Die Möglichkeiten robusten Konstruierens werden beispielhaft mit diesem Ansatz erläutert.

In Abb. 6.15a sind nach einer deterministischen Berechnung die zu berücksichtigen-den Restriktionen erfüllt; der Entwurf ist zulässig. Eine stochastische Berechnung liefert einige Entwürfe, die nicht mehr zulässig sind. Sie liefert Aussagen zur Robustheit und wird deshalb auch *Robustheitsanalyse* genannt.

Abb. 6.14 Versuchsaufbau für den Frontalcrash nach EuroNCAP

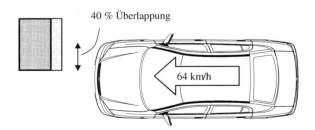

Deterministische Berechnung

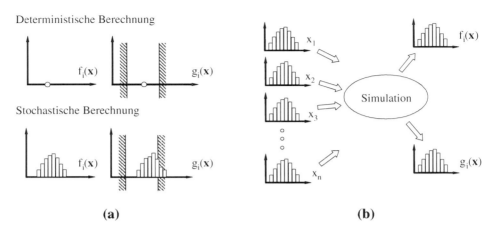

Stochastische Berechnung

(a)   **(b)**

Abb. 6.15 Berücksichtigung der Streuung in der Simulation **a** Vergleich mit der deterministischen Berechnung, **b** Fortpflanzung der Streuungen

Eine solche Robustheitsanalyse ist ebenfalls beim Vergleich von Simulation und Hardware-Versuch ratsam, s. Abb. 6.16.

In Abb. 6.16a wird ein einziges Ergebnis aus dem Versuch mit einem einzigen Ergebnis aus der Simulation verglichen. Es gibt keine Information, die einen Vergleich zulässt. Man benötigt mehrere Versuche um einen Vergleich durchführen zu können. In Abb. 6.16b sind die aus mehreren Versuchen und Simulationen ermittelten *GAUSSschen Normalverteilungen* der Ergebnisse gegenübergestellt, man erkennt die großen Abweichungen zwischen Versuch und Simulation. Im Vergleich dazu ist in Abb. 6.16c eine gute Übereinstimmung gegeben. Anhaltspunkte für einen Vergleich zwischen Simulation und Versuch bietet die einseitige *Robustheitsanalyse*, die man mit der schneller und preiswerter durchzuführenden Simulation durchführt (Abb. 6.16d).

In Softwareprogrammen kann man unter dem Begriff ANOVA (*Analysis of Variances*) die Einflüsse der Streuungen der Eingangsgrößen auf die Strukturantwortgrößen (Ziel- und Restriktionsfunktionen) bewerten. Führt man Optimierungen ohne die Integration solcher Robustheitsanalysen durch, so sollte man zumindest das deterministisch gefundene Optimum einer Robustheitsanalyse unterziehen. Das ist extrem wichtig, da man mit Optimierungsverfahren immer an Grenzen geht (exaktes Einhalten der Grenzen usw.).

Besonders schwierig sind *Verzweigungspunkte* (sog. *Bifurkationen*) in mechanischen Systemen. Sie sollten möglichst vermieden werden. Auch hier kann algorithmierte Strukturoptimierung hilfreich sein. Abbildung 6.17 gibt ein Beispiel: Ein Knickstab kann sich einseitig abstützen und erträgt, wenn denn der Stab in dieser Richtung ausknickt, höhere Lasten. In anderen Fällen erträgt er wesentlich niedrigere Lasten.

Abb. 6.16 Vergleich der Ergebnisse aus der Simulation (gestrichelt) und dem Hardware-Versuch (durchgezogene Linie), **a** ohne Robustheitsanalyse, **b** und **c** beidseitige Robustheitsanalyse, **d** simulationsseitige Robustheitsanalyse

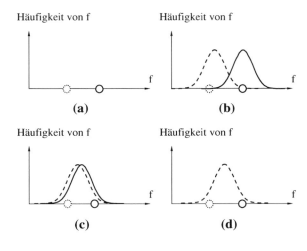

Abb. 6.17 Knickstab mit Bifurkation (**a**) und deren Abhilfe (**b**)

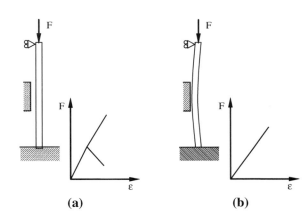

Abbildung 6.17b stellt eine Möglichkeit zur Entfernung des Bifurkationsproblems dar: Der Stab erhält eine kleine Krümmung, die dafür sorgt, dass er sich immer abstützt.

6.5.2   Einbeziehung der Robustheitsanalyse in den Optimierungsprozess

Die Robustheitsanalyse wird für das robuste Design in den Optimierungsprozess einbezogen. Das Optimierungsproblem

$$\underset{x \in D}{\text{Min}} \{\mathbf{f}(\mathbf{x})\}, \quad D = \left\{ x \in \Re^n \mid \mathbf{h}(\mathbf{x}) = \mathbf{0}; \mathbf{g}(\mathbf{x}) \leq \mathbf{0} \right\} \tag{6.11}$$

wird wie folgt erweitert (Vietor 1994; Marti und Gröger 2006):

$$\underset{z \in D}{\text{Min}} \{\mathbf{f}_{\text{ext}}(\mathbf{z})\}, \quad \mathbf{f}_{\text{ext}}(\mathbf{z}) = c_1 \, E\,[\mathbf{f}(\mathbf{z})] + c_2 \, V[\mathbf{f}(\mathbf{z})],$$

$$\mathbf{z}^{\mathrm{T}} = (\mathbf{x}^{\mathrm{T}}, \mathbf{p}^{\mathrm{T}}), \; D = \left\{ \mathbf{z} \in \mathfrak{R}^n \mid \mathbf{h}(\mathbf{z}) = \mathbf{0}; \; \mathbf{P}_{\mathrm{f}}\left[\mathbf{g}(\mathbf{z}) \leq \mathbf{0}\right] \leq \mathbf{P}_{\mathrm{fmax}} \right\} \qquad (6.12)$$

mit

- der erweiterten Zielfunktion $\mathbf{f}_{\text{ext}}(\mathbf{z})$ mit dem Erwartungswert der Zielfunktion $E\,[\mathbf{f}(\mathbf{z})]$, der Varianz $V\,[\mathbf{f}(\mathbf{z})]$ und den Gewichtungsfaktoren c_1, c_2,
- dem Vektor der stochastischen Variablen $\mathbf{z}$, mit der stochastischen Entwurfsvariablen $\mathbf{x}$ und dem stochastischen Parameter $\mathbf{p}$,
- dem Vektor der Wahrscheinlichkeiten dafür, dass die Struktur die Ungleichheitsrestriktionen nicht erfüllt $\mathbf{P}_{\mathrm{f}}$ und
- dem Vektor des maximalen Wertes dieser Wahrscheinlichkeiten $\mathbf{P}_{\mathrm{fmax}}$.

Abbildung 6.18 illustriert die Veränderung der Verteilungsfunktion in Abhängigkeit der in Gl. 6.12 definierten Gewichtungsfaktoren. Für $c_1 \gg c_2$ verbessert die Optimierung die Zuverlässigkeit (Reliability) der Struktur. Für $c_1 \ll c_2$ verbessert die Optimierung die Robustheit (Robustness) der Struktur. Für ausgewogene Gewichtungsfaktoren werden die Zuverlässigkeit und die Robustheit verbessert.

Eine Idee zur Vereinfachung dieses Ansatzes ist beispielsweise die Einführung der 95 %-Quantile bzw. der 5 %-Quantile. In Abb. 6.19 ist eine Häufigkeitsverteilung dargestellt. Es sind die 5 % und 95 % Quantile eingezeichnet: 5 % aller Versuchsergebnisse sind kleiner als das 5 %-Quantil und 5 % sind größer als das 95 %-Quantil.

Das Optimierungsproblem lässt sich wie folgt umformen:

$$\underset{z \in D}{\text{Min}} \{\mathbf{f}_{95\,\%}(\mathbf{z})\}, \; \mathbf{z}^{\mathrm{T}} = (\mathbf{x}^{\mathrm{T}}, \, \mathbf{p}^{\mathrm{T}}), \; D = \left\{ \mathbf{z} \in \mathfrak{R}^n \mid \mathbf{h}(\mathbf{x}) = \mathbf{0}; \, \mathbf{g}_{95\,\%\,(5\,\%)}(\mathbf{z}) \leq \mathbf{0} \right\} \quad (6.13)$$

Die 95 % Quantile bzw. die 5 % Quantile werden z. B. mithilfe einer Monte-Carlo Analyse ermittelt und in der Optimierungsrechnung berücksichtigt. Abbildung 6.20 illustriert beispielhaft das Generieren der erweiterten Funktion $f_{95\,\%}$ beim Vorliegen einer streuungsbehafteten Entwurfsvariablen. Die Verwendung der Quantile der Entwurfsvariablen zur Generierung der Quantile der Zielfunktion funktioniert so anschaulich natürlich nur beim Vorliegen einer einzelnen Entwurfsvariablen. Im Allgemeinen sind die Quantile aus der Robustheitsanalyse zu bestimmen.

6.5.3 Prozess für eine zeitsparende Optimierung

Wenn statt eines deterministischen Funktionsaufrufs die definierten Quantile verwendet werden, handelt es sich um robustes Optimieren. Eine Robustheitsanalyse an jeder vom Optimierungsalgorithmus vorgeschlagenen Stelle ist sehr zeitintensiv. Der im Folgenden vorgeschlagene Optimierungsprozess ist wesentlich schneller und gliedert sich in 7 Teilschritte:

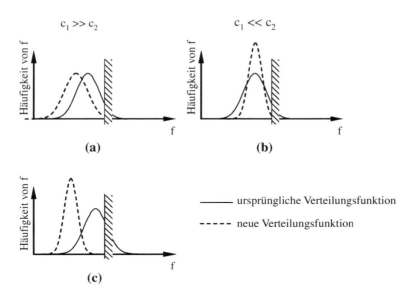

Abb. 6.18 Verbesserung der Zuverlässigkeit (**a**), der Robustheit (**b**) und deren Kombination (**c**)

Abb. 6.19
Häufigkeitsverteilung
einer Zielfunktion mit
eingezeichneten Quantilen

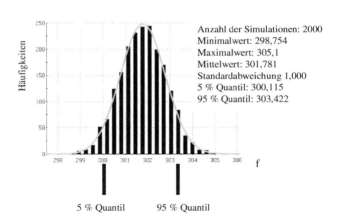

1. Auswahl aller wichtigen Einflussgrößen: Bereitstellung der Erwartungswerte und der Varianzen. In vielen Fällen kann die *GAUSSsche Normalverteilung* herangezogen werden, was aber im Einzelfall geprüft werden muss. So erfordert die Beschreibung der Streuung der Blechdicken, die durch eine Qualitätskontrolle gelaufen sind, eine andere Verteilungsfunktion.
2. Versuchsplanung: Mit einer Versuchplanung gemäß Abschn. 4.3.2 werden für verschiedene Vektoren der Einflussgrößen Analysen durchgeführt. Dieser Punkt ist der rechenzeitaufwendigste Teil des ganzen Verfahrens.

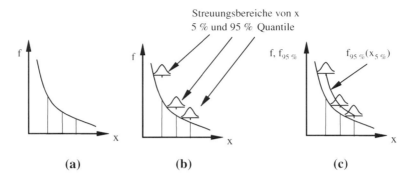

Abb. 6.20 Generieren der erweiterten Funktionen: **a** Deterministische Funktion $f(x_1)$, **b** Berücksichtigung der Streuungsbereiche von x, **c** $f_{95\%}(x_{5\%})$

3. Erstellung der *Meta-Modelle* basierend auf den in Schritt 2 ermittelten Ergebnissen mit den entsprechenden Qualitätsanalysen (siehe Abschn. 4.3.2).
4. Bestimmung der Erwartungswerte und der Varianzen der Strukturantworten basierend auf dem *Meta-Modell* für alle Vektoren der Einflussgrößen, die in Schritt 2 berechnet wurden. Mit diesen Rechnungen werden auch die 95 %-Quantile bzw. die 5 %-Quantile bestimmt.
5. Erstellung der Meta-*Modelle* (ähnlich zu Schritt 3) mit allen Ergebnissen aus Schritt 4 ($f_{95\%}$, $f_{5\%}$,…).
6. Mathematische Optimierung auf dem *Meta-Modell*: Dieser Schritt kann interaktiv erfolgen, weil die Analysen auf den *Meta-Modellen* sehr schnell gehen. Es können auch Optimierungsalgorithmen zum Einsatz kommen, die viele Funktionsaufrufe brauchen, wie z. B. die Evolutionsstrategien.
7. Verifikation der Optimierungsergebnisse und eventuelles Starten verfeinerter Optimierungsrechnungen.

Man könnte ohne Erhöhung der Rechenzeit die Schritte 4 und 5 durch eine Robustheitsanalyse auf der in Schritt 3 erstellten *Meta-Modelle* an jeder vom Optimierungsalgorithmus vorgeschlagenen Stelle durchführen. Eine grafische Beurteilungsmöglichkeit entfällt dann allerdings.

6.5.4 Anwendungen

6.5.4.1 Robuste Optimierung einer eindimensionalen Funktion

Das erste Beispiel (Abb. 6.21) ist eine aus trigonometrischen Funktionen zusammengesetzte Funktion mit zwei lokalen Optima. Eine deterministische Optimierung findet das Minimum in dem schmalen Tal.

Wenn die Streuung von x mit berücksichtigt wird, werden in Abhängigkeit der Größe der Streuung folgende optimale Lösungen gefunden (vgl. Tab. 6.3 und Abb. 6.22).

Aufgabe 6.2 übt die robuste Optimierung an einer zweidimensionalen Funktion.

Abb. 6.21 Eindimensionale
Funktion

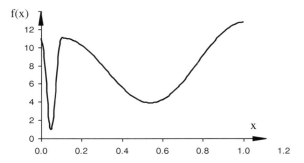

Normalverteilte Streuung von x:

$\sigma(x)$	Δx		$x_{5\%}(x=0)$	$x_{95\%}(x=0)$
0,02	0,033	▬	-0,033	0,033
0,04	0,066	▬▬	-0,066	0,066

Tab. 6.3 Optima in
Abhängigkeit verschiedener
Streuungen für das
eindimensionale Beispiel

f_{min}	Δx	x^*_{fmin}	$f_{95\%\,min}$	$x^*_{f95\%\,min}$
1,0	0,00	0,05	1,0000	0,05
1,0	0,01	0,05	1,9549	0,05
1,0	0,02	0,05	3,9389	0,55
1,0	0,03	0,05	3,9870	0,55
1,0	0,04	0,05	4,0549	0,55
1,0	0,05	0,05	4,1412	0,55

6.5.4.2 Erweiterte Ziel- und Restriktionsfunktionen für einen Ein-Massen-Schwinger

Für die Optimierung der Halterung eines 2 kg schweren Aggregats wird das in Abb. 6.23 skizzierte Ersatzmodell, ein Ein-Massenschwinger, herangezogen. Wegen einer Unrundheit im Aggregat wird das System sinusförmig mit einer Frequenz angeregt, welche in einem bestimmten Bereich das System anregt.

Das Optimierungsproblem lautet folgendermaßen: Minimiere die Masse m des Aluminiumblechs so, dass

- die dynamische Amplitude kleiner als das 1,5 fache der statischen Belastung durch die Kraft von 20 N ist, also

$$V = \frac{u_{dyn}}{u_{stat}} \le 1,5 \text{ und}$$

- die statische Deformation u_{stat} kleiner als 0,4 mm ($= 4e - 4$ m) ist.

Folgende Systemparameter streuen:

- der Elastizitätsmodul E,
- die Masse des Aggregats m,
- die Amplitude der Kraft $F(\Omega)$,

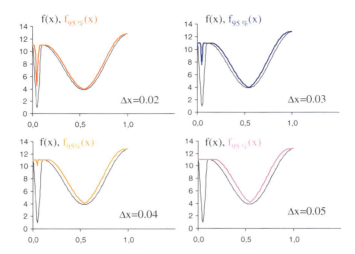

Abb. 6.22 Erweiterte Funktionen für das eindimensionale Beispiel

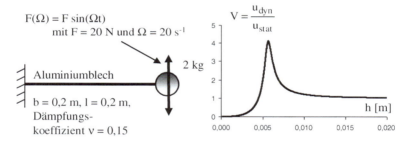

Abb. 6.23 Ein-Massen-Schwinger (Variation der Blechdicke h)

- die Anregungsfrequenz Ω,
- die Blechdicke h,
- die Blechbreite b,
- die Länge l und
- der Dämpfungskoeffizient ν.

Es wird nur eine Entwurfsvariable, die Blechhöhe h herangezogen. Die Abb. 6.24 zeigt die erweiterten Funktionen der Amplitude des Schwingungssystems V, der statischen Deformation u_{stat} und der Masse m. Um numerische Schwierigkeiten zu vermeiden, ist das Approximationsgebiet wie dargestellt eingegrenzt worden.

6.5.4.3 Robuste Optimierung eines Längsträgers

Die in Abschn. 6.3.2 vorgestellte Optimierung des Längsträgers soll hier um die Berücksichtigung der Streuungen der vier Entwurfsvariablen erweitert werden. Die Streuung der verwendeten Bleche beträgt 0,06 mm. Dies führt zu Streuungen der

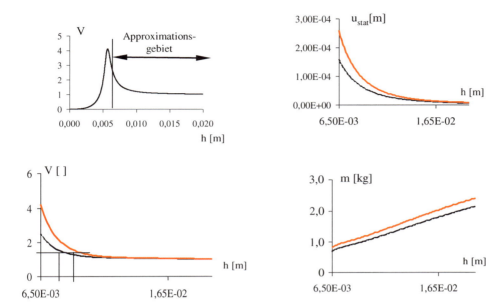

Abb. 6.24 Erweiterte Funktionen der Strukturantworten des Ein-Massen-Schwingers

Tab. 6.4 Ergebnisse der robusten Optimierung eines Längsträgers

Optimierungsergebnisse	x1 [mm]	x2 [mm]	x3 [mm]	x4 [mm]	f [Nmm]
Opt. 1: ohne Berücksichtigung der Streuung	3,5	2,0	4,2	3,6	1,081e7
Opt. 2: mit Berücksichtigung der Streuungen von f, g1, g2, g3	4,9	2,0	4,4	2,0	0,817e7
Opt. 3: mit Berücksichtigung der Streuungen von f, g1, g3	5,2	2,0	5,3	2,0	0,934e7

Ziel- und Restriktionsfunktionen. Hierdurch verändern sich die Optimierungsergebnisse gemäß Tab. 6.4. Bei Einhaltung aller Restriktionen (Verformungsweg (g1), Masse (g2), statische Deformation (g3)) wird nur eine geringere innere Energie (f) erreicht.

6.6   Übungsaufgaben

Aufgabe 6.1: Multikriterielle Optimierung eines Auslegers (H)

Der in Abb. 6.25 skizzierte Ausleger aus Stahl besteht aus zwei gelenkig gelagerten Stäben, von denen der eine senkrecht zur angreifenden Kraft und der andere um den Winkel α geneigt angeordnet ist. Die Zielfunktionen für das Optimierungsproblem seien:

min $f_1 = $ „Masse bzw. Volumen der Stabstruktur" und
min $f_2 = $ „Maximum der Beträge der Spannungen in den Stäben".

Abb. 6.25 Ausleger zu
Aufgabe 6.1

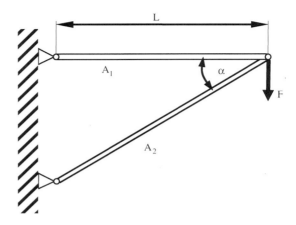

Es sind die optimalen Querschnitte von Stab 1 und Stab 2, also A_1, $A_2 \in [10\ \text{mm}^2,$ $100\ \text{mm}^2]$, sowie der optimale Winkel $\alpha \in [0°, 85°]$ zu bestimmen. Gegeben sind die Auslegerlänge $L = 500$ mm und die angreifende Kraft $F = 1000$ N.

a) Bestimmen Sie den PARETO-optimalen Rand für die beiden Zielfunktionen.
b) Welches Design würde man erhalten, wenn die beiden Ziele f_1 und f_2 nach der Methode der Zielgewichtung optimiert würden?

Aufgabe 6.2: Robustes Optimieren einer zweidimensionalen Funktion (OPT)
Gegeben ist die von zwei stochastischen Variablen z_1 and z_2 abhängige Funktion

$$f(z_1, z_2) = 4 + \frac{7}{2}z_1 - 4z_2 + z_1^2 + 2z_2^2 - 2z_1z_2 + z_1^4 - 2z_1^2z_2.$$

a) Bestimmen Sie das Optimum für den Fall, dass die Variablen z_1 and z_2 nicht streuen.
b) Bestimmen Sie das Optimum nach der in Abschn. 6.5.3 vorgestellten Methode unter Verwendung der 95 %-Quantile von $f(z_1, z_2)$ für folgende Streuungen der Variablen z_1 and z_2: 1. $\sigma = 0.1$, 2. $\sigma = 0.3$, 3. $\sigma = 0.5$.

Hinweis: Für diese Aufgabe ist ein Optimierungsprogrammsystem zu verwenden, in dem Verfahren zur statistischen Versuchsplanung integriert sind. Wenn die Berechnung der Quantile nicht unterstützt wird, sollten Sie sich selber eine kleine Routine schreiben. Basis hierfür ist ein einfacher Zufallszahlgenerator.

Literatur

DuBois P (2001) Crash-Berechnung mit LS-DYNA, CADFEM-Seminar, Leinfelden-Echterdingen
Holzner M, Gholami T, Mader HU (1998) Virtuelles Crashlabor: Zielsetzung, Anforderungen und
    Entwicklungsstand. VDI-Berichte 1411, VDI-Verlag, Düsseldorf

Schumacher A, Merkel M, Hierold R (2002) Parametrisierte CAD-Modelle als Basis für eine CAE-gesteuerte Komponentenentwicklung, VDI Berichte 1701, 517–5

Marti K, Gröger D (2006) Stochastische Strukturoptimierung von Stab- und Balkentragwerken. Springer, Berlin, Heidelberg

Sobieszczanski-Sobieski J (1992) Multidisciplinary design and optimization. In Sensburg O (Hrsg): Integrated design analysis and optimization of aircraft structures, AGARD Lecture Series 186, UK

Vietor T (1994) Optimale Auslegung von Strukturen aus spröden Werkstoffen. Diss., Uni.-GH Siegen, FOMAAS, TIM-Bericht Nr. T02-02.94

Methoden zur Formoptimierung 7

Die Form bzw. Gestalt von Gebrauchsgegenständen ist oft ein Kompromiss aus Ästhetik und mechanischen Anforderungen. Ästhetik und Mechanik muss aber nicht zwingend konkurrieren, was viele Strukturen in der Natur beweisen. Diese Formen entwickeln sich basierend auf den vorliegenden Kräften. Sehr ergiebig ist beispielsweise die Untersuchung der Form von Knochen und Bäumen (Mattheck 1988, 1992). Ein Baum wächst so, dass der Spannungsverlauf gleichmäßig ist. Dies gilt für Astanbindungen (Abb. 7.1a–d) wie für den Baumstamm selbst (Abb. 7.1e–f). Aus den Formen ist im Übrigen auch die Historie des Baums abzulesen, beispielsweise welchen Windlasten der Baum ausgesetzt war. Auch Kerbspannungen, die nach einer Verletzung vorliegen, werden reduziert durch das Streben nach konstanter Spannung an der Oberfläche.

In der Regel sind die Ziele „Minimierung der Masse" und „Maximierung der Tragfähigkeit" konkurrierend. Geringere Masse bedeutet weniger Trägfähigkeit. mithlife der Formoptimierung können beide Zielfunktionen aber teilweise gleichzeitig verbessert werden.

Der Kragbalken in Abb. 7.2a weist eine Kerbe auf. Die Frage ist jetzt, wie kann man die Kerbspannung reduzieren? Es gibt natürlich mehrere Lösungen. Eine davon wäre z. B. den Balken dicker dimensionieren. Eine bessere Lösung ist eine Änderung der Form durch Entfernen von Material. Bei dem Träger ist dies beispielsweise von Hand mit einer Rundfeile geschehen (Abb. 7.2b). Indem die Randspannung, die durch die Kerbwirkung entsteht, reduziert wird, kann die Tragfähigkeit gesteigert werden. Die Form in Abb. 7.2c steht natürlich nicht den optimalen Träger dar. Dieser ist in Abb. 7.3 zu finden.

Eine rechnergestützte Optimierung der Form einer mechanischen Struktur beinhaltet im Vergleich zur Dickenoptimierung ein wesentlich größeres Verbesserungspotential. Die Formulierung der Entwurfsvariablen zur Steuerung der Formänderungen in einem Simulationsmodell ist allerdings schwieriger. Bei der Dickenoptimierung genügt es beispielsweise, die Parameter zur Dickendefinition eines Strukturbereichs im Eingabefile des *Finite Elemente Programms* als Entwurfsvariable zu definieren und in den Optimierungsprozess einzubauen. Bei der Formoptimierung müssen die Entwurfsvariablen die

A. Schumacher, *Optimierung mechanischer Strukturen,*
DOI: 10.1007/978-3-642-34700-9_7, © Springer-Verlag Berlin Heidelberg 2013

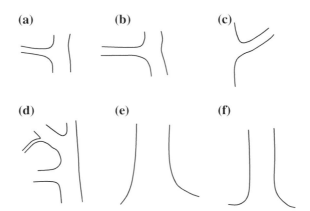

Abb. 7.1 Gewachsene Formen am Baum

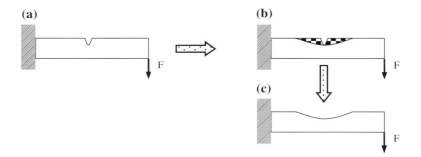

Abb. 7.2 Reduzierung der Randspannung durch Entfernen von Material

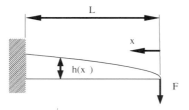

Abb. 7.3 Träger gleicher Biegebeanspruchung

Geometrie verändern. Die Definition geeigneter Entwurfsvariablen ist die Hauptaufgabe der Formoptimierung und der Hauptfokus dieses Kapitels. Die Entwurfsvariablen sollen die Formänderungen des geometrischen Modells steuern. Ziel ist es, optimale Funktionsverläufe zur Beschreibung der Bauteilränder zu erhalten. Dazu werden die Stützparameter dieser Funktionen durch allgemeine Optimierungsalgorithmen verbessert, wie sie in Kap. 4 und 5 behandelt sind.

Die heutigen Verfahren zur Formoptimierung sind rechnergestützt. Die Ursprünge liegen allerdings weit vor dem Rechnerzeitalter. Beispielsweise hat Galilei (Galilei 1638) folgendes herausgefunden: Wenn die Querschnittshöhe eines am freien Ende belasteten Kragbalkens konstanter Breite parabelförmig zur Einspannung hin anwächst, weist der Balken eine in Längsrichtung konstante Biegebeanspruchung auf (s. Abb. 7.3) und kann bei vorgegebener zulässiger Spannung $\sigma^{\text{zulässig}}$ als gewichtsoptimal angesehen werden:

$$M(x) = Fx; \quad \sigma^{\text{zulässig}} = \frac{M(x)}{I_y(x)}h(x); \quad I_y(x) = \frac{bh(x)^3}{12} \Rightarrow h(x) = \sqrt{\frac{6FL}{b\,\sigma^{\text{zulässig}}}}\sqrt{\frac{x}{L}}.$$

$$(7.1)$$

Ende der fünfziger Jahre begannen die Forschungen zur algorithmierbaren Formoptimierung (Cox 1965; Hemp 1958). Es folgten Ansätze zur Formoptimierung basierend auf Optimalitätskriterien (OC) (Prager 1969) (indirektes Verfahren, vgl. Kap. 4). Der Einsatz von Verfahren der *Mathematischen Programmierung* (direkte Verfahren) erfolgte etwas später (Zienkiewicz und Campbell 1973). So kamen allgemein verwendbare Optimierungsalgorithmen zum Einsatz, welche im Laufe der Zeit immer mehr an Belange der Strukturoptimierung angepasst wurden.

Heute existiert eine Vielzahl unterschiedlicher Strategien zur Modellbildung für Formoptimierungen. Eine sehr nahe liegende Strategie wäre die Variation der einzelnen *Finite Elemente Knoten* am Bauteilrand. Dieses Vorgehen hat sich allerdings nicht bewährt, da die einzelnen *Finiten Elemente* zum Teil so stark verzerrt werden, dass sie keine brauchbaren Berechnungsergebnisse mehr liefern. Der Optimierungsalgorithmus versucht die Zielfunktion unter Einbeziehung der fehlerhaften Berechnungsergebnisse zu minimieren. Besonders die Spannungsauswertung ist derart schlecht, dass der „optimierte" Bauteilrand extreme Zacken bekommt.

Die meisten brauchbaren Strategien basieren auf mathematischen Funktionen, deren Form mithilfe von Kontrollparametern variiert wird, die im Optimierungslauf als Entwurfsvariablen definiert werden. Deshalb werden zunächst diese Funktionen beschrieben.

7.1 Funktionen zur Geometriebeschreibung

Für die Beschreibung von Randkurven bzw. Randflächen müssen Ansatzfunktionen zum Einsatz kommen, die eine große Flexibilität bei einer kleinen Anzahl freier Parameter gewährleisten. Die Flexibilität der Ansatzfunktionen ist wichtig, um eine ausreichende Gestaltungsvielfalt bei der Optimierung zu ermöglichen. Dem Wunsch nach Flexibilität steht aber die Notwendigkeit der Stabilität gegen Oszillationen (geometrisches Aufschwingen) gegenüber.

Allgemein erfolgt die Darstellung des Randes von dreidimensionalen Bauteilen bevorzugt durch parametrisierte Ansatzfunktionen $\mathbf{R}(\xi^\alpha, \mathbf{x})$, die von den GAUSSschen

Flächenparametern ξ^α ($\alpha = 1,2$) und dem Vektor der Entwurfsvariablen $\mathbf{x}$ abhängen. In der Praxis werden die gewählten Ansatzfunktionen mit sog. Kontrollpunkten definiert, deren Koordinaten in einer Formoptimierung variiert werden. Beispielsweise lautet die parametrische Darstellung einer Geradenverbindung zweier Punkte in Abhängigkeit des GAUSSschen Linienparameters ξ:

$$R(\xi, P_0, P_1) = P_0 + (P_1 - P_0) \cdot \xi. \tag{7.2}$$

Die Linie ist mit $\xi \in [0,1]$ vollständig beschrieben. Die nicht-parametrisierte Darstellung einer Geraden erfolgt hingegen implizit durch die Beziehungen der Raumkoordinaten x_1, x_2, x_3 zueinander: $x_2(x_1)$, $x_3(x_1)$ bzw. $x_1(x_2)$, $x_3(x_2)$ und $x_1(x_3)$, $x_2(x_3)$. Gegenüber dieser nicht-parametrisierten Darstellung hat die parametrisierte Darstellung den Vorteil, dass sie auch Linien und Flächen abbilden kann, die parallel zu einer Raumkoordinatenachse stehen.

Aus dem Bereich des Computer Aided Geometric Design (CAGD) gibt es eine Vielzahl unterschiedlicher Ansatzfunktionen; die BEZIER-Kurven und B-Spline-Kurven (De Boor 1972) sind die bekanntesten. Vertiefte Darstellungen zu den CAGD-Ansatzfunktionen finden sich in (Farin 1991; Hoschek und Lasser 1989; Walter 1989).

7.1.1 Rekursivformel für NURBS

Die Non-Uniform-Rational-B-Spline (NURBS) sind eine Erweiterung der B-Spline, wie sie heute in den CAD-Systemen wie CATIA® (Free Style Shaper) und NX® eingesetzt werden. Die NURBS bilden einen guten Kompromiss zwischen den beiden gegenläufigen Anforderungen nach Flexibilität und Stabilität. Durch die Verwendung von NURBS sind Freiformgeometrien und Regelgeometrien gleichermaßen zu approximieren. Die Rekursionsformel für die NURBS lautet:

$$\mathbf{R}(\xi, \mathbf{P}_i, \mathbf{w}_i, \mathbf{t}_i) = \sum_{i=0}^{n} \frac{N_{i,j}(\xi) \cdot w_i}{\sum_{k=0}^{n} N_{k,j}(\xi) \cdot w_k} \cdot \mathbf{P}_i \tag{7.3}$$

mit

$$N_{i,j}(\xi) = \frac{(\xi - t_i) N_{i,j-1}(\xi)}{t_{i+j-1} - t_i} + \frac{(t_{i+j} - \xi) N_{i+1,j-1}(\xi)}{t_{i+j} - t_{i+1}},$$
$$N_{i,1}(\xi) = 1, \text{ für } \xi \in [t_i, t_{i+1}],$$
$$N_{i,1}(\xi) = 1, \text{ für } \xi \notin [t_i, t_{i+1}],$$

wobei

$\mathbf{P}_i$	Vektor der Raumkoordinaten des Kontrollpunkts i,
ξ	GAUSSscher Linienparameter (Laufvariable),
$N_{i,j}(\xi)$	Basisfunktionen,
j	Grad der Basisfunktion,
w_i	Wichtungsfaktor des i-ten Kontrollpunkts,

t_i Komponente i des Knotenvektors,
$n+1$ Anzahl der Kontrollpunkte

7.1.2 Flexibilität von NURBS

Mit diesem Ansatz bietet sich die Variation der Vektoren der Raumkoordinaten, der Wichtungsfaktoren und der Komponenten des Knotenvektors an. Sie werden als Entwurfsvariablen in einem Parameteroptimierungsproblem eingesetzt. Nachfolgend sollen die einzelnen Größen näher erläutert werden:

Koordinatenvektoren der Kontrollpunkte
Die Variation der Koordinaten der Kontrollpunkte ist geometrisch am einfachsten zu interpretieren. Es wird der Polygonzug verändert, durch den die Kontrollpunkte verbunden sind, wodurch eine Veränderung des NURBS erfolgt. Es entstehen sehr glatte Kurvenverläufe für beliebige Polygonzüge.

Wichtungsfaktoren der Kontrollpunkte
Die Standardwichtung der Kontrollpunkte ist Eins. Mit der Vergrößerung des Wichtungsfaktors wird die Kurve stärker an den zugehörigen Kontrollpunkt herangezogen, bei Verkleinerung wird sie im Vergleich zur Standardwichtung mehr abgestoßen. Kontrollpunkte mit den Wichtungsfaktoren vom Wert Null werden nicht berücksichtigt. Besitzen die Wichtungsfaktoren alle denselben Wert, so heben sie sich auf. In Abb. 7.4 ist beispielhaft ein geschlossener NURBS mit dem zugehörigen Kontrollpolygon

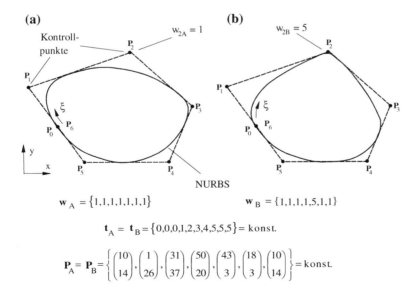

$$\mathbf{w}_A = \{1,1,1,1,1,1,1\} \qquad\qquad \mathbf{w}_B = \{1,1,1,1,5,1,1\}$$

$$\mathbf{t}_A = \mathbf{t}_B = \{0,0,0,1,2,3,4,5,5,5\} = \text{konst.}$$

$$\mathbf{P}_A = \mathbf{P}_B = \left\{ \begin{pmatrix}10\\14\end{pmatrix}, \begin{pmatrix}1\\26\end{pmatrix}, \begin{pmatrix}31\\37\end{pmatrix}, \begin{pmatrix}50\\20\end{pmatrix}, \begin{pmatrix}43\\3\end{pmatrix}, \begin{pmatrix}18\\3\end{pmatrix}, \begin{pmatrix}10\\14\end{pmatrix} \right\} = \text{konst.}$$

Abb. 7.4 Variation des Wichtungsfaktors des zweiten Kontrollpunkts

gezeigt. Diese Geschlossenheit entsteht durch die Gewährleistung der C_0- und C_1-Stetigkeit, also die Gleichheit der Koordinaten des Anfangskontrollpunkts und des Abschlusskontrollpunkts sowie die Gleichheit der Anfangs- und Abschlussrichtung des NURBS. Die im Folgenden an diesem Beispiel illustrierten prinzipiellen Eigenschaften der NURBS gelten genauso für offene NURBS mit unterschiedlichen Koordinaten der Anfangs- und Abschlusspunkte. Links in Abb. 7.4 (Kurve A) haben alle Kontrollpunkte den gleichen Wichtungsfaktor, und die Komponenten des Knotenvektors entsprechen der Standarddefinition. Rechts in Abb. 7.4 (Kurve B) wird der Wichtungsfaktor des zweiten Kontrollpunkts von $w_{A2} = 1$ auf $w_{A2} = 5$ erhöht, wobei die Kontrollpunktkoordinaten und der Knotenvektor unverändert bleiben. Zu erkennen ist ein deutliches Heranziehen des NURBS an den Kontrollpunkt.

Große Differenzen der einzelnen Wichtungsfaktoren erzeugen mehrere starke Krümmungswechsel im gesamten Kurvenbereich, was oft unerwünscht ist. Bei der Verwendung von Wichtungsfaktoren im Intervall $w_i \in [0.2,5]$ treten diese starken Krümmungswechsel nicht auf.

Knotenvektor
Der Knotenvektor **t** besteht aus den j-fach besetzten Anfangs- und Endwerten des NURBS und den zu jeder Linie des Polygonzugs gehörigen einfach besetzten Zwischenwerten. Für den Spezialfall $j = 3$ lokalisieren die Zwischenwerte die Berührung der Kurve mit dem Kontrollpolygon. In Abb. 7.5 basiert der linke NURBS (Kurve A) auf den

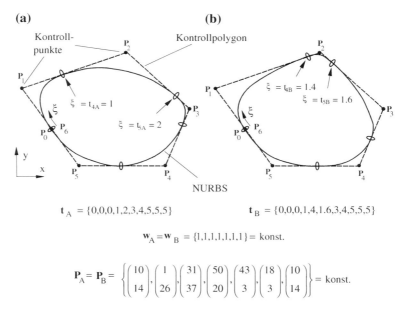

$$\mathbf{t}_A = \{0,0,0,1,2,3,4,5,5,5\} \qquad \mathbf{t}_B = \{0,0,0,1,4,1.6,3,4,5,5,5\}$$

$$\mathbf{w}_A = \mathbf{w}_B = \{1,1,1,1,1,1,1\} = \text{konst.}$$

$$\mathbf{P}_A = \mathbf{P}_B = \left\{ \begin{pmatrix} 10 \\ 14 \end{pmatrix}, \begin{pmatrix} 1 \\ 26 \end{pmatrix}, \begin{pmatrix} 31 \\ 37 \end{pmatrix}, \begin{pmatrix} 50 \\ 20 \end{pmatrix}, \begin{pmatrix} 43 \\ 3 \end{pmatrix}, \begin{pmatrix} 18 \\ 3 \end{pmatrix}, \begin{pmatrix} 10 \\ 14 \end{pmatrix} \right\} = \text{konst.}$$

Abb. 7.5 Variation des Knotenvektors **t** der NURBS-Kurve

Abb. 7.6 Approximation eines
Kreises mit NURBS

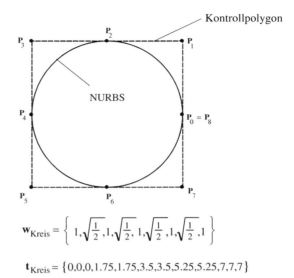

$$w_{Kreis} = \left\{ 1, \sqrt{\frac{1}{2}}, 1, \sqrt{\frac{1}{2}}, 1, \sqrt{\frac{1}{2}}, 1, \sqrt{\frac{1}{2}}, 1 \right\}$$

$$t_{Kreis} = \{0,0,0,1.75,1.75,3.5,3.5,5.25,5.25,7,7,7\}$$

Standardeinstellungen des Knotenvektors und des Wichtungsvektors. Der NURBS rechts
in Abb. 7.5 (Kurve B) wird durch Variation des Knotenvektors bei konstant gehaltenen Kontrollpunktkoordinaten und konstant gehaltenen Wichtungen erzeugt. Durch
die Variation von $t_{A4} = 1,0$ und $t_{A5} = 2,0$ zu $t_{B4} = 1,4$ und $t_{B5} = 1,6$ verkürzt sich der
Kurvenabschnitt zwischen den beiden entsprechenden Berührungspunkten.

Mit NURBS lassen sich Regelgeometrien approximieren. Abbildung 7.6 zeigt
einen quadratischen Polygonzug, in dem durch Anpassen der Komponenten des
Knotenvektors und der Wichtungsfaktoren eine Kreiskurve sehr gut approximiert ist:

7.1.3 Standard-definierte Ansatzfunktionen und sukzessive Verfeinerungsmöglichkeiten

Beim Auftreten sehr komplizierter Bauteilränder ist die Definition mit *einer* NURBS-
Kurve nicht mehr sinnvoll, sodass der Rand durch mehrere NURBS zu approximieren
ist. Die Ränder können in der Anwendung beispielsweise aus NURBS-Kurven dritten
Grades mit fünf Kontrollpunkten C^0- und C^1-stetig zusammengesetzt werden (Abb. 7.7).
Um zu Beginn der Optimierung mit möglichst wenig Entwurfsvariablen auszukommen, ist es sinnvoll, Standard-Definitionen für die Ränder zu nehmen, die im Laufe der
Optimierung sukzessiv verfeinert werden. Diese Verfeinerung ist durch die Verwendung
sehr flexibler NURBS programmtechnisch leicht möglich. Die Flexibilität kann nach folgendem Ablauf gesteigert werden:

1. Variation der Kontrollpunktkoordinaten, die in den Standard-Definitionen aus den
   Koordinaten anderer Kontrollpunkte berechnet sind,

Abb. 7.7 Standard-Definition der NURBS-Ansatzfunktion und Definition der Entwurfsvariablen ($\mathbf{t} = \{0, 0, 0, 1, 2, 3, 3, 3\}$, $\mathbf{w} = \{1, 1, 1, 1, 1\}$)

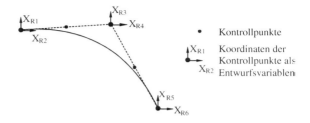

2. Variation der Knotenvektoren,
3. Variation der Wichtungsvektoren,
4. Einfügen weiterer Kontrollpunkte,
5. Einfügen einer zusätzlichen NURBS-Standardkurve.

7.1.4 Erstellung von Fläche und Volumen aus den Splines

Eine doppelt gekrümmte Fläche wird allgemein mit einem Gitter von Splines beschrieben. Da dies zu vielen Stützstellen und in der Formoptimierung zu vielen Entwurfsvariablen führt, wird versucht, die Flächen so einfach wie möglich zu beschreiben. Abbildung 7.8 zeigt eine einfache Variation der Kontrollpunktkoordinaten eines Gitters mit einem NURBS 2. Grades ($j = 2$) und einem NURBS 3. Grades ($j = 3$), bei denen der Knotenvektor und die Wichtungen die Standardeinstellungen annehmen. Dreidimensionale Körper werden aus Flächen zusammengestellt.

7.1.5 Spezielle Ansatzfunktionen

Zur Effizienzsteigerung ist es hilfreich, gute mechanische Formen mit wenigen Entwurfsvariablen anzupassen. Beispielsweise lässt sich die sog. *Baud*-Kurve häufig in der Natur finden (Matteck 1992 und Harzheim 2008). Die Baudkurve beschreibt den Verlauf der Grenzschicht eines reibungsfrei aus einem Loch strömenden Mediums. Sie wird durch folgende Gleichungen beschrieben:

$$x = \frac{2d}{\pi} \sin^2 \left(\frac{\Theta}{2} \right) \quad \text{und} \quad y = \ln \left[\tan \left(\frac{\Theta}{2} + \frac{\pi}{4} \right) - \sin\Theta \right] \tag{7.4}$$

mit der Laufvariable Θ und der Entwurfsvariable d.

Eine Beschreibung kann auch mit der sog. *hyperelliptischen* Funktion (Pedersen 2008) erfolgen:

$$\left(\frac{x}{R_1} \right)^\nu + \left(\frac{y}{R_2 - L} \right)^\nu = 1 \tag{7.5}$$

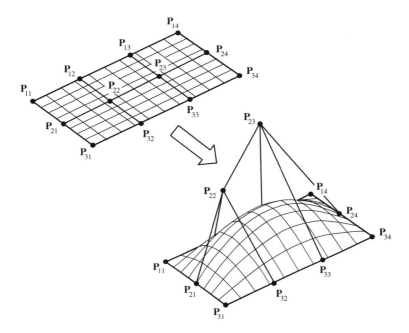

Abb. 7.8 Erstellung einer Fläche aus zwei einfachen NURBS (2. Grades und 3.Grades)

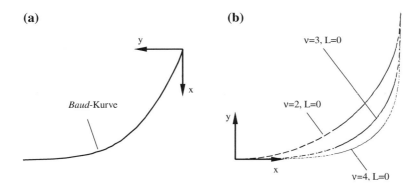

Abb. 7.9 Beispiele spezieller Ansatzfunktionen zur Formoptimierung: **a** Baud-Kurve, **b** hyperelliptische Kurven

mit den Entwurfsvariablen v und L sowie den Formparametern R_1 and R_2 zu Integration der hyperelliptischen Kurve in da Bauteil. In Abb. 7.9 sind diese Funktionen graphisch dargestellt. Zu erkennen ist links an den Kurvenanfängen der glatte Übergang, der lokale Spannungserhöhungen vermeidet.

7.2   Formoptimierung basierend auf parametrisierten CAD-Modellen

Die Geometriedefinitionen in einem CAD-Programm werden intern mit den beschriebenen NURBS abgelegt. In vielen Programmen können die beschriebenen Variationen des Knotenvektors nicht direkt von der grafischen Oberfläche aus gesteuert werden. Vielmehr wird die NURBS-Beschreibung intern verwendet. Ein CAD-Anwender wird die Flexibilität durch die angebotene Parametrisierung der Geometrie erhalten, die er mithilfe von Skizzen im Raum erzeugt hat. Reichen diese Definition nicht aus, so müssen sog. Makros (programminterne Programmierung) auf die Knotenvektoren bzw. Wichtungsvektoren der NURBS zugegriffen werden. Für sehr viele Anwendungen reicht die Parametrisierungsmöglichkeit der CAD-Oberfläche aber vollkommen aus. Durchdachte parametrisierte CAD-Modelle ermöglichen schnelle und effiziente Änderung der Form und damit auch den Einsatz der Formoptimierung. Diese Optimierung basiert auf der Änderung des Datensatzes der CAD-Parameter.

Der Einbau der Simulationsrechnung (Analysemodell) in den Optimierungsprozess erfolgt mit *Finite Elemente Preprozessoren*, die batchfähig sind (siehe Abschn. 2.3). So werden die flexiblen CAD-Modelle als Basis für die Erstellung von Simulationsmodellen für die speziellen Disziplinen wie Statik, Akustik, Crash usw. herangezogen. Die CAD-Parameter beschreiben die Topologie (Lage und Anordnung), Form, Dimensionierung und Materialien der Komponenten, wobei in diesem Kapitel der Fokus auf den Parametern zur Änderung der Form liegt. Mit der Definition der Ziel- und Restriktionsfunktionen, die als Parameter aus den Simulationsrechnungen ausgelesen werden, kann eine Strukturoptimierung erfolgen. Die großen Vorteile bei der Einbindung des CAD-Programms in den Prozess der Strukturoptimierung sind die hohe Flexibilität bei der Formänderung sowie die Nutzung des Konstruktions-Know-Hows. Dieses ist möglicherweise bereits in die Konstruktion des Bauteils eingeflossen. Zudem existiert in jedem Zwischenschritt eine vollständige CAD-Beschreibung der Komponenten.

7.2.1   Einsatz der NURBS bei Formoptimierungsproblemen

Welche Geometriebeschreibung zu wählen ist und welche Komponenten der Geometriebeschreibung als Entwurfsvariablen verwendet werden, hängt von dem vorliegenden Problem ab. Oft ist eine Formoptimierung mit Regelgeometrien bereits sehr zielführend. Es müssen nicht immer Splines oder NURBS sein. In einigen Fällen ist die Verwendung von NURBS aber der einzig gangbare Weg. Bei großen Geometrieveränderungen während der Optimierung kann z. B. eine Gerade-Kreisbogen-Definition schnell zu fehlerhaften CAD-Modellen führen, weil Radien ineinander laufen.

Wird das von der Optimierungsseite nicht abgefangen, bricht der Optimierungslauf ab. Werden NURBS verwendet, so ist auf einige prinzipielle Regeln zu achten:

- Beim Verbinden der NURBS miteinander oder mit anderen Geometiebeschreibungen ist die C^0- und C^1-Stetigkeit zu gewährleisten. Das geschieht mit der Steuerung der Anfangssteigungen der NURBS.
- Handelt es sich um ein symmetrisches Bauteil, so genügt meist die Konstruktion einer Hälfte oder eines Viertels. Berühren dabei NURBS die Symmetrieflächen, so ist ebenfalls auf die C^1-Stetigkeit zu achten, die man im Allgemeinen dadurch erreicht, dass man die Anfangssteigung senkrecht zur Symmetrieebene vorgibt. Bei unsymmetrischen Lasten werden die anderen Symmetrieseiten durch Spiegeln erzeugt. Bei symmetrischen Lasten rechnet man mit dem Halb- bzw. Viertelmodell. Bei rotationssymmetrischen Bauteilen kann man auch rotationssymmetrische *Finite Elemente* verwenden, sodass eine zweidimensionale CAD-Skizze genügt.
- Oft ist es sinnvoll, die Kontrollpunkte auf einer vordefinierten Linie laufen zu lassen. Das spart Rechenzeit und führt zu einer kontrollierten Formoptimierung.
- Bei Bauteilen, an denen benachbarte Ränder optimiert werden sollen, kann es durchaus passieren, dass diese während der Optimierung übereinander laufen und somit im CAD-Modell Fehler auftreten. Hilfreich ist in diesen Fällen der Aufbau eines Skelett-Modells (Turkiyyah 1990). Ausgehend von einem Skelett, welches in Abb. 7.10 gestrichelt gezeichnet ist, werden die Ränder durch „auffüttern" definiert. Diese Auffütterung wird mit Entwurfsvariablen gesteuert, wobei in den Fällen, in denen mehrere Entwurfsvariablen zur Auffütterung beitragen, die Beträge überlagert werden. Damit hat man den Vorteil, dass man die unteren Grenzen der Entwurfsvariablen größer Null definieren kann und somit sicher vor Kollabieren des CAD-Modells durch Überschneidungen ist.

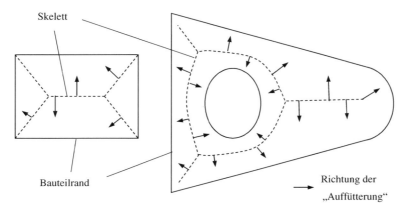

Abb. 7.10 Skelett-Modelle zur Sicherung des CAD-Modells gegen Kollabieren (Satz der Entwurfsvariablen nicht vollständig eingezeichnet)

7.2.2 Prozess der Formoptimierung

In Abb. 7.11 ist beispielsweise die Simulationssequenz für eine Problemstellung mit
NASTRAN® und LS-DYNA® mit Unterstützung von Optimus® abgebildet. Das CAD-
Programm (Button „CAD_batch") ist ebenfalls integriert. Basierend auf den Werten der
Entwurfsvariablen x_1 bis x_4 werden mit Bestimmungsgleichungen die CAD-Parameter
p_1 bis p_5 bestimmt und dem Parameterfile für das CAD-Programm übergeben. In
„CAD_batch" wird das CAD-Modell aktualisiert und in den *Finite Elemente Preprozessor*
(Button „FE_pre") eingelesen. Der FE-Preprozessor erzeugt mit entsprechenden
Skripten die Input-Decks für die Simulation. Der FE-Postprozessor „FE_post" wertet die
Ergebnisse aus und schreibt sie in die Datei „results", aus dem die Ergebnisse ausgelesen
werden. Mit dieser Sequenz wird der Zusammenhang

$$y = y(x)$$

bestimmt, welcher für die Optimierungsrechnung benötigt wird.

Wenn die Schnittstelle zwischen dem CAD-System (CAD_batch) und dem FE-
Preprozessor (FE-pre) so gut ist, dass die Parameter der CAD-Konstruktion im
Preprozessor verarbeitet werden können, dann kann man auf die Einbindung des

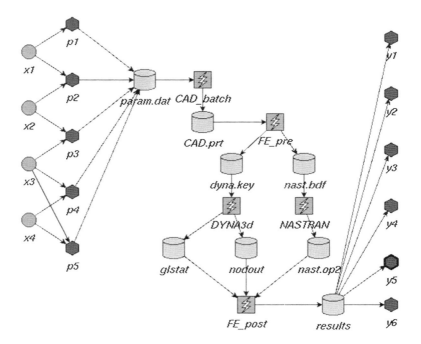

Abb. 7.11 Einbindung des CAD-Programms (CAD_batch) in die Simulationssequenz zur Integration in die Optimierungsschleife

CAD-Programms in den Optimierungsprozess verzichten. Beispielsweise kann der FE-Preprozessor PATRAN® die NX®-Parametrisierung intern verwenden.

Wie in Kap. 5 beschrieben, ist beim Vorhandensein von ASCII-lesbaren Ein- und Ausgabefiles die Kombination beliebiger Optimierungs- und Softwareprogramme möglich. Zur Lösung eines Formoptimierungsproblems ist es sinnvoll, die in der eigenen Arbeitsumgebung vorhandene Software zu kombinieren. Hauptaufgabe der Formoptimierung ist das Finden geeigneter Geometriebeschreibungen. Die Qualität der meisten Simulations- und Optimierungsprogramme ist so gut, dass deren Unterschiede eine untergeordnete Rolle spielen.

7.2.3 Anwendungsbeispiele

Anwendungsbeispiel 1: Formoptimierung einer Lasche mit Loch
Die Form des äußeren Rands des in Abb. 7.12 skizzierten Viertelmodells einer Lasche mit Kreisloch soll optimiert werden. Das Kreisloch soll Größe und Form beibehalten. Es wird zunächst das CAD-Modell erstellt. Der äußere Rand ist mit einem NURBS approximiert. Aus Stetigkeitsgründen wird die Steigung an der Symmetrieebene $x = 0$ als parallel zur x-Achse definiert. Als Entwurfsvariablen werden die drei eingezeichneten Koordinaten der Kontrollpunkte verwendet. Die Startwerte und die Grenzen der Koordinaten der Kontrollpunkte sind in Tab. 7.1 aufgelistet.

Mechanisch werden die Randbedingungen aus den Symmetriebedingungen für das Viertelmodell definiert. Die Kraft F wird auf der Fläche verteilt. Die Lasche besteht aus Stahl ($E = 210000$ N/mm², Dichte $\rho = 7.81$ kg/dm³, Querkontraktionszahl $\nu = 0.3$) und Dicke beträgt 5 mm.

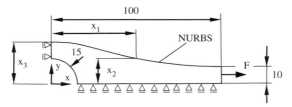

F = 1500 N auf der Fläche verteilt

Abb. 7.12 Formoptimierung einer Lasche mit Loch

Tab. 7.1 Startwerte und Grenzen der Koordinaten der Kontrollpunkte für die Lasche mit Loch (Anwendungsbeispiel 1)

	Beschreibung	Startwert	Untere Grenze	Obere Grenze
x_1	Koord. in x-Richt.	50	20	80
x_2	Koord. in y-Richt.	15	5	100
x_3	Koord. in y-Richt.	25	20	100

Ziel ist die Minimierung der Masse, dabei soll die maximal zulässige Vergleichsspannung nach v. Mises $\sigma_v^{zulässig} = 65\ \mathrm{N/mm^2}$ nicht überschritten werden.

Der im CAD-Programm NX® integrierte Optimierungsalgorithmus HyperStudy® (siehe Abschn. 4.4.4) benötigt 18 Iterationen zum Finden des Optimums. Der Startentwurf ist unzulässig, weil die Spannungsrestriktion nicht eingehalten wird. Der Optimalentwurf ist zulässig und die Masse um 8 % geringer (s. Abb. 7.13). Durch die Festlegung der Krafteinleitungsfläche (Höhe 10 mm) ist eine deutliche Hinterschneidung (Verdünnung des Schafts) entstanden. Die Optimierung dieses Problems ist deshalb schwer zu lösen, weil bei der einfachen Definition der Spannungsrestriktion die Position der maximalen Spannung im Laufe der Optimierung sprunghaft wechselt (s. Abb. 7.14). Damit sind alle auf die ursprüngliche Position der maximalen Spannung aufgebauten Sensitivitäten bzw. Parameter der verwendeten *Meta-Modelle* unbrauchbar und der Optimierungsalgorithmus benötigt weitere Iterationen, um diese wieder zu beschaffen. Es gibt zwei Möglichkeiten zum Senken der Anzahl der Iterationen:

1. Definition mehrerer Spannungsrestriktionen für einzelne Bereiche: Dabei gehen dann die Sensitivitätsinformationen nicht verloren, obwohl die Position der maximalen Spannung wechselt.

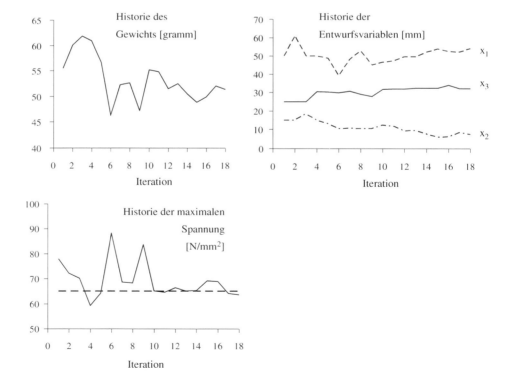

Abb. 7.13 Optimierungshistorie der Zielfunktion, der Entwurfsvariablen und der Restriktion

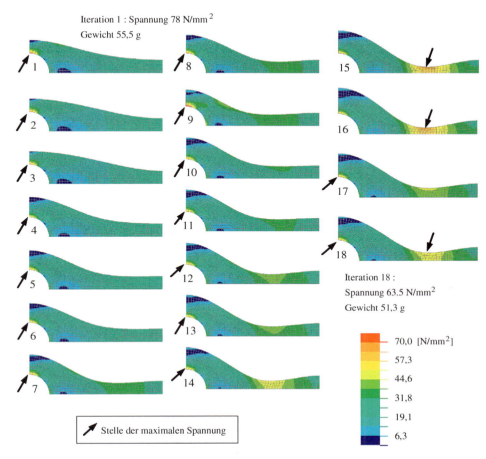

Abb. 7.14 Optimierungshistorie der Laschenform

2. Verwendung der in Abschn. 2.4 vorgestellten Ansätze, welche die Spannungsrestriktion mithilfe eines Gebietsintegrals definieren.

Anwendungsbeispiel 2: Bestimmung optimaler Lochformen

In der in Abb. 7.15 gezeigten Anwendung wird die optimale Lochform in Abhängigkeit des Spannungszustands gesucht. Ziel ist die Minimierung der Ergänzungsenergie in der Scheibe. Das entspricht der Minimierung der mittleren Nachgiebigkeit und bei diesem Lastfall der Minimierung der vertikalen Verschiebung an der Krafteinleitung (siehe Abschn. 2.4.1). Wird ein symmetrischer Spannungszustand in Lochnähe vorausgesetzt, so genügt zur Geometriebeschreibung und zur Berechnung ein Viertelmodell. In Abhängigkeit verschiedener äußerer Spannungen werden Formoptimierungen durchgeführt.

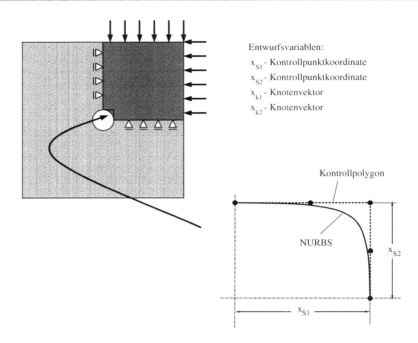

Abb. 7.15 Geometriebeschreibung für die Lochformoptimierung

Das Strukturmodell muss so aufgebaut werden, dass die erhöhten Spannungen am Lochrand bis zu den äußeren Rändern abgeklungen sind. Für ein Verhältnis von Länge bzw. Durchmesser des Lochs zur Seitenlänge des Strukturmodells von 1/7 sind die Lochspannungen in guter Näherung abgeklungen.

Die Lochform ist mit einem NURBS beschrieben, welcher mit vier Entwurfsvariablen gesteuert wird, den beiden Kontrollpunktkoordinaten x_{S1} und x_{S2} sowie den beiden Knotenvektoren x_{K1} und x_{K2}. Die C^0- und C^1-Stetigkeit an den beiden Symmetrielinien ist durch die Definition der Anfangssteigungen gewährleistet.

In Abhängigkeit der vorliegenden äußeren Spannungen sind bestimmte Lochformen optimal (Abb. 7.16):

- Die äußeren Spannungen sind beide positiv oder beide
  negativ und vom Betrag ungleich: →   Ellipse
- Die äußeren Spannungen sind beide positiv oder beide
  negativ und vom Betrag gleich: →   Kreis
- Eine positive und eine negative äußeren Spannung: →   Recheck (scharfe
                                                               Ecken)

- Die äußeren Spannungen sind vom Betrag gleich
  und haben umgekehrte Vorzeichen: →   Quadrat (scharfe
                                                               Ecken)

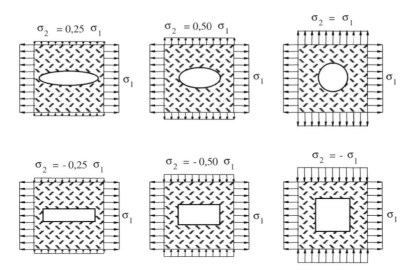

Abb. 7.16 Optimale Lochformen in Abhängigkeit der vorliegenden äußeren Spannungen

Vor allem die Ergebnisse mit den scharfen Ecken zeigen deutlich, dass die eingestellten Lastfälle genau stimmen müssen. Eine Verstimmung des Verhältnisses σ_1/σ_2 würde wieder zu ungewünschten Kerbspannungen führen. Hier sei noch mal auf die Möglichkeiten von Robust Design (Kap. 6.5) hingewiesen.

Anwendungsbeispiel 3: Formoptimierung von Rotationsschalen
Aus dem Bauwesen kommt eine weitere interessante Anwendung der Formoptimierung (Bletzinger 1990). Gesucht ist die optimale Form von Rotationsschalen für verschiedene Lastfälle und Lagerungsarten:

- Ringlast am oberen Schalenrand
- Eigengewicht
- Schneelast

Ausgangsform ist eine Kugelschale mit einem Radius von 10 m. Die Kugelschale ist oben so abgeschnitten, dass ein Öffnungsradius von 2,5 m entsteht. Diese beiden Radien, die Bauhöhe und auch die Schalendicke sollen während der Optimierung konstant bleiben. Die Berechnung kann mit Rotationselementen erfolgen oder mithilfe eines Viertelmodells, welches durch Rotation der in Abb. 7.17 dargestellten CAD-Skizze entsteht. Es kommt ein 6-knotiger NURBS zum Einsatz, wobei nur die Koordinaten der Kontrollpunkte variiert werden. Jeder der vier variablen Kontrollpunkte wird mit einer Entwurfsvariablen gesteuert und kann sich nur auf der im Bild gestrichelten Linie zwischen dem unteren und oberen Kontrollpolygon bewegen. Bei günstiger Wahl

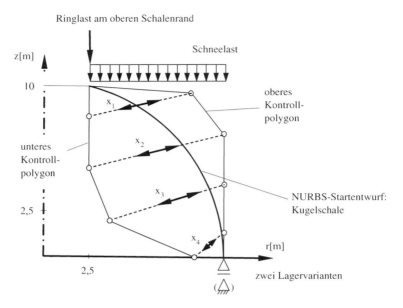

Abb. 7.17 CAD-Skizze für die Rotationsschale mit eingezeichneten Lastfällen

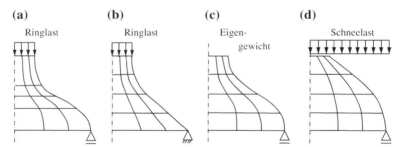

Abb. 7.18 Optimale Entwürfe einer Rotationsschale in Abhängigkeit unterschiedlicher Lasten und Randbedingungen

dieser „Führungslinien" kann die Anzahl der Entwurfsvariablen ohne große Einbußen in der Flexibilität reduziert werden. Vor der Optimierung ist es also erforderlich, die Möglichkeit der Geometrievariation basierend auf definierten Führungslinien zu testen.

Die Abb. 7.18 zeigt die optimalen Formen für die jeweiligen Lasten und Randbedingungen. Vor allem bei der Ringlast und dem Loslager (Abb. 7.18a) ist die gute Ausrichtung der Schale in Richtung Belastung zu sehen, sodass fast keine Biegeanteile entstehen. Beim Vorliegen eines Festlagers (Abb. 7.18b) stützt sich die Struktur entsprechend ab. Die Schneelast erzeugt eine bauchige Schale. Praktisch realisierte Schalen entstehen aus einem Kompromiss aus diesen Lastfällen. Dieser Kompromiss kann z. B. mit Methoden aus Abschn. 6.2 gefunden werden.

Aufgabe 7.2 übt die Formoptimierung an einem anderen mechanischen System.

Anwendungsbeispiel 4: Formoptimierung eines Aluminium-Gusshalters

Bisher konnte der Entwurfsraum immer im Zweidimensionalen skizziert werden, und der Körper entstand durch Extrudieren oder Rotieren der CAD-Skizze. Dies ist im folgenden Beispiel der Formoptimierung eines Aluminium-Gußhalters nicht mehr möglich (Schumacher und Hierold 2000). In Abb. 7.19 ist die Krafteinleitung eingezeichnet, die im Abstand a = 110 mm von der Lagerung liegt. Die Kraft wird ringförmig in den Halter eingeleitet. Befestigt ist der Halter mit einer Schraube (siehe eingezeichnete Bohrung) und durch eine Auflagerung am unteren Teil der Auflagerfläche. Die Form soll so ausgebildet werden, dass der Halter unter Zuhilfenahme nur eines Stempels spritzgegossen und anschließend entformt werden kann.

Zur Formoptimierung wird ein parametrisiertes CAD-Modell aufgebaut, welches aus vier Skizzen zusammengesetzt ist (Abb. 7.20). Die Parametrisierung ist so zu wählen, dass erstens eine Wanddickenoptimierung und zweitens eine Optimierung der wesentlichen Gestaltungmaße möglich ist. Die Wanddicken können bei der hier vorliegenden Parametrisierung durch die Änderung der Parameter p640, p642, p644 und p732 variiert werden. Zusätzlich zu den Parametern sind einfache geometrischen Bedingungen wie Parallelität, Rechtwinkligkeit, Horizontalität und Vertikalität definiert, die in den Skizzen nicht extra eingezeichnet sind. Sie bleiben bei allen Parametervariationen erhalten. Es wird zunächst ein Halbmodell erzeugt und am Ende der Modellierung an der Symmetrieebene gespiegelt. Die Skizzen sind gemäß Abb. 7.21 positioniert und orientiert. Für die Erstellung des 3D-Körpers sind im Wesentlichen folgende Schritte erforderlich:

Abb. 7.19 Zulässiger Entwurfsraum zum Aufbau des Aluminium-Halters

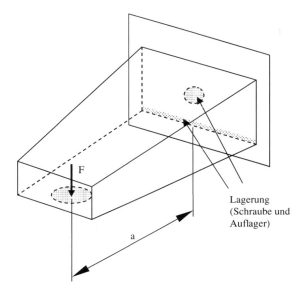

Lagerung
(Schraube und
Auflager)

1. Extrudieren von Skizze 0 zu einem 3D-Körper,
2. Ausschneiden der Bohrung für die Krafteinleitungshülse,
3. Beschneiden des vorderen Bereichs (konischer Auslauf und Radius),
4. Extrudieren der Skizzen 1 und 2 zu 3D-Körpern und Schneiden der entstandenen Körpern an der Innenkontur von Skizze 0,
5. Bilden des Innenraums durch Subtrahieren: Körper aus Skizze 0 minus Körper aus Skizze 1,

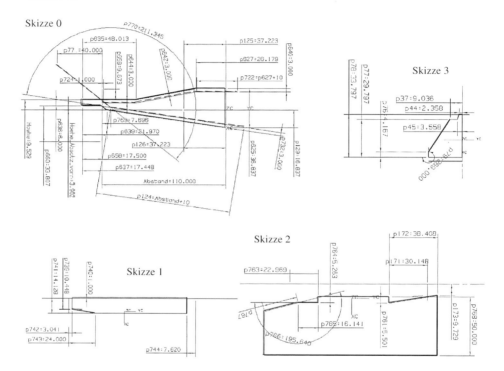

Abb. 7.20 Definition der Skizzen des Aluminiumhalters

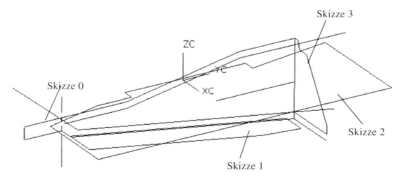

Abb. 7.21 Anordnung und Orientierung der Skizzen des Aluminium-Halters

6. Subtrahieren: Körper aus Skizze 0 minus Körper aus Skizze 2,
7. Erstellung des Bereichs der Lagerung (mehrere hier nicht näher aufgeführte Schritte).

Das Modell wurde in NX® aufgebaut, die Vorgehensweise in anderen CAD-Systemen, wie CATIA-V5®, ist aber sehr ähnlich.

In Abb. 7.22 sind einige Varianten des Halters dargestellt. Der Bereich der Variationsmöglichkeiten im Rahmen der CAD-Parameter ist durch die Komplexität immer eingeschränkt. Die Variation der CAD-Parameter kann nur in einem bestimmten Gültigkeitsbereich erfolgen. Bei bestimmten Parameterkombinationen kann keine Konstruktion generiert werden. Gute Parametrisierungen zeichnen sich durch einen großen Variationsbereich aus.

Eine typische Fehlerquelle beim Erstellen des dreidimensionalen Modells aus den extrudierten Einzelskizzen ist in Abb. 7.23 dargestellt.

Während der Variation der Form entsteht eine nicht gewünschte Kante. Die Kante hätte durch eine andere Parametrisierungsanordnung vermieden werden können. Bei der vorliegenden Parametrisierung besteht nun aber z. B. die Möglichkeit, die Kante durch das Einfügen der Gleichung P752 = P636-P668-P644 nachträglich zu eliminieren.

Für PATRAN® wird ein Skript erzeugt, welches automatisch das NASTRAN-Modell basierend auf dem aktuellen Entwurf generiert. Abbildung 7.24 illustriert die Definitionen der Lasteinleitung und Randbedingung. Um die Kraft auf den Ringen gleichmäßig einleiten zu können, werden die Löcher mit sog. *Rigid Body Elements* (RBE) vernetzt. Diese auch als *Spinnen* bezeichneten RBE-Netze werden ebenfalls automatisch erzeugt. Alle Definitionen basieren auf der CAD-Geometrie und nicht auf dem speziellen FE-Netz.

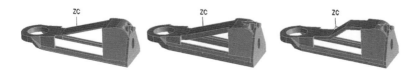

Abb. 7.22 Formvarianten des Aluminium-Halters

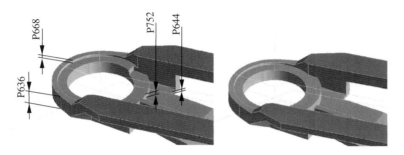

Abb. 7.23 Fehlerquellen im CAD-Modell des Halters

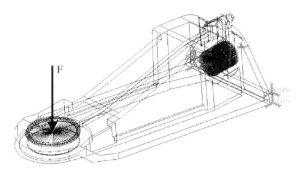

Abb. 7.24 Definition der *Rigid Body Elemente* für Lasteinleitung und Randbedingungen

In der ersten Optimierung werden die wichtigsten Wanddicken (s. Abb. 7.20) variiert. Die zugehörigen CAD-Parameter hängen wie folgt mit den Entwurfsvariablen zusammen: $p732 = x_1$, $p140 = x_3$, $p640 = x_2$, $p141 = -2x_3$, $p642 = x_2$, $p164 = -2x_3$, $p644 = x_2$, $p165 = x_3$. Ziele sind die Minimierung der Verformung der Krafteinleitungsstelle und die Minimierung der Masse. Die anderen Maße entsprechen den Parameterwerten in den Skizzen (z. B. a = „Abstand" = 110 mm). Zuerst wird eine Minimierung der Verformung bei einer Massenrestriktion von 90.3 g durchgeführt. Dabei ergeben sich folgende optimale Wanddicken: $x_1 = 2.9$ mm, $x_2 = 3.1$ mm, $x_3 = 1$ mm (untere Grenze). In Abb. 7.25a ist der PARETO-optimale Rand der Mehrzieloptimierung für die beiden Ziele „Minimierung der Verformung" und „Minimierung der Masse" dargestellt. Jeder Punkt auf dieser Linie stellt ein Optimum dar, es kann kein Zielfunktionswert verbessert werden ohne den anderen zu verschlechtern (siehe Abschn. 6.2). Das Ergebnis ist eine sehr gute Grundlage für die Auswahl des endgültigen Entwurfs.

In der zweiten Optimierung werden der obere Träger sowie die Höhe optimiert. Es werden folgende drei Entwurfsvariablen definiert: $p625 = x_4$, $p635 = x_5$, $p627 = x_6$. Bei einer Massenrestriktion von 90.3 g ergibt sich folgendes Optimum: $x_4 = 36.8$ mm, $x_5 = 40.8$ mm, $x_6 = 30.2$ mm. Der PARETO-optimale Rand der Mehrzieloptimierung ist in Abb. 7.25b dargestellt.

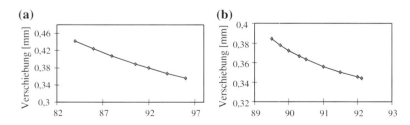

Abb. 7.25 PARETO-optimale Ränder der Mehrzieloptimierungen. **a** Dickenoptimierung, **b** Optimierung der Halterhöhe

Anwendungsbeispiel 5: Parametrisierung des CAD-Modell eines Längsträgers zur Formoptimierung

Das in Abschn. 6.3.2 vorgestellte Beispiel der Dickenoptimierung des Längsträgers einer Fahrzeugkarosserie wird hier für eine Formoptimierung aufbereitet. Es wurde ein parametrisches CAD-Modell für den Aluminium-Längsträger aufgebaut. In Abb. 7.26 sind beispielhaft zwei parametrische Skizzen dargestellt. Die linke Skizze beschreibt die globale Form des Trägers. Die einzustellende Krümmung des Trägers ergibt sich als Kompromiss aus dem Zusammenbau mit anderen Komponenten wie der Vorderachse und den mechanischen Anforderungen z. B. aus dem Frontcrash-Versuch. Mit der rechts in Abb. 7.26 dargestellten bemaßten Skizze wird eine einzelne Sicke beschrieben. Für jede weitere Sicke im Längsträger existiert ebenfalls eine eigene Skizze. Die Sicken sollen so ausgelegt werden, dass sich der Längsträger im Crashfall definiert faltet. Insgesamt wird das CAD-Modell mit etwas mehr als 600 Parametern gesteuert.

In Abb. 7.27 ist das *Finite Elemente Modell* des Aluminium-Längsträger zusammen mit einer Crash-Box dargestellt. Die grob modellierten seitlichen Begrenzungen bilden für eine Konzeptstudie das Motorlager ab.

Folgende Konstruktionsmerkmale des Längsträgers sind hierbei parametrisch durch einen Optimierungsalgorithmus veränderbar:

- Äußere Form: Die vier Berandungen des Längsträgers sind mit NURBS beschrieben, deren Kontrollpunkte und Knotenvektoren variiert werden können.
- Sicken: Die Form aller Sicken (Länge, Breite und Tiefe) und deren Position und Orientierungswinkel auf der jeweiligen Seitenwand des Trägers sind variabel.
- Alle Sicken sind über Parameter ein- und ausschaltbar („0": Sicke ist ausgeschaltet, „1": Sicke ist eingeschaltet — hierbei wird ein Optimierungsalgorithmus benötigt, der auch diskrete Werte behandeln kann).

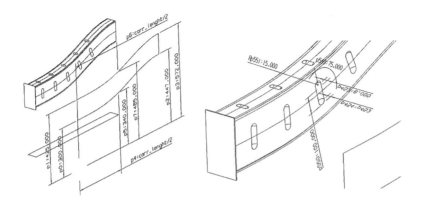

Abb. 7.26 Parametrischer Aufbau eines Längsträgers

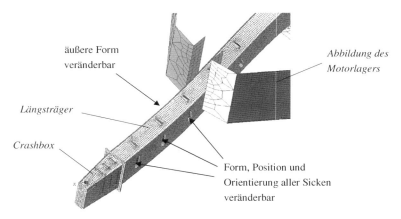

äußere Form
veränderbar

Abbildung des
Motorlagers

Längsträger

Crashbox

Form, Position und
Orientierung aller Sicken
veränderbar

Sicke nein-und ausschaltbar

Abb. 7.27 *Finite Elemente Modell* eines Längsträgers, basierend auf einem flexiblen CAD-Modell

Die Crash-Box besitzt die gleiche CAD-Beschreibung wie der Längsträger und ist lediglich durch die Anpassung der Parameter in die vorliegende Form überführt worden. Somit sind für die Crash-Box die gleichen Variationen wie für den Träger möglich.

Die CAD-Beschreibung des Längsträgers und der Crash-Box ist zum einen in einer Entwicklungsumgebung ohne das Gesamtfahrzeug einsetzbar, in dem man die Anschlußkomponenten grob modelliert. Zum anderen ist dieses Modell aber auch in das Gesamtfahrzeugmodell integrierbar. Damit ist eine realistische Topologie- und Formoptimierung in der Crash-Auslegung möglich.

7.2.4   Linienmodell-basierte Konstruktion

Für grundlegende Strukturen zu Beginn des Konstruktionsprozesses mit geringem Detailierungsgrad und Potential für große konzeptionelle Änderungen sind linienmodell-basierte Konstruktionen (s. Abb. 7.28) gegenüber den eher „feature"-basierten Konstruktionen im Vorteil, weil sie streng hierarchisch aufgebaut werden können:

1. Aufbau eines Linienmodells der Struktur,
2. Definition von Profilen auf diesen Linien unter Zuhilfenahme selbst angelegter Bibliotheken,
3. Bereitstellung von Möglichkeiten zur automatischen Modellierung der Verbindungselemente,
4. Einbau der Flächenkomponenten.

Eine Variation der Koordinaten der Kontrollpunkte des Linienmodells liefert automatisch die Änderung aller abhängigen Konstruktionen. Die Erstellung des korrespondierenden

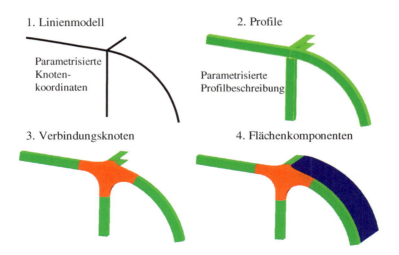

Abb. 7.28 Prinzipielle Vorgehensweise einer linienmodell-basierten Konstruktion

FE-Modells erfolgt automatisch, sodass die Änderungen der Form direkt zur Änderung des FE-Modells führt (Abb. 7.29). Der Einbau in eine Optimierungsschleife ist somit leicht möglich. Sollte dieses linienmodellbasierte Werkzeug nicht im CAD-System integriert sein, muss großer Aufwand bei der Rückführung eventuell neu gefundener Lösungen getrieben werden. Erwähnt sei hier das speziell vor dem Hintergrund der CAE-Anforderungen erstellte Softwareprogramm SFE CONCEPT® (Zimmer et al. 2000), das Bibliotheken für unterschiedliche Querschnittformen und Verbindungselemente zur Verfügung stellt. Eventuell muss jedoch komplett neu konstruiert werden, da oft nur parameterlose Standard-Schnittstellen zu Einsatz kommen.

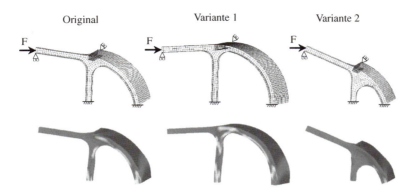

Abb. 7.29 Varianten des FE-Modells einer linienmodell-basierten Konstruktion

7.2.5   Automatische Erstellung eines Geometriemodells aus einem FE-Modell

Der Austausch der Berechnungmodelle erfolgt in der Industrie oft noch über die *Finite Elemente* Eingabefiles (*Finite Elemente* und *Knoten*). In diesen Files sind keine Geometrie-Informationen in Form von Splines oder anderen Beschreibungsformen vorhanden, und es liegen keine Gruppierungen zusammenhängender Elemente vor. Eine Interpretation des Modells ist nur mit einem Pre- und Postprozessor möglich, in dem dann auch keine Geometrie-Informationen vorliegen. Die Erzeugung der Geometrie aus dem *Finite Elemente Modell* ist sehr aufwendig. Hilfreich sind kleine Programme zur automatischen Erstellung eines Geometriemodells aus einem FE-Eingabefile. Das funktioniert folgendermaßen: Es werden die Eigenschaftsdefinitionen des FE-Eingabefiles nach Nummern sortiert und an jedem FE-Knoten ein Geometriepunkt generiert. Danach werden die *Finiten Elemente* den Eigenschaftsdefinitionen zugeordnet und gruppiert, sodass räumlich zusammenhängende Flächen entstehen. Diese sind gut interpretierbar, und die Beschreibungsgrößen der Flächen (z. B. Kontrollpunkte von NURBS) können als Entwurfsvariablen für den Optimierungsprozess definiert werden. Die Definition der Entwurfsvariablen erfolgt durch den/die Benutzer/-in.

7.3   Methoden ohne Zugriff auf die CAD-Daten

Die Strukturoptimierung ist in vielen Unternehmen traditionell in den Berechnungsabteilungen (CAE) angesiedelt. Dort existieren seit vielen Jahren Programme zur Formoptimierung, die ohne Einbindung der CAD-Systeme arbeiten. Dies hat vor allem zwei Gründe:

1. Die Möglichkeit zum Aufbau von parametrischen CAD-Modellen hat sich erst in der letzten Zeit entwickelt (z. B. bei CATIA erst ab Version 5).
2. In den Berechnungsabteilungen ist man mit den CAD-Programmen weniger vertraut, weil hier bisher im Wesentlichen die Eigenschaften der bereits komplett ausmodellierten Bauteile berechnet wurde. Wenn aus der Simulationsrechnung bessere Konstruktionsvorschläge kamen, so wurden sie in den CAD-Systemen neu modelliert.

Die Programme ohne Zugriff auf die CAD-Daten passen zwar nicht in das Ziel einer durchgängigen Datenkette im Entwicklungsprozess, sind aber so interessant, dass sie hier ebenfalls vorgestellt werden. Es geht also um die Manipulation eines bereits existierenden *Finite Elemente Modells*.

Wie bereits oben ausgeführt, dürfen wegen möglicher Verzerrungen der *Finiten Elemente* die *Knoten* nicht einzeln verschoben werden. Es müssen Ansatzfunktionen verwendet werden, welche glatte und gleichmäßige Formvarianten erzeugen. In dem

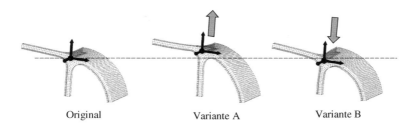

Original   Variante A   Variante B

Abb. 7.30 Geometrieänderung basierend auf einem *Finite Elemente Modell*

FE-Programm NASTRAN® ist eine Idee integriert, die dies ermöglicht: Zur Beschreibung der Form werden Funktionen verwendet, die aus sogenannten Basisvektoren zusammengesetzt sind. Diese Basisvektoren werden erzeugt, indem man die Struktur mit unterschiedlichen Lastfällen durchrechnet und die jeweilige Verformung als einen Basisvektor verwendet. Dies funktioniert sehr gut, ist aber zeitaufwendig. Außerdem sind folgende Fragestellungen nicht einfach zu beantworten:

- Welche Lastfälle für die Erstellung der Basisvektoren sind zu wählen?
- Wie kann man berücksichtigen, dass bestimmte Bereiche aus Konstruktionsgründen eben sein sollen?

Die Idee, für die Formvariation die in Abschn. 7.1 beschriebenen Ansatzfunktionen zu verwenden, liefert im Vergleich zum Basisvektoransatz flexiblere Möglichkeiten. Es existieren sog. *Morphing*-Tools, die sehr leistungsfähig sind (ANSA-Morph® und HyperMorph®). Sie sind besonders für kleine Studien innerhalb des CAE-Bereichs geeignet. Die Programme funktionieren nach dem gleichen Prinzip wie die allgemein weit verbreiteten Programme zur Verzerrung von grafischen Darstellungen, mit denen man z. B. die Nase auf einem Portrait verlängern kann (z. B. Photoshop). Die Topologie des FE-Netzes bleibt dabei natürlich erhalten. Wegen des Problems der Netzverzerrung sind lediglich moderate Änderungen möglich. Einen Ausweg bietet die adaptive Verfeinerung des FE-Netzes, dem jedoch wegen der fehlenden Geometriebeschreibung Grenzen gesetzt sind. In Abb. 7.30 ist eine Formänderung mit einer Entwurfsvariablen dargestellt (vgl. Abb. 7.29).

7.4   Steigerung der Effizienz durch Nutzung schneller Sensitivitätsanalyse

Der Berechnung der Sensitivitäten (Ableitungen der Ziel- und Restriktionsfunktionale nach den Entwurfsvariablen) kommt besondere Bedeutung zu, weil sie in der Formoptimierung die meiste Rechenzeit benötigt und damit das größte Potenzial liefert, Rechenzeit einzusparen. Aus der Vielzahl der bis heute entwickelten Methoden zur Sensitivitätsanalyse ist die *Differenzen-Methode* am einfachsten zu realisieren. Sie ist zeitlich sehr aufwendig, da für jede Entwurfsvariable eine Strukturanalyse pro Gradientenberechnung erforderlich ist. Zudem liefert sie, wegen der recht willkürlichen Wahl des *Gradientenepsilons* $\varepsilon = \Delta x_k / x_k$ (vgl. Abschn. 5.2), oft ungenaue Ergebnisse (Haftka und Malkus 1981). Die besser geeigneten analytischen und semi-analytischen Methoden erfordern den Eingriff in die Gleichungslösung der Strukturanalyse, was bei Verwendung kommerzieller Berechnungssysteme nur der Entwicklungsfirma möglich ist. Von den gängigen FE-Programmen besitzen derzeit nur NASTRAN® und OptiStruct® analytische Gradientenberechnungsmodule (vgl. Abschn. 5.3).

In diesem Abschnitt werden die Methoden der *Variationellen Sensitivitätsanalyse* vorgestellt. Sie kann vom Benutzer selbst, ohne Eingriff in den Quelltext des FE-Programms, erfolgen. Damit ist die Sensitivitätsanalyse unabhängig von der Strukturanalyse. Dabei bietet sie die gleichen Vorteile bezüglich der Genauigkeit und der kurzen Rechenzeit, welche die analytischen Verfahren gegenüber der *Differenzen-Methode* haben. Ob sich der Programmieraufwand zur Implementierung der *Variationellen Sensitivitätsanalyse* rechnet, ist im Einzelfall abzuschätzen. Bei einer hohen Anzahl von Entwurfsvariablen lohnt sich die Implementierung eher als bei wenigen Entwurfsvariablen.

7.4.1 Mathematische Formulierung der Gebietsvariation

Bei den bisher vorgestellten Anwendungen war die Formoptimierung ohne mathematische Beschreibung der *Gebietsvariation* durchführbar. Durch Veränderung der CAD-Parameter konnten alle Formvariationen erzeugt werden. Ohne die mathematische Beschreibung kann man die *Variationelle Sensitivitätsanalyse* allerdings nicht herleiten. Es werden die Lösungen der *Gebietsvariation* (Abb. 7.31) basierend auf der Theorie der *Variation bei veränderlichem Gebiet* (Courant und Hilbert 1968) betrachtet. Ausgegangen wird von einem *Gebietsfunktional*, welches sich durch eine beliebige Funktion f_Ω ausdrücken lässt (siehe Abschn. 2.4):

$$J_\Gamma = \int_\Omega f_\Omega \, d\Omega. \tag{7.6}$$

Abb. 7.31 Gebietsvariation

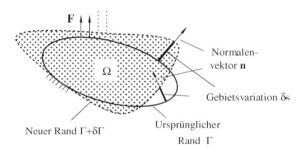

Die Variation dieses *Gebietsfunktionals* (Abb. 7.31) lässt sich mithilfe des GREENschen Satzes als Integral des Produkts einer Funktion f_Γ (aus f_Ω zu ermitteln) und der Variation des Randes δs (in Normalenrichtung betrachteter Abstand zwischen dem alten und dem neuen Rand) entlang des Rands Γ des Gebietes Ω schreiben:

$$\delta J_\Gamma = \int_\Gamma f_\Gamma \delta_s d\Gamma = 0. \tag{7.7}$$

Diese Problemformulierung entspricht der ersten Variation des Funktionals J_Γ. Die meisten numerischen Methoden zur *Gebietsvariation* beruhen auf dieser ersten Variation. Auf die zweite Variation wird oft verzichtet. Zur expliziten Aufstellung der Funktion f_Γ existieren Methoden, die auf der Formulierung des Problems mithilfe der LAGRANGE-Funktion, auf der Betrachtung der Variation mehrdimensionaler Probleme und den fundamentalen Gleichungen der Mechanik basieren.

In Anlehnung an die allgemeine Beschreibung eines Optimierungsproblems (Abschn. 3.2) kann ein Gebietsvariationsproblem wie folgt formuliert werden (Weinert 1994):

$$F^* \left[\Gamma_{var}^* \left(\xi^\alpha \right) \right] = \underset{\Gamma_{var}}{\text{Min}} \left\{ F \left[\Gamma_{var} \left(\xi^\alpha \right) \right] \mid \Gamma_{var} \left(\xi^\alpha \right) \in X \right\} \tag{7.8}$$

mit

$$X = \left\{ \Gamma_{var} \left(\xi^\alpha \right) \in \mathfrak{R}^3 \mid \mathbf{H} \left[\Gamma_{var} \left(\xi^\alpha \right) \right] = \mathbf{H}^0, \quad \mathbf{G} \left[\Gamma_{var} \left(\xi^\alpha \right) \right] \geq \mathbf{G}^0 \right\},$$

und den folgenden Bezeichnungen:

F	Zielfunktional,
$\Gamma_{var} \left(\xi^\alpha \right)$	variabler Rand der Struktur,
$\Gamma_{var}^* \left(\xi^\alpha \right)$	optimale Konfiguration des Rands der Struktur,
ξ^α	GAUSSsche Flächenparameter $\alpha = 1;2$,
$\mathbf{H}, \mathbf{G}$	Gleichheits- und Ungleichheitsoperatoren,
$\mathbf{H}^0, \mathbf{G}^0$	Grenzen der Gleichheits- und Ungleichheitsoperatoren,
X	zulässiger Entwurfsraum,
$\mathfrak{R}^3$	dreidimensionaler Topologieraum

Bei dieser Problemformulierung wird davon ausgegangen, dass die Berandung eines dreidimensionalen Gebiets durch Flächen dargestellt wird. mithilfe der beiden GAUSSschen Flächenparameter ξ^α ($\alpha = 1;2$) ist jeder Punkt der Berandung eindeutig beschrieben. Für die Darstellung eines zweidimensionalen Gebiets durch Kurven benötigt man nur einen beschreibenden Parameter ξ.

7.4.2 Einbindung der mechanischen Grundgleichungen in die LAGRANGE-Funktion

Ein durch verschiedene Lasten beanspruchter elastischer Körper (Abb. 2.10) lässt sich durch ein gemischtes Randwertproblem mit vorgegebenen Randspannungen

$$t^j_{(\Gamma_\tau)} = (\tau^{ij} n_i)_{\Gamma_\tau}$$

und vorgegebenen Randverschiebungen

$$v_{i(\Gamma_v)} = (v_i)_{\Gamma_v}$$

beschreiben (Eschenauer und Schnell 1993). Es kann folgendes Optimierungsproblem definiert werden (Banichuk et al. 1984; Banichuk 1990), wobei im Folgenden davon ausgegangen wird, dass das Ziel die Minimierung des Bauteilvolumens ist:

$$F = \int_\Omega d\Omega \to \text{Minimum.} \tag{7.9}$$

Als Restriktionen werden die folgenden Integralausdrücke definiert:

$$G_\nu = \int_\Omega g_\nu \left(\tau^{ij}, v_i\right) d\Omega - G^0_\nu \le 0, \ \nu = 1,2,\dots,N, \ \text{bzw.} \tag{7.10}$$

$$G_\nu = \int_\Omega g_\nu \left(\tau^{ij}, v_i\right) d\Omega = G^0_\nu - \mu^2_\nu,$$

wobei μ^2_ν *Schlupfvariablen* sind (vgl. Abschn. 3.5). Als Gleichheitsrestriktionen werden die Grundgleichungen der linearen Elastizitätstheorie (die Gleichgewichtsbedingungen, die Verzerrungs-Verschiebungsgleichungen sowie die Gleichungen des Werkstoffgesetzes) berücksichtigt:

$$\tau^{ij}\big|_j + f^i = 0, \tag{7.11}$$

mit f^i – spezifische Volumenkräfte,

$$\gamma_{ij} = \frac{1}{2}(v_i\big|_j + v_j\big|_i), \tag{7.12}$$

mit γ_{ij} – Verzerrungstensor,

$$\tau^{ij} = C^{ijkl}\gamma_{kl} - \beta^{ij}\Theta \tag{7.13}$$

mit C^{ijkl} – Komponenten des isothermen Elastizitätstensors

$$C^{ijkl} = \frac{E}{2(1+\nu)} \left(g^{ik}g^{jl} + g^{il}g^{jk} + \frac{2\nu}{1-2\nu}g^{ij}g^{kl}\right),$$

g^{ij} – Metrikkoeffizienten
β^{ij} – Komponenten des thermoelastischen Tensors

$$\beta^{ij} = \beta g^{ij} = \frac{E\alpha_T}{1 - 2\nu} g^{ij}$$

α_T– Wärmeausdehnungszahl,

Θ – Temperaturdifferenz zum Bezugspunkt $\Theta = T - T_0$.

Mit Gl. (3.7) bis Gl. (3.11) kann das LAGRANGE-Funktional zur Lösung konvexer Optimierungsprobleme formuliert werden:

$$J = \int_\Omega f_L\left(\tau^{ij}, v_i\right) d\Omega + \sum_{\nu=1}^N \lambda_\nu \left(G_\nu^0 - \mu_\nu^2\right), \tag{7.14}$$

wobei

$$f_L = 1 + \sum_{\nu=1}^N \lambda_\nu g_\nu \left(\tau^{ij}, v_i\right) + \psi_i \left[\tau^{ji}\big|_j + f^i\right] + \chi_{ij} \left[\tau^{ij} - C^{ijkl}\gamma_{kl} + \beta^{ij}\Theta\right]$$

ist. Hierbei treten die adjungierten Funktionen ψ_i und χ_{ij} als spezielle LAGRANGE-Multiplikatoren des mechanischen Problems auf, während die LAGRANGE-Multiplikatoren λ_ν zur Berücksichtigung der Restriktionen des Optimierungsproblems herangezogen werden. Die adjungierten Funktionen ψ_i und χ_{ij} können als „Pseudo"-Anfangsverschiebungen und „Pseudo"- Anfangsspannungen eines zugehörigen Körpers interpretiert werden (Dems 1991). Sind in diesem Körper (auch als adjungierter Körper bezeichnet) die Spannungen gleich Null, so existieren bereits Anfangsverschiebungen. Sind die Verschiebungen gleich Null, so existieren bereits Anfangsspannungen. Die Berechnung der adjungierten Funktionen, also die Bestimmung der geeigneten „Pseudo" – Anfangszustände, hängt von den zu berücksichtigenden Restriktionen G_ν ab und kann mitunter sehr großen analytischen Aufwand erfordern. Für sog. „selbstadjungierte" Probleme ist die explizite Berechnung des zugehörigen Körpers nicht erforderlich, da sich die adjungierten Funktionen direkt aus dem Zustand des Originalkörpers ermitteln lassen.

7.4.3 Explizite Ausführung der Gebietsvariation

Als Ausdruck für das allgemeine Optimierungsproblem wird die LAGRANGE-Funktion (Gl. 3.16) herangezogen. Der Integrand f_L hängt somit von folgendem Vektor ab (Rechnung ohne Berücksichtigung der Volumenkräfte):

$$\mathbf{u} = \left(v_1, v_2, v_3, \tau^{11}, \tau^{12}, \ldots, \tau^{33}, \psi_1, \psi_2, \psi_3, \chi_{11}, \chi_{12}, \ldots, \chi_{33}, \lambda_1, \ldots, \lambda_N\right).$$

Der Vektor $\mathbf{u}$ setzt sich aus 18 Komponenten zur Berücksichtigung der mechanischen Grundgleichungen und N LAGRANGE-Multiplikatoren zusammen. Nach (Courant und

Hilbert 1968) enthält die erste Variation von Gl. (7.14) bezüglich der K-ten Komponente von **u** einen aus der Variation des veränderlichen Gebiets herrührenden Zusatzausdruck. Es ergibt sich:

$$\delta J_K = \sum_{i=1}^{3}\sum_{j=1}^{3}\left\{\int_\Omega\left[\frac{\partial f_L}{\partial u_K}\frac{\partial f_L}{\partial u_K|_i}\Big|_j\right](\delta u_K)_\Gamma\,d\Omega + \int_\Omega\left(\frac{\partial f_L}{\partial u_K|_i}(\delta u_K)_\Gamma\right)\Big|_j d\Omega\right.$$

$$\left. +f_L\delta\Omega\,|_{\Omega_{VAR}} + 2\sum_{\nu=1}^{N}(\lambda_\nu,\mu_\nu)\delta\mu_\nu\right\} = 0, \tag{7.15}$$

wobei die Variation $(\delta u_K)_\Gamma$ auf dem nicht-verschobenen Rand Γ mit der Variation δu_K auf dem verschobenen Rand über die Beziehung

$$\delta u_K = (\delta u_K)_\Gamma + u_K|_i\,\delta\xi^i \tag{7.16}$$

zusammenhängt. Für die Variation der einzelnen Zustandsgrößen gilt somit:

$$\left(\delta\tau^{ij}\right)_\Gamma = \delta\tau^{ij} - \tau^{ij}|_k\,\delta\xi^k, \quad (\delta v_i)_\Gamma = \delta v_i - \gamma_{ij}\delta\xi^j.$$

Für die weitere Rechnung werden die expliziten Ableitungen für die Komponenten von **u** benötigt, die sich direkt aus Gl. (7.15) berechnen lassen (Symmetriebedingung: $\gamma_{ij} = v_i|_j = v_j|_i$):

$$\frac{\partial f_L}{\partial\tau^{ij}} = \sum_{\nu=1}^{N}\lambda_\nu\frac{\partial g_\nu}{\partial\tau^{ij}} + \chi_{ij}, \quad \frac{\partial f_L}{\partial\tau^{ij}|_j} = \psi_i,$$

$$\frac{\partial f_L}{\partial v_i} = \sum_{\nu=1}^{N}\lambda_\nu\frac{\partial g_\nu}{\partial v_i}, \quad \frac{\partial f_L}{\partial\gamma_{kl}} = -\chi_{ij}C^{ijkl}. \tag{7.17}$$

Weiter gilt für f_L im ausvariierten Zustand:

$$f_L = 1 + \sum_{\nu=1}^{N}\lambda_\nu g_\nu. \tag{7.18}$$

Die beiden mittleren Terme in Gl. (7.15) können mit dem GREENschen Satz (Courant und Hilbert 1968) folgendermaßen umgeformt werden:

$$\iiint_\Omega\left(\frac{\partial f_L}{\partial u_K|_i}(\delta u_K)_\Gamma\right)\Big|_j d\Omega = \iint_\Gamma n^j\frac{\partial f_L}{\partial u_K|_i}(\delta u_K)_\Gamma\,d\Gamma,$$

$$f_L\delta\Omega\,|_{\Omega_{VAR}} = \iint_\Gamma n_i f_L\delta\xi^i d\Gamma.$$

Mit diesen Transformationen erhält man aus Gl. (7.15) mit $\delta J = \sum(\delta J_K)$:

$$\delta J = \int_{\Omega} \left[\left(\sum_{\nu=1}^{N} \lambda_\nu \frac{\partial g_\nu}{\partial \tau}^{ij} + \chi_{ij} \right) - \psi_i|_j \right] \left(\delta \tau^{ij} - \tau^{ij}|_k \, \delta \xi^k \right) d\Omega$$

$$+ \int_{\Gamma} \psi_i n_j \left(\delta \tau^{ij} - \tau^{ij}|_k \delta \xi^k \right) d\Gamma$$

$$+ \int_{\Omega} \left\{ \left(\sum_{\nu=1}^{N} \lambda_\nu \frac{\partial g_\nu}{\partial v^i} \right) - \left(-\chi_{kl} C^{ijkl} \right) |_j \right\} \left(\delta v_i - \gamma_{ij} \delta \xi^j \right) d\Omega$$

$$+ \int_{\Gamma} \left\{ \chi_{kl} C^{ijkl} \right\} n_j \left(\delta v_i - \gamma_{ij} \delta \xi^j \right) d\Gamma$$

$$+ \int_{\Gamma_{VAR}} \left(1 + \sum_{\nu=1}^{N} \lambda_\nu g_\nu \right) n_i \delta \xi^i d\Gamma + 2 \sum_{\nu=1}^{N} (\lambda_\nu \mu_\nu) \delta \mu_\nu = 0. \quad (7.19)$$

Die ersten beiden Integrale ergeben sich aus dem Einsetzen der Spannungskomponenten, die nächsten beiden Integrale ergeben sich aus den Verschiebungskomponenten. Die Variation Gl. (7.19) führt auf die notwendigen Bedingungen für das Optimum.

7.4.4 Auswertung aller notwendigen Bedingungen

Die Auswertung der EULERschen Gleichungen liefert:

$$\left[\sum_{\nu=1}^{N} \lambda_\nu \frac{\partial g_\nu}{\partial \tau^{ij}} + \chi_{ij} - \psi_i|_j \right]_{\Omega} = 0, \quad (7.20a)$$

$$\left[\sum_{\nu=1}^{N} \lambda_\nu \frac{\partial g_\nu}{\partial v_i} + \chi_{kl}|_j C^{ijkl} \right]_{\Omega} = 0. \quad (7.20b)$$

Die Randbedingungen der adjungierten Funktionen können wie folgt ermittelt werden:

$$\left[\psi_i n_j \right]_{\Gamma_v} = 0, \quad (7.21a)$$

$$\left[\chi_{kl} C^{ijkl} \right]_{\Gamma_\tau} = 0. \quad (7.21b)$$

Als weitere notwendige Bedingung für das Optimum muss die LAGRANGE-Funktion am variablen Rand verschwinden:

$$\left[1 + \sum_{\nu=1}^{N} \lambda_\nu g_\nu \right]_{\Gamma_{VAR}} = 0. \quad (7.22)$$

Für das Produkt aus den Schlupfvariablen und den LAGRANGE-Multiplikatoren gilt:

$$2\lambda_\nu \mu_\nu = 0. \quad (7.23)$$

Auf dem nicht-variablen Rand des Bauteils müssen folgende Bedingungen erfüllt sein:

$$\left[\delta\xi^i\right]_{\Gamma_{\tau,\mathrm{NVAR}}} = 0, \quad \left[\delta\tau^{ij}n_j\right]_{\Gamma_{\tau,\mathrm{NVAR}}} = 0,$$

$$\left[\delta\xi^i\right]_{\Gamma_{\mathrm{V,NVAR}}} = 0, \quad [v_i]_{\Gamma_{\mathrm{V,NVAR}}} = 0. \qquad (7.24\mathrm{a\text{--}d})$$

7.4.5 Separation der Gebietsvariation

Zur Verbesserung der Übersichtlichkeit wird das Gesamtproblem in die Teilprobleme der Variation der Spannungsränder δJ_τ, der Verschiebungsränder δJ_v und der nicht-belasteten Ränder δJ_0 aufgeteilt:

$$\delta J = \delta J_v + \delta J_\tau + \delta J_0 = 0. \qquad (7.25)$$

Für die einzelnen Teilvariationen können die entsprechenden Terme aus Gl. (7.19) separiert werden. Die Integrale über das Gebiet Ω und die Variation über Γ_{var} werden für alle Teilvariationen benötigt. Für die Teilvariationen δJ_τ und δJ_0 wird der erste Randvariationsterm in Gl. (7.19) bzw. Gl. (7.25) benötigt, während für δJ_v der zweite Randvariationsterm benötigt wird. Für die Variation über die Spannungsränder δJ_τ kann man demnach schreiben:

$$\delta J_\tau = \int_{\Gamma_{\mathrm{VAR}}} \left[\psi_i n_j \left(\delta\tau^{ij} - \tau^{ij}\big|_k\,\delta\xi^k\right) + \left(1 + \sum_{\nu=1}^{N}\lambda_\nu g_\nu\right) n_k \delta\xi^k\right]\mathrm{d}\Gamma \qquad (7.26)$$

Die Variation über die nicht-belasteten Ränder δJ_0 vereinfacht sich mit der Randbedingung am unbelasteten Rand

$$t^j_{(\Gamma_0)} = \left(\tau^{ij}n_i\right)_{\Gamma_0} = 0 \qquad (7.27)$$

wegen $\psi_i \tau^{ij}\big|_j n_j + \psi_i\big|_j \tau^{ij}n_j = \left(\psi_i \tau^{ij}\right)\big|_j n_j$ und mit $\delta s = n_i \delta\xi^i$ zu:

$$\delta J_0 = \int_{\Gamma_0}\left[1 + \sum_{\nu=1}^{N}\lambda_\nu g_\nu - \left(\psi_i\tau^{ij}\right)\big|_j\right]\delta s\,\mathrm{d}\Gamma = 0. \qquad (7.28)$$

7.4.6 Variationelle Sensitivitätsanalyse

Der Variationsausdruck (Gl. 7.28) bietet die Grundlage für die *Variationelle Sensitivitätsanalyse*. Für die Nutzung dieser *Gebietvariation* zur Sensitivitätsanalyse ist es hilfreich, die einzelnen Ziel- und Restriktionsfunktionen des Optimierungsproblems zu separieren. Damit stehen die erforderlichen Sensitivitäten dem Optimierungsalgorithmus direkt zur Verfügung. Diese Problemvariation kann auf die Variation eines mit NURBS beschriebenen Randes der Struktur angewendet werden, wenn man die *Gebietsvariation* $\delta s = n_i \delta\xi^i$

durch die Variation der Entwurfsvariablen (Koordinatenvektoren der Kontrollpunkte, Knotenvektor, Wichtungsfaktoren der Kontrollpunkte) ersetzt:

$$\delta s = \frac{\partial \mathbf{r}}{\partial \mathbf{x}} \mathbf{n} \delta \mathbf{x} \qquad (7.29)$$

mit

r   Koordinaten der NURBS-Kurve,

n   Normalenvektor der NURBS-Kurve (nach außen),

x   Vektor der Entwurfsvariablen.

Für die Sensitivitäten eines Optimierungsfunktionals $G_v = \int g_v d\Omega$ bezüglich der k-ten Entwurfsvariablen ist somit zu schreiben:

$$\frac{\partial G_v}{\partial x_k} = \int\limits_{\Gamma_0} \left[g_v - (\psi_i \tau^{ij})|_j \right] \frac{\partial r^i}{\partial x_k} n_i d\Gamma. \qquad (7.30)$$

Für die Sensitivitäten des Bauteilvolumens bezüglich der k-ten Entwurfsvariablen gilt:

$$\frac{\partial \Omega}{\partial x_k} = \int\limits_{\Gamma_0} \frac{\partial r^i}{\partial x_k} n_i d\Gamma. \qquad (7.31)$$

Die Ableitung $(\partial r^i/\partial x_k)n_i$ ist rein geometrisch beschreibbar und nur abhängig von der gewählten Ansatzfunktion.

Zur Sensitivitätsanalyse wird bei der *Variationellen Methode* nur eine Strukturanalyse verwendet. Bei der *Differenzen-Methode* wird hingegen für jede Entwurfsvariable eine eigene Strukturanalyse benötigt. Bei der Optimierung mit 50 Entwurfsvariablen beträgt somit der Zeitaufwand der *Variationellen Methode* 2 % des Zeitaufwands der *Differenzen-Methode*. Zudem sind die Ergebnisse genauer (vgl. Abschn. 5.3.2).

7.4.7   Praktischer Einsatz der Variationellen Sensitivitätsanalyse

Zur Verwendung der *Finite Elemente Methode* zur Strukturanalyse und der NURBS-Ansatzfunktionen zur Randbeschreibung des Bauteils sind die oben beschriebenen Ausdrücke zu diskretisieren. Hierzu ist eine Diskretisierung wünschenswert, die im Geometriemodell definiert werden kann (Abb. 7.32).

Es sind durch Zuordnungsroutinen die Feldgrößen des *Finite Elemente Modells* auf Referenzpunkte im Geometriemodell zu übertragen. Für die Sensitivitäten beliebiger Optimierungsfunktionale bezüglich der k-ten Entwurfsvariablen gilt mit Gl. (7.30):

$$\frac{\partial G_v}{\partial x_k} = \sum_{m=1}^{L} \left\{ [g_v - (\psi_i \tau^{ij})|_j] \right\}_m \left\{ \frac{\partial r^i}{\partial x_k} n_i \right\}_m \Delta l_m t_m. \qquad (7.32)$$

Abb. 7.32 Diskretisierung
von Randkurven zur
Sensitivitätsanalyse

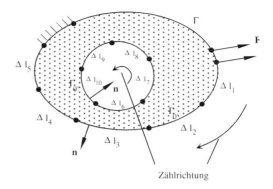

Für die Sensitivitäten des Bauteilvolumens bezüglich der k-ten Entwurfsvariablen ist
mit Gl. (7.31) zu schreiben:

$$\frac{\partial \Omega}{\partial x_k} = \sum_{m=1}^{L} \left\{ \frac{\partial r^i}{\partial x_k} n_i \right\}_m \Delta l_m t_m \qquad (7.33)$$

mit

L	Anzahl der Kurvensegmente,
r^i	Koordinaten des Kurvenverlaufs,
x_k	Entwurfsvariable,
n_i	Normaleneinheitsvektor des Kurvenverlaufs,
Δl_m	Länge des m-ten Kurvensegments,
t_m	Dicke des Bauteils.

Neben der Auswertung der Feldgrößen (Spannungen, Verschiebungen usw.) an den
Referenzpunkten der einzelnen Kurvensegmente sind folgende geometrische Größen zu
bestimmen (Abb. 7.32):

- Länge der Kurvensegmente Δl_m:
  Die Längenberechnung kann mit Unterstützung der stückweise definierten Spline-
  Kurven erfolgen.
- Normaleneinheitsvektor **n**:
  Eine Konvention ist, dass der Normaleneinheitsvektor immer nach außen („vom
  Material weg") zeigen muss. Um eine einheitliche Rechenvorschrift nutzen zu kön-
  nen, ist es deshalb erforderlich, Außenkurven immer im Uhrzeigersinn, Innenkurven
  immer entgegengesetzt laufen zu lassen.
- Ableitung der Koordinaten des Kurvenverlaufs nach den Entwurfsvariablen
  $\partial r^i / \partial x_k$:

Eine einfach zu realisierende Methode ist die *Differenzen-Methode*, die für beliebige Ansatzfunktionen anwendbar ist:

$$\frac{\partial \mathbf{r}}{\partial x_k} \approx \frac{\mathbf{r}(x_k + \Delta x_k) - \mathbf{r}(x_k)}{\Delta x_k}. \tag{7.34}$$

Diese Berechnungen sind einfach und schnell durchzuführen, die Ergebnisse sind allerdings von dem gewählten Δx_k abhängig. Für NURBS sind die Ableitungen für die unterschiedlichen Entwurfsvariablen direkt aus der Definitionsgleichung Gl. (5.2) bestimmbar. So kann für die Sensitivität der Kurve bezüglich des i-ten Kontrollpunkts geschrieben werden:

$$\frac{\partial \mathbf{R}\,(\xi, \mathbf{x})}{\partial\,(\mathbf{P}_i)} = \frac{N_{i,j}(\xi) w_i}{\sum_{l=0}^{n} N_{l,j}(\xi) w_l}. \tag{7.35}$$

7.4.8   Einsetzen bestimmter Optimierungsfunktionale

Mittlere Nachgiebigkeit
Für das in Abschn. 2.4 vorgestellte Optimierungsfunktional der mittleren Nachgiebigkeit wird die Ergänzungsenergie (um den Temperaturlastfall erweiterte Gl. 2.18) betrachtet:

$$G_1 = \int_\Omega g_1 \, d\Omega \tag{7.36}$$

mit

$$g_1 = \overline{U}^* = \frac{1}{2} D_{ijkl} \tau^{ij} \tau^{kl} + \alpha_T \tau_i^i \, (T - T_0) \,.$$

Zur weiteren Herleitung muss der gemischte Tensor τ_i^i mit $\tau_i^i = g_{ij} \tau^{ij}$ in einen kontravarianten Tensor umgewandelt werden. Die Ableitungen, die für die EULERschen Gln. (7.20) benötigt werden, lauten damit:

$$\frac{\partial g_1}{\partial v_i} = 0, \tag{7.37}$$

$$\frac{\partial g_1}{\partial \tau^{ij}} = D_{ijkl} \tau^{kl} + \alpha_T g_{ij} \, (T - T_0) \,. \tag{7.38}$$

Zur Berechnung der adjungierten Spannungsfunktion χ_{ij} wird das Differential Gl. (7.37) in Gl. (7.20) substituiert:

$$\left[\chi_{kl} \big|_j \, C^{ijkl} \right]_\Omega = 0 \tag{7.39}$$

Gleichung (7.39) ist für beliebige, konstante Werte der adjungierten Funktionen χ_{ij} erfüllt, da dann deren Ableitungen gleich Null sind. Für die weitere Rechnung wird

$$\chi_{ij} = 0 \tag{7.40}$$

gesetzt. Die adjungierten Funktionen ψ_i werden unter Verwendung von Gl. (7.38) und (7.40) mithilfe der EULERschen Gl. (7.20a) errechnet:

$$\lambda_1 \left[D_{ijkl}\, \tau^{kl} + \alpha_T g_{ij}\, (T - T_0) \right] - \psi_i|_j = 0. \qquad (7.41a)$$

Nach Einsetzen der Dehnungen bzw. der Verschiebungen ergibt sich:

$$\lambda_1 \gamma_{ij} - \psi_i|_j = \lambda_1 v_i|_j - \psi_i|_j = 0. \qquad (7.41b)$$

Durch die Integration dieses Ausdrucks erhält man für die adjungierten Funktionen:

$$\psi_i = \lambda_1 v_i + c_i \qquad (7.42)$$

mit den Integrationskonstanten c_i. Das Substituieren der adjungierten Funktionen ψ_i in Gl. (7.28) liefert für die Randvariation des unbelasteten Randes:

$$\delta J_0 = \int\limits_{\Gamma_0} \left\{ 1 + \lambda_1 \left(\frac{1}{2} D_{ijkl} \tau^{ij} \tau^{kl} + \alpha_T \tau_i^i\, (T - T_0) \right) - \left[(\lambda_1 v_i + c_i)\, \tau^{ij} \right]|_j \right\} \delta s d\Gamma = 0.$$
$$(7.43)$$

Mit $\tau^{ij}\,|_j = 0$ kann durch Umformen des Differentials

$$\left(\lambda_1 v_i \tau^{ij} \right)|_j = \lambda_1 \left(\tau^{ij} \gamma_{ij} \right) = \lambda_1 \left[D_{ijkl} \tau^{ij} \tau^{kl} + \alpha_T \tau_i^i\, (T - T_0) \right]$$

das Funktional δJ_0 vereinfacht werden zu:

$$\delta J_0 = \int\limits_{\Gamma_0} \left\{ 1 + \lambda_1 \left[\frac{1}{2} D_{ijkl} \tau^{ij} \tau^{kl} + \alpha_T \tau_i^i\, (T - T_0) \right] \right.$$
$$\left. - \lambda_1 \left[D_{ijkl} \tau^{ij} \tau^{kl} + \alpha_T \tau_i^i\, (T - T_0) \right] \right\} \delta s d\Gamma = 0. \qquad (7.44)$$

Zur weiteren Rechnung werden die Variation des Volumens und die Variation der mittleren Nachgiebigkeit separiert:

$$\delta J_0 = \int\limits_{\Gamma_0} \delta s d\Gamma - \lambda_1 \int\limits_{\Gamma_0} \left(\frac{1}{2} D_{ijkl} \tau^{ij} \tau^{kl} \right) \delta s d\Gamma.$$
$$= \delta\Omega - \lambda_1 \int\limits_{\Gamma_0} \overline{U}^*\, \delta s d\Gamma = \delta\Omega - \left(\delta J_{\Gamma_0} \right)_1 = 0. \qquad (7.45)$$

Für die mittlere Nachgiebigkeit wird nur die Variation der Ergänzungsenergie $(\delta J_{\Gamma_0})_1$ herangezogen:

$$\left(\delta J_{\Gamma_0} \right)_1 = \int\limits_{\Gamma_0} \overline{U}^{*'} \delta s d\Gamma = \int\limits_{\Gamma_0} \left(\frac{1}{2} D_{ijkl} \tau^{ij} \tau^{kl} \right) \delta s d\Gamma = 0. \qquad (7.46)$$

Die spezifische Energie $\overline{U}^{*'}$ ist die Ergänzungsenergie ohne Temperaturterme. Um sie berechnen zu können, werden die lokalen Spannungen am Rande des unbelasteten

Randes in Abhängigkeit des globalen Spannungszustandes an dieser Stelle benötigt. Die Ableitung nach der k-ten Entwurfsvariablen (Gl. 7.32) lautet:

$$\frac{\partial G_1}{\partial x_k} = \sum_{m=1}^{L} \left\{ \overline{U}^{*\,\prime} \right\}_m \left\{ \frac{\partial r^i}{\partial x_k} n_i \right\}_m \Delta l_m t_m \tag{7.47}$$

mit

$\overline{U}^{*\,\prime}$	spezifische Ergänzungsenergie ohne Temperaturterm (s. Gl. 7.46)
L	Anzahl der Kurvensegmente,
r^i	Koordinaten des Kurvenverlaufs,
x_k	Entwurfsvariable,
n_i	Normalenvektor des Kurvenverlaufs,
Δl_m	Länge des m-ten Kurvensegments,
t_m	Dicke des Bauteils

Berücksichtigung lokaler Versagenskriterien

Eine integrale Berücksichtigung lokaler Versagenskriterien kann mit dem Ausdruck aus Gl. (2.9)

$$G_2 = \left[\frac{1}{\Omega} \int_\Omega \left(\frac{\sigma_v}{\sigma_0} \right)^n d\Omega \right] = \int_\Omega g_2 d\Omega \tag{7.48}$$

erfolgen. Für $n \to \infty$ repräsentiert der Ausdruck die maximale lokale Vergleichsspannung im Bauteil. Einen sehr großen lokalen Einfluss erhält man bereits für $n = 5$ (Dems 1991).

Für die Auslegung von duktilen Werkstoffen wird oft die Gestaltsänderungsenergiehypothese nach v. MISES (vgl. Abschn. 2.4)

$$\sigma_v = \frac{1}{\sqrt{2}} \left[(\sigma_1 - \sigma_2)^2 + (\sigma_2 - \sigma_3)^2 + (\sigma_3 - \sigma_1)^2 \right]^{1/2} \tag{7.49}$$

mit den Hauptspannungen σ_1, σ_2, σ_3 verwendet. Das Restriktionsfunktional (Gl. 7.48) wird in den Variationsausdruck (Gl. 7.28) eingesetzt. Die adjungierten Funktionen ψ_i und χ_{ij} werden mithilfe der EULERschen Gl. (7.20) unter Verwendung folgender Ableitungen berechnet:

$$\frac{\partial g_2}{\partial \tau^{11}} = (2\tau^{11} - \tau^{22} - \tau^{33}) \frac{n}{2} \frac{(\sigma_v^2)^{\frac{n}{2}-1}}{\sigma_0^n}, \qquad \frac{\partial g_2}{\partial \tau^{12}} = 6\tau^{12} \frac{n}{2} \frac{(\sigma_v^2)^{\frac{n}{2}-1}}{\sigma_0^n},$$

$$\frac{\partial g_2}{\partial \tau^{22}} = (-\tau^{11} + 2\tau^{22} - \tau^{33}) \frac{n}{2} \frac{(\sigma_v^2)^{\frac{n}{2}-1}}{\sigma_0^n}, \qquad \frac{\partial g_2}{\partial \tau^{23}} = 6\tau^{23} \frac{n}{2} \frac{(\sigma_v^2)^{\frac{n}{2}-1}}{\sigma_0^n},$$

$$\frac{\partial g_2}{\partial \tau^{33}} = (-\tau^{11} - \tau^{22} + 2\tau^{33}) \frac{n}{2} \frac{(\sigma_v^2)^{\frac{n}{2}-1}}{\sigma_0^n}, \qquad \frac{\partial g_2}{\partial \tau^{13}} = 6\tau^{13} \frac{n}{2} \frac{(\sigma_v^2)^{\frac{n}{2}-1}}{\sigma_0^n},$$

$$\frac{\partial g_2}{\partial v_i} = 0.$$

Die Berechnung erfolgt analog zur Herleitung für die mittlere Nachgiebigkeit. Man erhält:

$$(\delta J_0)_2 = \int_{\Gamma_0} \left[(n-1) \left(\frac{\sigma_v}{\sigma_0} \right)^n \right] \delta s d\Gamma. \tag{7.50}$$

Diskretisiert lässt sich das schreiben:

$$\frac{\partial G_2}{\partial x_k} = \sum_{m=1}^{L} \left\{ (1-n) \left(\frac{\sigma_v}{\sigma_0} \right)^n \right\}_m \left\{ \frac{\partial r^i}{\partial x_k} n_i \right\}_m \Delta l_m t_m \tag{7.51}$$

mit

σ_v Vergleichsspannung (z. B. aus Gl. 7.49 und Gl. 2.7),

σ_0 zulässiger Spannungswert im Bauteil

Beispiel: Bestimmung der optimalen Form einer Kragscheibe

In der ersten Anwendung soll die in Abb. 7.33 dargestellte Kragscheibe aus Stahl optimiert werden. Ziel ist die Minimierung der Ergänzungsenergie in der Scheibe. Das entspricht der Minimierung der mittleren Nachgiebigkeit und bei diesem Lastfall der Minimierung der mittleren vertikalen Verschiebung an der Krafteinleitung (s. Abschn. 2.4). Während der Optimierung soll das Volumen der Scheibe gleich bleiben (1/2 des rechteckigen Raums (150 mm mal 100 mm), 5 mm dick). Das *Finite Elemente Modell* besteht aus Schalenelementen mit einer mittleren Kantenlänge von 5 mm. Belastet ist die Scheibe mit der eingezeichneten Streckenlast von p = 333 N/mm (Wirklänge 20 mm). Der variable Rand ist mit einer NURBS-Kurve approximiert. Als Entwurfsvariablen werden die drei eingezeichneten Koordinaten der zwei Kontrollpunkte herangezogen. Diese Wahl der Entwurfsvariablen erfolgt beispielhaft mithilfe der in Abb. 7.7 skizzierten Standard-Definition. Der eingesetzte QPRLT-Algorithmus (Abschn. 4.7.2) benötigt bei der Verwendung der *Differenzen-Methode* zur Sensitivitätsanalyse 7 Iterationen,

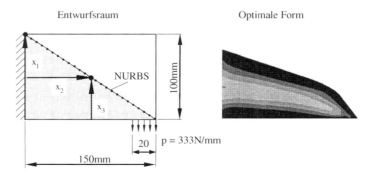

Abb. 7.33 Formoptimierung einer Kragscheibe

Tab. 7.2 Kontrollpunktkoordinaten und Ergänzungsenergie zu Beginn und Ende der Formoptimierung

Iter.-Nr.	x_1	x_2	x_3	Ergänzungsenergie	Volumen
1	100,0 mm	75,0 mm	50,0 mm	8443,7 Nmm	37.500 mm^2
7	77,9 mm	121,3 mm	37,5 mm	5993,5 Nmm	37.500 mm^2

Tab. 7.3 Sensitivitäten der mittleren Nachgiebigkeit G_1 und des Volumens Ω nach der *Differenzen-Methode* für unterschiedliche Schrittweitenepsilons ε

$$\frac{\partial G_1}{\partial x_k} \approx \frac{G_1(x_k + \Delta x_k) - G_1(x_k)}{\Delta x_k} \text{ mit } \Delta x_k = \varepsilon \cdot x_k$$

ε	$+0,1$	$-0,1$	$+0,01$	-0.01	$+0.001$	$+0.001$
$k = 1$	$-27,002$	$-38,445$	$-32,582$	$-32,356$	$-31,040$	$-25,86$
$k = 2$	$-202,666$	$-252,300$	$-223,917$	$-228,284$	$-227,960$	$-211,81$
$k = 3$	$-289,314$	$-407,248$	$-335,044$	$-343,986$	$-350,920$	$-343,0$

Tab. 7.3 (Teil 2)

$$\frac{\partial \Omega}{\partial x_k} \approx \frac{\Omega(x_k + \Delta x_k) - \Omega(x_k)}{\Delta x_k} \text{ mit } \Delta x_k = \varepsilon \cdot x_k$$

ε	$+0,1$	$-0,1$	$+0,01$	-0.01	$+0.001$	$+0.001$
$k = 1$	38,283	38,275	38,353	38,309	38,090	38,080
$k = 2$	48,959	48,961	48,921	48,887	49,000	48,120
$k = 3$	73,439	73,440	73,478	73,310	73,980	73,420

das entspricht 28 Funktionsaufrufen. Die Koordinaten der Kontrollpunkte und die Ergänzungsenergie zu Beginn und Ende der Iterationen sind in Tab. 7.2 angegeben.

Sensitivitätsanalyse

Ungenaue Sensitivitäten wirken sich negativ auf das Konvergenzverhalten der Optimierung aus. Tab. 7.3 stellt die berechneten Sensitivitäten der *Differenzen-Methode* für unterschiedliche Schrittweitenepsilons ε gegenüber. Abhängig vom Schrittweitenepsilon erhält man bei der *Differenzen-Methode* sehr unterschiedliche Ergebnisse, welche nur mit größter Vorsicht zu verwenden sind. Unterschiede im Ergebnis erhält man sowohl bei unterschiedlichen Beträgen von ε als auch bei unterschiedlichem Vorzeichen und gleichem Betrag. Die Ungenauigkeiten der *Differenzen-Methode* haben folgende Ursachen:

- Ist das Schrittweitenepsilon ε zu groß, so können in der Berechnung lokale Eigenschaften nicht mehr berücksichtigt werden. Wenn sich während der Sensitivitätsanalyse die Anordnung des *Finite Elemente Netzes* ändert, kann die Berechnung sehr große Fehler aufweisen.
- Ist das Schrittweitenepsilon ε zu klein, so entstehen numerische Schwierigkeiten mit zu kleinen Zahlenwerten.

Tab. 7.4 Berechnung der Sensitivitäten der mittleren Nachgiebigkeit G_1 und des Volumens Ω nach den Entwurfsvariablen mit der *Variationellen Methode*

$$\frac{\partial G_1}{\partial x_k} = \sum_{m=1}^{L} \left\{ \overline{U}^* {}' \right\}_m \left\{ \frac{\partial r^i}{\partial x_k} \cdot n_i \right\}_m \cdot \Delta l_m t_m$$

$k = 1$	$-32{,}959$
$k = 2$	$-227{,}894$
$k = 3$	$-340{,}418$

$$\frac{\partial \Omega}{\partial x_k} = \sum_{m=1}^{L} \left\{ \frac{\partial r^i}{\partial x_k} \cdot n_i \right\}_m \cdot \Delta l_m t_m$$

$k = 1$	$+38{,}474$
$k = 2$	$+48{,}901$
$k = 3$	$+73{,}477$

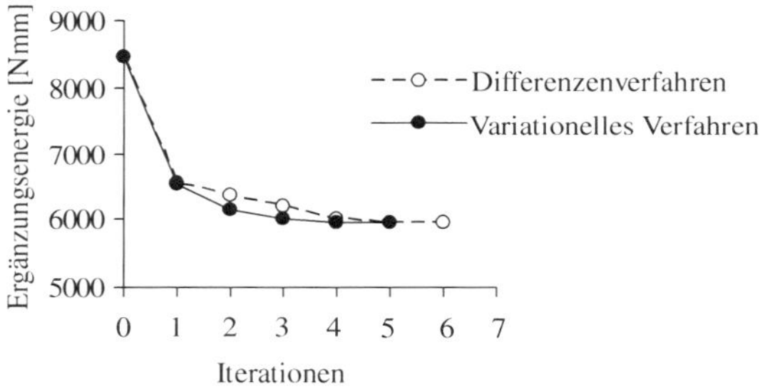

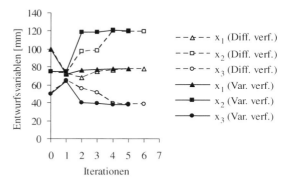

Abb. 7.34 Iterationshistorien der Zielfunktion während der Optimierung

Abb. 7.35 Iterationshistorien der Entwurfsvariablen während der Optimierung

Bei der Verwendung der *Variationellen Sensitivitätsanalyse* treten diese Probleme nicht auf (Tab. 7.4). Die Ergebnisse liegen im Mittelfeld der stark unterschiedlichen Sensitivitätswerte der *Differenzen-Methode*.

Optimierungshistorie

In den Abb. 7.34 und 7.35 sind die Iterationshistorien der Formoptimierung mit QPRLT für die *Differenzen-Methode* und die *Variationelle Sensitivitätsanalyse* dargestellt. Da der

Optimierungsalgorithmus QPRLT zulässig arbeitet, haben alle Zwischenentwürfe ein Volumen von $V_{max} = 37500$ mm^3.

Rechenzeitvergleich

Die Rechenzeit mit der *Variationellen Sensitivitätsanalyse* verkürzt sich gegenüber der *Differenzen-Methode* aus zwei Gründen:

1. Bei Verwendung der *Variationellen Sensitivitätsanalyse* wird pro Gradientenberechnung nur eine Strukturanalyse benötigt, bei der Verwendung der *Differenzen-Methode* ist eine Strukturanalyse mehr als die Anzahl der vorhandenen Entwurfsvariablen erforderlich.
2. Durch die Bereitstellung genauerer Sensitivitätswerte findet der Optimierungsalgorithmus nach weniger Iterationen zum Optimum.

In dem vorgestellten Beispiel wurden mit der *Diffenzen-Methode* 28 Funktionsaufrufe benötigt, während die *Variationelle Sensitivitätsanalyse* mit 6 Funktionsaufrufen auskam (Rechenzeitersparnis: 78 %). Bei einer größeren Anzahl der Entwurfsvariablen schneidet die *Variationelle Sensitivitätsanalyse* noch besser ab.

7.5   Verfahren für spezielle Ziel- und Restriktionsfunktionen

Die bisher vorgestellten Formoptimierungsansätze können für alle Ziel- und Restriktionsfunktionen zum Einsatz kommen. Ein universell einzusetzender Optimierungsalgorithmus bearbeitet die von dem/der Benutzer/-in definierten Probleme. Somit steht einer multidisziplinären Formoptimierung nichts im Wege. Für einige Optimierungsfunktionen existieren Spezialverfahren, die sich durch ihre Schnelligkeit auszeichnen. Deshalb sollen sie hier ebenfalls vorgestellt werden.

7.5.1   Nutzung von Optimalitätskriterien

Wie in Abschn. 4.7.2 angedeutet, ist die reine Anwendung von Optimalitätskriterien nur für spezielle Ziel- und Restriktionsfunktion möglich. Das Problem bei Optimalitätskriterien ist zudem die Notwendigkeit, dass die Gleichungen des mechanischen Problems mit den restlichen Bedingungen gekoppelt werden müssen. Somit bleibt die Anwendung auf einfache Strukturen beschränkt (Balken, Scheiben, Platten). Wenn Optimalitätskriterien einsetzbar sind, dann sind sie sehr schnell. Das *Fully-Stress-Design* (FSD) ist das bekannteste Optimalitätskriterium und kann auf Volumenkörper übertragen werden, wenn man nicht das voll beanspruchte Tragwerk fordert, sondern eine egalisierte Spannung an der Oberfläche eines Bauteils. Die im Folgenden beschriebene Wachstumsstrategie basiert auf diesem Optimalitätskriterium.

7.5.2 Biologische Wachstumsstrategie

Nicht zu verwechseln mit den universell einsetzbaren Evolutionsstrategien ist der Formoptimierungsansatz von Mattheck (Mattheck 1992). Mit dem von ihm vorgeschlagenen Optimierungsverfahren wird das biologische Wachstum von Knochen simuliert. Das spezielle Ziel des Verfahrens ist die Minimierung bzw. Egalisierung der Spannungen an der Oberfläche des Bauteils. Als Anwender/-in hat man also nicht die freie Wahl bei der Definition von Ziel- und Restriktionsfunktionen. Liegt aber genau diese Zielfunktion vor, so ist das Verfahren wegen der nicht erforderlichen Definition der Geometriebeschreibung schnell einsetzbar. Die Wachstumsregel lautet folgendermaßen:

- Materialanbau in überlasteten Bereichen,
- Materialabbau in Bereichen, die unter dem Referenzniveau liegen.

In Abb. 7.36 ist der entsprechende Algorithmus dargestellt, der alle Knoten in dem definierten Wachstumsbereich variiert. Neben der Definition des Wachstumsbereichs können noch die Referenzspannung und der Faktor s zur Schrittweitendefinition gewählt werden. Mit diesem einfachen Verfahren sind gute Ergebnisse auch im leicht nicht-linearen Bereich der Spannungs-Dehnungskurve erzielt worden (siehe TOSCA®).

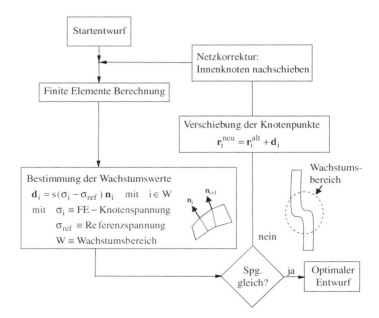

Abb. 7.36 Algorithmus zur Nachbildung des biologischen Wachstums

Abb. 7.37 Höcker-Definition für eine Topographie-Optimierung

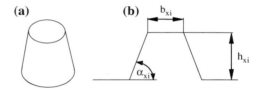

(a)   (b)

7.5.3 Topographie-Optimierung

Eine sehr leistungsfähige Anwendung der Formoptimierung ist die Topographie-Optimierung in OptiStruct®. Hierzu wird auf den zu optimierenden Oberflächen eine Vielzahl kegelstumpfförmiger Höcker aufgebracht. Mit diesem Ansatz können sowohl Oberflächen kompakter Bauteile als auch die Form von Blechen (Sickenbildung) optimiert werden. Hierzu werden die Abmaße der einzelnen Höcker variiert. Die Abb. 7.37 zeigt einen Höcker und dessen Querschnitt mit den drei zu optimierenden Geometriegrößen, der Höhe, dem Steigungswinkel und dem Durchmesser des oberen Abschlusskreises.

Es handelt sich also um Optimierungsprobleme mit sehr vielen Entwurfsvariablen. Die Ziel- und Restriktionsfunktionen müssen so gewählt werden, dass eine analytische bzw. variationelle Sensitivitätsanalyse gemäß Abschn. 7.4 möglich ist. Im einfachsten Fall sind das die mittlere Nachgiebigkeit und die Masse. In dem Programm OptiStruct® werden mithilfe weniger Vorgaben durch den/die Anwender/-in die Höcker automatisch auf die zu optimierende Oberfläche modelliert.

Die Abb. 7.38 zeigt eine mit dem Programm OptiStruct® durchgeführte Optimierung zur Verstärkung eines auf Verdrehung belasteten Plattenstreifens. Das Optimierungsergebnis in Abb. 7.38c gibt im Gegensatz zu den anderen Optimierungsbeispielen in diesem Kapitel nur eine Konstruktionsidee. Eine fertigungsfähige Konstruktion muss der/die Anwender/-in daraus nachträglich aufbauen. Zudem sei eindringlich darauf hingewiesen, dass sich wegen den verzerrten Finiten Elementen eventuell nicht zu vernachlässigende Rechenfehler ergeben.

7.6   Übungsaufgaben

Aufgabe 7.1: Bestimmung des optimalen Durchmesserverlaufs einer Welle (H)
Gegeben ist eine durch eine Einzelkraft belastete Welle kreisförmigen Querschnitts mit dem von der Koordinate x abhängigen Durchmesser d(x) (Abb. 7.39). Bestimmen Sie den gewichtoptimalen Verlauf des Wellendurchmessers für die zulässige Spannung $\sigma^{zulässig}$.

Aufgabe 7.2: Formoptimierung eines T-Trägers (FE, OPT)
Der in Abb. 7.40 skizzierte T-Träger besteht aus Stahl (E = 210.000 N/mm², Dichte ρ = 7,85 kg/dm³, Querkontraktionszahl ν = 0,3) und wird auf der Oberseite mit einer Gleichstreckenlast von p = 100 N/mm belastet. An der Unterseite ist der Träger in

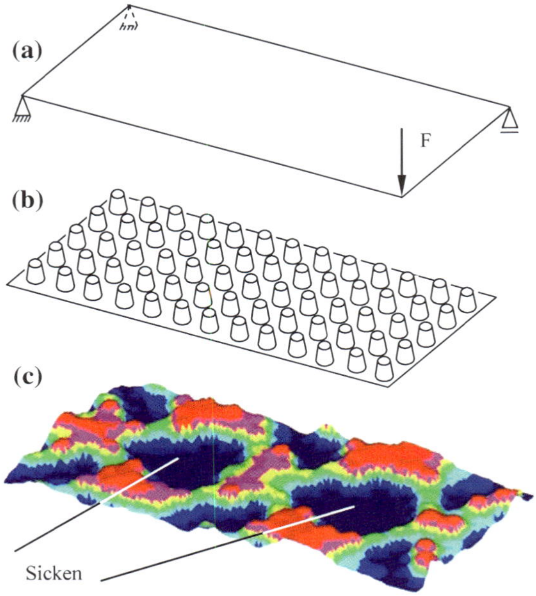

Abb. 7.38 Topographie-
Optimierung eines auf
Verdrehung belasteten
Plattenstreifens. **a** Lastfall,
b Höckeranordnung, **c**
Optimierungsergebnis
(Schumacher, Schramm und
Zhou 2012)

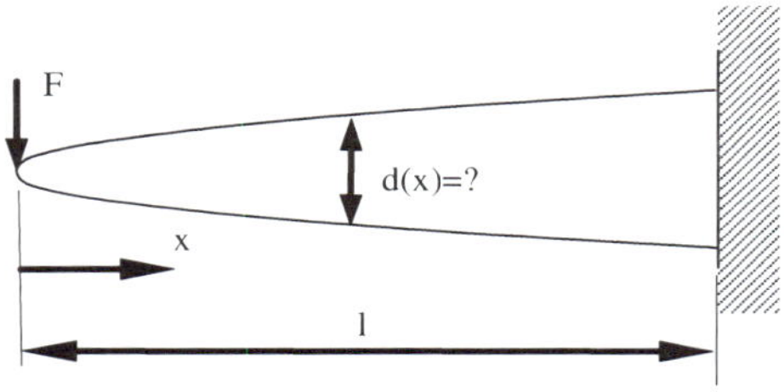

Abb. 7.39 Welle unter
Biegelast

vertikaler Richtung fixiert. Es soll mit einer Einheitsdicke $t = 1$ mm gerechnet werden
und aus Symmetriegründen ein Halbmodell verwendet werden.

Ziel ist die Minimierung der maximalen v. Mises-Vergleichspannung im Träger.
Dabei soll die Masse des Halbmodells den Wert von 0,098125 kg nicht überschreiten.

a) Erstellen Sie ein CAD-Modell nach Abb. 7.40b und ein korrespondierendes
Simulationsmodell. Beschreiben Sie den zu variierenden rechten Rand mit Geraden
und einem Verrundungsradius. Verwenden Sie für die Optimierung die vier eingezeichneten Entwurfsvariablen:

Name	Beschreibung	Startwert	Untere Grenze	Obere Grenze
x_1	Koord. in z	50	10	140
x_2	Koord. in y	50	50	100
x_3	Radius	10	10	120
x_4	Koord. in z	50	10	140

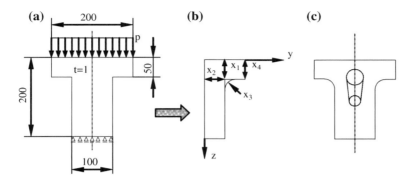

Abb. 7.40 T-Träger unter Streckenlast. **a** Definition des mechanischen Problems, **b** Geometrie-modell für den ersten Aufgabenteil, **c** Integration einer Aussparung für den letzten Aufgabenteil

b) Beschreiben Sie den rechten Rand komplett mit einem Spline (am besten einem NURBS), wählen Sie geeignete Entwurfsvariablen aus und führen Sie eine Optimierungsrechnung durch.

c) Führen Sie in einer weiteren Optimierung eine Minimierung der Masse durch. Dabei soll die maximal zulässige v. Mises-Vergleichsspannung von 550 N/mm^2 nicht über-schritten werden. Als Startentwurf soll der in Teil a) gefundene Entwurf verwendet werden, wobei in der Trägermitte eine Langlochaussparung mit zwei unterschiedli-chen Endradien gemäß Abb. 7.40c integriert werden soll. Das Optimierungsproblem hat jetzt 8 Entwurfsvariablen: die 4 Entwurfsvariablen aus Teil a) und vier neue Entwurfsvariablen durch die Aussparung (zwei Radien und zwei z-Koordinaten der Radienzentren).

Literatur

Banichuk NV (1990) Introduction to optimization of structures. Springer, New York

Banichuk NV, Bel'skii VG, Kobelev VV (1984) „Optimization in problems of elasticity with unk-nown boundaries".In: Izv. AN SSSR. Mekkanika Tverdogo Tela, Vol 19, No.3, Allerton Press, S. 46–52

Bletzinger KU (1990): Formoptimierung von Flächentragwerken. Diss., Univ. Stuttgart

Courant R, Hilbert D (1968) Methods of mathematical physics I. Interscience Publishers, Inc., New York

Cox HL (1965) The design of structures of least weight. Pergamon Press, Oxford

De Boor C (1972) On calculation with B-splines. J Approx Theory 6:50–62

Dems K (1991) First and second-order shape sensitivity analysis of structures. J Struct Optim 3:79–88

Eschenauer HA, Schnell W (1993): Elastizitätstheorie – Grundlagen, Flächentragwerke, Strukturoptimierung. 3. Aufl., Bibl. Inst. Wissenschaftsverlag, Mannheim

Farin G (1991) Splines in CAD/CAM surveys on mathematics for industry. Springer, Austria, S 39–73

Galilei G (1638) Discorsi e dimostrazioni matematiche, intorno a due nuove scienze, Leiden. In: Szabo I (Hrsg) (1997) Geschichte der mechanischen Prinzipien und ihrer wichtigsten Anwendungen, Birkhäuser, Stuttgart

Haftka RT, Malkus DS (1981) Calculation of sensitivity derivatives in thermal problems by finite differences. Int J Num Meth Eng 17:1811–1821

Harzheim K (2008) Strukturoptimierung – Grundlagen und Anwendungen. Verlag Harri Deutsch Frankfurt

Hemp W (1958) Theory of structural design. Rep. College of Aeronautics, Report Aero No. 115 Cranfield

Hoschek J, Lasser D (1989) Grundlagen der geometrischen Datenverarbeitung. B.G Teubner Stuttgart

Mattheck C (1988) Warum sie wachsen wie sie wachsen – Die Mechanik der Bäume, Kernforschungszentrum Karlsruhe, KfK 4486

Mattheck C (1992) Design in der Natur — Der Baum als Lehrmeister. Rombach, Freiburg

Pedersen P (2008) Suggested benchmarks for shape optimization for minimum stress concentration. J Struct Multi Optim 35(4):273–283

Prager W (1969) Optimality criteria derived from classical extremum principles. SM studies series, solid mechanics division, University of Waterloo, Ontario

Schumacher A, Hierold R (2000) Parameterized CAD-models for multidisciplinary optimization processes. Collection of technical papers of the 8th AIAA/USAF/NASA/ISSMO-symposium on multidisciplinary analysis and optimization, Long Beach, CA, Sept. 6–8, 2000, AIAA2000-4912, 1–11 (CD-ROM)

Schumacher A, Schramm U, Zhou M (2012) Structural optimization theory. Altair CAE-Seminar, Böblingen

Turkiyyah GM, Ghattes ON (1990) Systematic shape parameterization in design optimization. In: Saigal, Mukherjee (Hrsg) Sensitivity analysis and optimization with numerical methods, ASME

Walter U (1989) Was sind NURBS? — Eine kleine Einführung. CAD/CAM 3:96–98

Weinert M (1994) Sequentielle und parallele Strategien zur optimalen Auslegung komplexer Rotationsschalen. Diss., Uni.-GH Siegen, FOMAAS, TIM-Bericht Nr. T05-05.94

Zienkiewicz OC, Campbell JS (1973) Shape optimization and sequential linear programming. In: Gallagher RH, Zienkiewicz OC (Hrsg.) Optimum structural design. Wiley, London

Zimmer H, Schmidt H, Umlauf U (2000) Parametrisches Entwurfstool zur schnellen und flexiblen Generierung virtueller Prototypen im Fahrzeugbau. VDI-Bericht 1557:531–546

Methoden zur Topologieoptimierung

8

Die Topologie eines Bauteils, d. h. die Lage und Anordnung von Strukturelementen, kann das Strukturverhalten entscheidend beeinflussen. Eine Topologieoptimierung muss deshalb in einem sehr frühen Stadium des Entwurfsprozesses erfolgen. Die meisten heutigen Topologieoptimierungsverfahren geben Design-Vorschläge basierend auf wenigen Vorgaben wie zulässiger Entwurfsraum, Lagerung und Belastung. In der Regel werden einfache Optimierungsfunktionale, wie das Gewicht und die mittlere Nachgiebigkeit (vgl. Abschn. 2.4) berücksichtigt. Diese Design-Vorschläge müssen dann in eine Konstruktion umgesetzt werden. In diesem Kapitel werden zunächst diese Verfahren behandelt. Die direkte Berücksichtigung aller in der Formoptimierung üblichen Optimierungsfunktionale ist nur mit der parametrischen Beschreibung der Bauteilränder möglich. Dies führt zu wesentlich aufwendigeren Verfahren, welche danach beschrieben werden.

8.1   Begriff der Topologie und Einordnung der Verfahren

In der „Mengentheoretischen Topologie" (Courant und Robbins 1962; Jänisch 1980; Jäger 1980) werden diejenigen Eigenschaften geometrischer Gebiete behandelt, die selbst dann bestehen bleiben, wenn die Gebiete so großen Deformationen unterworfen sind, dass alle ihre metrischen und projektiven Eigenschaften verloren gehen. Die „topologischen Eigenschaften" sind die allgemeinsten geometrischen Eigenschaften eines Bauteils. Gebiete einer „Topologieklasse" werden als „topologisch äquivalent" (Abb. 8.1a) bezeichnet. Eine Topologieklasse wird mit dem Grad des Gebietszusammenhangs (Abb. 8.1b) beschrieben. Wenn (n−1) Schnitte von Rand zu Rand notwendig sind, um ein gegebenes, mehrfach zusammenhängendes Gebiet in ein einfach zusammenhängendes Gebiet zu verwandeln, wird das Gebiet als n-fach zusammenhängend bezeichnet (Abb. 8.1c).

Bei der Formoptimierung gemäß Kap. 7 können Nachbarschaftsbeziehungen der Teilchen, aus denen ein Gebiet zusammengesetzt ist, erhalten bleiben. Es gelten entsprechende Abbildungsgesetze, die unter dem Begriff „Homöomorphie" zusammengefasst

Abb. 8.1 Topologische
Eigenschaften von Gebieten

(**a**) Topologisch äquivalente Gebiete

(**b**) Einfach, zweifach und dreifach zusammenhängende Gebiete

(**c**) Reduzierung eines dreifach zusammenhängenden Gebiets

Abb. 8.2 Typische MICHELL-
Struktur (Michell 1904)

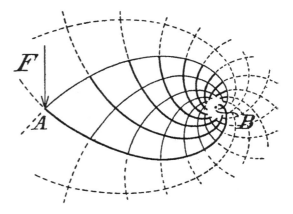

sind (Jänisch 1980). Die Topologieoptimierung, also die verbessernde Transformation in andere Topologieklassen, verändert die Nachbarschaftsbeziehungen. Aus topologischer Sicht ist es hierbei nicht wichtig, welche Position und welche Form ein Loch bzw. Hohlraum besitzt. Da diese Eigenschaften aber wesentlich für das mechanische Verhalten eines Bauteils sind, ist eine Strukturverbesserung nur durch eine Kombination von Topologie- und Formoptimierung möglich.

Begonnen hat die Topologieoptimierung mit der Betrachtung von Stabwerken. Michell hat hierzu 1904 eine Entwurfstheorie entwickelt, in der sich die Stäbe in einer mechanischen Struktur dadurch auszeichnen, dass sie sich alle unter einem Winkel von 90° schneiden. Sie bilden eine optimale Anordnung im Sinne maximaler Zug- und Druckspannungen (Michell 1904). In Abb. 8.2 ist eine typische MICHELL-Struktur abgebildet. Für allgemeine Probleme ist die Entwurfstheorie allerdings nicht anwendbar, weil sie keine herstellbaren Strukturen liefert.

Prager löst Topologieoptimierungsprobleme diskreter Rahmenstrukturen basierend auf analytischen Optimalitätsverfahren (Prager 1974). Kirsch (1990) und Rozvany (Rozvany et al. 1989) entwickeln Optimalitätskriterien für Stabwerke, die aus einer definierten Grundstruktur die optimale Struktur ermitteln. Die Grundstruktur beinhaltet hierbei alle im Optimalentwurf zulässigen Stabelemente.

Für Stabwerke werden beispielsweise Verfahren der Integer-Programmierung (Padula und Sandridge 1993), der „Branch and Bound" -Methoden (Ringertz 1986), der Evolution (Hajela et al. 1993) und der regelbasierten Optimierung (Koumousis 1993) eingesetzt. Es lassen sich auch Stabilitätsprobleme (in diesem Fall Knicken der Stäbe) in den Optimierungsprozess integrieren (Hörnlein 1994).

Die heute eingesetzten Verfahren zur Topologieoptimierung lassen sich hinsichtlich folgender Merkmale unterscheiden (Abb. 8.3):

- Definition des Topologieraums: Verfahren zur Optimierung von diskreten Strukturen (i.d.R. Stabstrukturen) verwenden als Grundstruktur einen Raum von Punkten, die durch möglichst viele Stäbe in möglichst vielen Varianten miteinander verbunden sind. Aus dieser Grundstruktur werden die optimalen Stäbe ausgewählt. Verfahren zur Optimierung von kontinuierlichen Strukturen kommen ohne eine solche Grundstruktur aus und benötigen ausschließlich eine Definition des zur Verfügung stehenden Raums, der auch kompliziertere Berandungen aufweisen kann. Dieser Raum wird dann komplett mit *Finiten Elementen* ausgefüllt.
- Art der Ziel- und Restriktionsfunktionen: Die meisten Topologieoptimierungsverfahren verwenden Nachgiebigkeit und Gewicht des Bauteils als Optimierungsfunktionen.

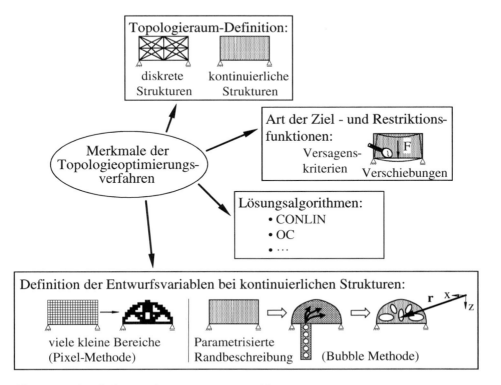

Abb. 8.3 Merkmale der Topologieoptimierungsverfahren

Einige Verfahren sind auf diese oder verwandte Funktionen (z. B. Berücksichtigung von Eigenfrequenzen) beschränkt, da sie zur Optimierung Sensitivitäten in analytischer Form benötigen, welche nicht für alle Ziel- und Restriktionsfunktionen zur Verfügung gestellt werden können (siehe Abschn. 7.4).

- Definition der Entwurfsvariablen: Mit Ausnahme der Verfahren mit parametrisierter Randbeschreibung ist die Topologieoptimierung gleichbedeutend mit dem Vorhandensein vieler Entwurfsvariablen. Der Topologieraum wird aus vielen kleiner Strukturbereichen zusammengesetzt, die jeweils durch mindestens eine Entwurfsvariable beschrieben werden. Im einfachsten Fall entspricht ein Strukturbereich einem *Finiten Element*. Die Topologie wird durch die Variation des Materialverhaltens einzelner Bereiche optimiert.
- Verwendeter Lösungsalgorithmus: Zur Lösung des Optimierungsproblems werden unterschiedliche Optimierungsalgorithmen verwendet. Als Vertreter der Verfahren der *Mathematischen Programmierung* (MP) lässt sich CONLIN (Abschn. 4.4.2) ideal einsetzen, weil dieser Algorithmus sehr effizient bei vielen Entwurfsvariablen ist. Es werden aber auch *Optimalitätskriterien* (OC) (Abschn. 4.7.2), *Evolutionsstrategien* (Abschn. 4.5.2) und regelbasierte Systeme eingesetzt.

Als ein erfolgreicher Vertreter der Verfahren, die eine Topologieoptimierung durch Variation des Materialverhaltens einzelner Bereiche durchführen, wird zunächst die *Pixel-Methode* mit entsprechenden Anwendungen vorgestellt. Im Vergleich zu ihr werden die anderen Verfahren eingeordnet und weitere Anwendungen vorgestellt. Danach werden die erweiterten Möglichkeiten der Verfahren mit parametrisierter Randbeschreibung (*Bubble Methode*)vorgestellt.

8.2   Optimierung mit der Pixel-Methode

Die Grundidee der *Pixel-Methode* ist die Aufteilung des zulässigen Entwurfsraums in viele kleine Bereiche. Für jedes einzelne Pixel soll das Materialverhalten über dessen Materialdichte optimiert werden. Im einfachsten Fall werden einzelne Pixel aus der Struktur entfernt, wenn deren Materialdichte gegen Null geht. In der Optimierung werden also die Materialdichten „0" (kein Material) und „1" (Vollmaterial) angestrebt. So entsteht ein Vorschlag für eine mögliche Topologie, die in einer realen Struktur umgesetzt werden muss.

Die *Homogenisierungsmethode* (Bendsøe und Kikuchi 1988; Bendsøe und Mota Soares 1993; Hassani und Hinton 1998a, b, c; Bendsøe und Sigmund 2003) ist eine der erfolgreichsten Umsetzungen dieses Ansatzes. Es wird von einerm porösen bzw. löchrigen Material ausgegangen, dessen Verhalten *homogenisiert* werden muss. Zur Betrachtung der Materialeigenschaften werden mikroskopisch kleine Zellen betrachtet. Diese Mikrozellen setzen sich zum einen aus massivem Material und zum anderen aus einem Bereich ohne Material (Hohlraum) zusammen, wodurch ein poröses Materialverhalten simuliert wird.

8.2.1 Homogenisierung des porösen Materialverhaltens

Zur Berechnung wird dieses poröse Material *homogenisiert*. Die Zellen können unterschiedliche Perforationsformen haben (s. Abb. 8.4). Die Materialeigenschaften sind abhängig von den Perforationsformen, also z. B. von der Größe und Orientierung von Löchern (Abb. 8.4a) oder die Eigenschaften eines Materials aus zwei unterschiedlichen orthotropen Schichten (Abb. 8.4b). Für die theoretische Betrachtung und den Einbau in eine Optimierungsprozedur genügen einfach zu beschreibende Formen. Im Zweidimensionalen haben sich quadratische Mikrozellen, die mit einem rechteckigen Loch versehen sind, sehr gut bewährt (Abb. 8.4a). Das rechteckige Loch ist in den Größen und in der Orientierung variierbar.

Es sind die Koeffizienten des Elastizitätstensors im ebenen Spannungszustand für orthotropes Material in Abhängigkeit von den beiden, auf die Abmaße der Mikrozelle bezogenen Lochabmessungen a_1, a_2 und dem Drehwinkel des Loches θ gegenüber dem globalen Koordinatensystem zu ermitteln:

$$\mathbf{C} = \begin{pmatrix} C^{1111} & C^{1122} & C^{1112} \\ C^{2211} & C^{2222} & C^{2212} \\ C^{1211} & C^{1222} & C^{1212} \end{pmatrix}. \tag{8.1}$$

Die Ermittlung der *homogenisierten* Elastizitätskoeffizienten in Abhängigkeit der Lochabmessungen a_1, a_2 und dem Drehwinkel des Loches θ kann z. B. numerisch mit der *Finite Elemente Methode* erfolgen. Die Berechnung wird zuerst für $\theta_0 = 0$ durchgeführt und danach in den vorliegenden Drehwinkel θ transformiert. Approximiert wird das Verhalten z. B. mit einem *Meta-Modell* fünften Grades. Hierfür sind mit mindestens 25 Stützstellen die Koeffizienten c_{mn} zu ermitteln:

$$C^{ijkl}(a_1, a_2) = \sum_{m=1}^{5} \sum_{n=1}^{5} c_{mn} a_1^m a_2^n. \tag{8.2}$$

Abb. 8.4 Perforationsformen von Mikrozellen zur Abbildung des porösen Materialverhaltens. **a** rechteckige Löcher in quadratischen Mikrozellen, **b** orthotropes Material aus zwei unterschiedlichen Schichten

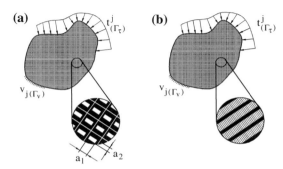

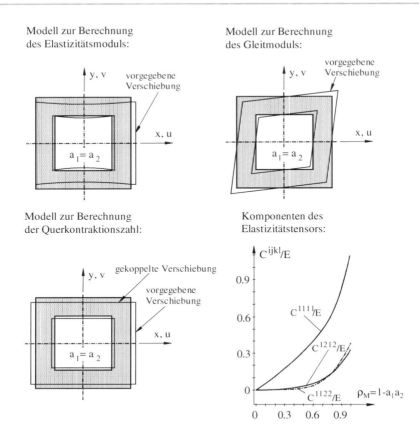

Modell zur Berechnung
des Elastizitätsmoduls:

Modell zur Berechnung
des Gleitmoduls:

Modell zur Berechnung
der Querkontraktionszahl:

Komponenten des
Elastizitätstensors:

Abb. 8.5 Steifigkeitsberechnung einer Mikrozelle in Abhängigkeit von der Kantenlänge eines quadratischen Loches für den ebenen Spannungszustand

In Abb. 8.5 sind die mechanischen Modelle für die Steifigkeitsberechnung einer Mikrozelle gezeigt. Es sind beispielhaft die Koeffizienten des Elastizitätstensors in Abhängigkeit von $\rho_M = 1-a_1 a_2$, also für die vereinfachte Betrachtung einer Lochvariation für $a_1 = a_2$, angegeben. Diese *Homogenisierungsrechnung* liefert eine nicht-lineare Abhängigkeit der Steifigkeit der *homogenisierten* Ersatzmikrozelle von ρ_M. Das Gewicht hingegen hängt linear von $\rho_M = 1-a_1 a_2$ ab. Eine Verkleinerung der Lochabmaße mit $+\triangle\rho_M$, also Erhöhung des Materialeinsatzes, bewirken bei großen ρ_M eine starke Erhöhung der Steifigkeitswerte. Vergrößerung der Lochabmaße mit $-\triangle\rho_M$, also Reduzierung des Materialeinsatzes, bewirkt bei kleinen ρ_M nur eine geringfügige Reduzierung der Steifigkeitswerte. In beiden Fällen ist aber der Betrag der korrespondierenden Gewichtsänderung gleich, sodass in den Bereichen mit großen ρ_M die Steifigkeitserhöhung weniger Gewicht kostet als in Bereichen mit kleinen ρ_M. Die Kombination aus nicht-linearer Steifigkeitsabhängigkeit und linearer Gewichtsabhängigkeit begünstigt somit das in der Topologieoptimierung gewünschte Annehmen der Werte „0" für kein Material und „1" für Vollmaterial. Die eigentlich diskrete

Optimierungsaufgabe kann mit einem kontinuierlich arbeitenden Optimierungsalgorithmus gelöst werden.

Man kann zeigen, dass die Optimierung basierend auf einfacheren Ansätzen, wie dem sog. SIMP-Ansatz $c_{\text{porös s}}^{ijkl} = c_{\text{voll}}^{ijkl}\sigma_M^3$ mit $\sigma_M \in [0; 1]$, ebenfalls gute Ergebnisse liefert. Hierbei steht SIMP für *Solid Isotropic Material with Penalization*. Der Vorteil der expliziten *Homogenisierung* liegt in der physikalischen Interpretierbarkeit.

8.2.2   Ziel- und Restriktionsfunktionen und deren Sensitivitäten

Die klassische Topologieoptimierungsaufgabe mit der *Pixel-Methode* ist die Minimierung der mittleren Nachgiebigkeit (Abschn. 2.4.1)

$$G = \int\limits_{\Gamma_\tau} v_j t^j_{(\Gamma_\tau)} d\Gamma - \int\limits_{\Gamma_\tau} v_{j(\Gamma_v)}\tau^{ij}n_i d\Gamma + \int\limits_\Omega v_i f^i d\Omega \tag{8.3}$$

unter Berücksichtigung einer Gewichtsrestriktion. Die Gewichtsrestriktion kann auch mithilfe der Restriktion des Füllungsgrads (z. B. 30 %) beschrieben werden. Der Vektor der Entwurfsvariablen besteht aus den Abmessungen aller rechteckigen Hohlräume und der Orientierung der Hohlräume in den jeweiligen einzelnen Bereichen, die i. A. durch *Finite Elemente* beschrieben werden. Dabei gilt für die Dichte in einem im ne-ten Element

$$0 \leq \frac{{}^E\rho_{ne}}{\rho_0} \leq 1 \text{ mit der Dichte der nicht-porösen Struktur } \rho_0.$$

Im Zweidimensionalen kann man Dichte mit ${}^E\rho_{ne} = \left(1 - {}^Ea_{1,ne}{}^Ea_{2,ne}\right)\rho_0$ berechnen.

Wegen der Vielzahl der Entwurfsvariablen können nur die Optimierungsfunktionale berücksichtigt werden, für die analytische Sensitivitätsanalysen möglich sind. Das sind vor allem die in Abschn. 2.4.1 beschriebenen Funktionale. Entweder erfolgt die Sensitivitätsanalyse direkt im Rahmen der Gleichungslösung des *Finite Elemente Programms* (siehe Abschn. 5.3) oder mithilfe der *Variationellen Sensitivitätsanalyse* (siehe Abschn. 7.4). Unter Einbeziehung des aus der *Homogenisierung* ermittelten Elastizitätstensors lassen sich die Sensitivitäten der mittleren Nachgiebigkeit geschlossen formulieren. Wenn keine Temperaturlasten vorhanden sind und kein variabler Rand belastet ist, kann man die Nachgiebigkeit auch durch die Formänderungsenergie (Gl. 2.16) ausdrücken:

$$G = \int\limits_\Omega \overline{U} d\Omega \text{ mit } \overline{U} = \frac{1}{2}C^{ijkl}\gamma_{ij}\gamma_{kl}. \tag{8.4}$$

Für die Formänderungsenergie des Gesamtsystems können Sensitivitätsgleichungen bezüglich der Lochgrößen ${}^Ea_1$, ${}^Ea_2$ eines einzelnen Elements bzw. einer Mikrozelle analytisch ausgedrückt werden. Sie sind durch die Auswertung der lokalen Dehnungswerte ${}^E\Theta$, des Volumens des finiten Elements ${}^E\Omega$ und der partiellen Ableitungen $\partial C^{ijkl}/\partial a_1$ und $\partial C^{ijkl}/\partial a_2$ aus der *Homogenisierungsrechnung* (Gl. 8.2) zu ermitteln und lauten:

$$\frac{\partial U}{\partial^E a_1} = -\tfrac{1}{2}{}^E\Omega^E \left[\frac{\partial C^{1111}}{\partial a_1}\gamma_{11}\gamma_{11} + \frac{\partial C^{2222}}{\partial a_1}\gamma_{22}\gamma_{22} + \frac{\partial C^{1212}}{\partial a_1}\gamma_{12}\gamma_{12} + \right.$$
$$\left. + 2\,\frac{\partial C^{1122}}{\partial a_1}\gamma_{11}\gamma_{22} + 2\frac{\partial C^{1112}}{\partial a_1}\gamma_{11}\gamma_{12} + 2\frac{\partial C^{2212}}{\partial a_1}\gamma_{12}\gamma_{22} \right] \qquad (8.5\text{a})$$

$$\frac{\partial U}{\partial^E a_2} = -\tfrac{1}{2}{}^E\Omega^E \left[\frac{\partial C^{1111}}{\partial a_2}\gamma_{11}\gamma_{11} + \frac{\partial C^{2222}}{\partial a_2}\gamma_{22}\gamma_{22} + \frac{\partial C^{1212}}{\partial a_2}\gamma_{12}\gamma_{12} + \right.$$
$$\left. + 2\,\frac{\partial C^{1122}}{\partial a_2}\gamma_{11}\gamma_{22} + 2\frac{\partial C^{1112}}{\partial a_2}\gamma_{11}\gamma_{12} + 2\frac{\partial C^{2212}}{\partial a_2}\gamma_{12}\gamma_{22} \right] \qquad (8.5\text{b})$$

Die Sensitivitäten bezüglich der Drehwinkel $^E\Theta$ der Rechtecklöcher können durch die folgende Beziehung (Pederson 1989) berechnet werden:

$$\frac{\partial U}{\partial^E\Theta} = -\tfrac{1}{2}{}^E\Omega^E \left\{ (\gamma_{\text{I}} - \gamma_{\text{II}})\sin 2\varphi \left[\left(C^{1111} - C^{2222} \right)(\gamma_{\text{I}} + \gamma_{\text{II}}) \right.\right.$$
$$\left.\left. + (\gamma_{\text{I}} - \gamma_{\text{II}})\cos 2\varphi \left(C^{1111} + C^{2222} - 2C^{1122} - 4C^{1212} \right) \right] \right\}, \qquad (8.6)$$

mit den Hauptdehnungen γ_{I}, γ_{II} und der Winkeldifferenz φ zwischen Rechteckorientierung $^E\Theta$ und der Richtung der größten Hauptdehnung.

Die entsprechenden Werte der Plattensteifigkeit einer gewölbten Schale werden analog ermittelt. In dreidimensional ausgedehnten Bauteilen wird der Ansatz auf drei Lochgrößen und zwei Drehwinkel erweitert. Ansonsten ändert sich nichts.

Eine umfassende Beschreibung der Arbeiten zur Theorie und Anwendung der *Pixel-Methode* findet sich in (Bendsøe und Sigmund 2003).

8.2.3 Definition des Entwurfsraums

Gesucht ist die optimale Materialverteilung im Bauteil. Die vielen Entwurfsvariablen beschreiben diese Materialverteilung. Prinzipiell werden drei Bereiche unterschieden:

- Entwurfsbereich, in dem die Optimierung erfolgen soll. Hier werden jedem *Finiten Element* die drei oben beschriebenen Entwurfsvariablen zugeordnet. Die unteren Grenzen der Lochgrößen sind „0" (Vollmaterial). Die oberen Grenzen der Lochgrößen $^E a_1$, $^E a_2$ sind „1" (kein Material).
- Bereich, in dem kein Material vorhanden sein darf (z. B. wegen Platzbedarfs für andere Bauteile),
- Bereich, in dem Material vorhanden sein muss.

Um erforderliche Symmetrien einzuhalten, die sich z. B. bedingt durch den Herstellprozess ergeben, ist eine Kopplung von Entwurfsvariablen sinnvoll. Dies bezeichnet man auch als *Design Variable Linking*.

Idealerweise erfolgt die Definition der Entwurfsvariablen in einem *Finite Elemente* Preprozessor. Hierzu wird das bereits rechenbare *Finite Elemente Modell* verwendet, sodass auch alle Definitionen zu Lasten und Randbedingungen übernommen werden können. Ist die Berechnung nur in Kombination mit angrenzenden Bauteilen möglich, werden diese ebenfalls in der Optimierung berücksichtigt. Liegen unterschiedliche Lastfälle vor, müssen auch in der Topologieoptimierung alle Lastfälle berücksichtigt werden. Möglicherweise ist eine Gewichtung dieser Lastfälle untereinander sinnvoll.

8.2.4   Vorgehensweise bei der Verwendung der Pixel-Methode zur Topologieoptimierung

Praktisch wird die Topologieoptimierung nach folgendem Ablauf durchgeführt:

1. Identifikation des zur Verfügung stehenden Einbauraums,
2. Erstellung eines FE-Modells,
3. Definition der Entwurfsvariablen: In der Regel wird jedes Finiten Element als Pixel behandelt und deren Dichte wird mit einer Entwurfsvariablen gesteuert. Es ist zu klären, welcher Bereich optimiert werden soll und welcher Bereich unberührt bleiben soll. Außerdem sind z. B. aus Symmetriegründen Definitionen zum *Design Variable Linking* vorzunehmen.
4. Formulierung des Optimierungsproblems: Maximale Steifigkeit, Frequenz-Restriktionen, Gewicht (z. B. wie viel Prozent des Topologieraums soll ausgefüllt sein), obere und untere Grenzen der Entwurfsvariablen,
5. Optimierungsrechnung,
6. Interpretation (wenn nicht in Ordnung: Zurück zu Punkt 3),
7. Umsetzung in ein Bauteil mithilfe des verwendeten CAD-Systems.

8.2.5   Verwendete Software

Die Programmierung eines Algorithmus zur Topologieoptimierung ist nicht aufwendig. So hat Sigmund für einen zweidimensionalen Entwurfsraum lediglich 99 Zeilen in einem MATLAB-Programm benötigt (Sigmund 2001, 2012). Zur einfachen Anwendung steht auf seiner Homepage ein grafisches Anwenderprogramm zur Verfügung. Um beliebige Bauteilgeometrien verarbeiten zu können, steht das kommerzielle Programm OptiStruct® zur Verfügung. In dem zugehörigen Pre- und Postprozessor HyperMesh® ist die Optimierungshistorie zu verfolgen. Ein sinnvoller Optimierungsalgorithmus ist die in Abschn. 4.4.2 vorgestellte duale Lösungsmethode CONLIN in Kombination mit MMA. Der Algorithmus hat eine ausgezeichnete Leistungsfähigkeit bei Vorliegen vieler Entwurfsvariablen und weniger Ziel- und Restriktionsfunktionen. Für den Standardfall der Minimierung der mittleren Nachgiebigkeit bei Volumenrestriktion ist auch ein

Algorithmus basierend auf Optimalitätskriterien zielführend. In der Regel werden knapp 50 Iterationen, also 50 Funktionsaufrufe für eine Optimierung benötigt.

8.2.6 Einfache Anwendungen der Pixel-Methode

An einfachen Beispielen werden in diesem Unterkapitel Topologieoptimierungen durchgeführt und diskutiert. Für die vorgestellten Beispiele wird das Programm von Sigmund verwendet. Wenn es nicht anders angegeben ist, handelt es sich um folgende Definitionen:

- Größe des Bauraums: Die Breite ist zweimal so groß wie die Höhe.
- Alle eingebrachten Kräfte haben den gleichen Betrag.
- Zielfunktion ist die Minimierung der mittleren Nachgiebigkeit.
- Die Gewichtsrestriktion ist so definiert, dass maximal 33 % des Bauraums mit Material gefüllt werden dürfen.
- Bauraum (in folgenden Bildern gestrichelt dargestellt) ist mit 1000 Elementen quadratischer Grundfläche ausgefüllt.

In Abb. 8.6 sind optimale Topologien für unterschiedliche Lastangriffpunkte gezeigt. Die einzelnen Lasten in den Abb. 8.6(a–c) werden in Abb. 8.6(d–f) kombiniert. In allen Fällen ist die gleiche Gewichtsrestriktion definiert, sodass die Struktur in Abb. 8.6b sehr massiv wird. Durch den nach unten begrenzten Bauraum entwickelt sich in Abb. 8.6c eine stützende Struktur am oberen Rand des Bauraums. Ideal wäre ein einfacher Zugstab. Er kann sich aber wegen der Bauraumdefinition nicht mittig zur Kraft ausbilden. Er entstehen Biegeverformungen, die abgestützt werden. Die Ergebnisse aus den Kombinationen der Lasten haben mit den einzelnen Topologieoptimierungsergebnissen zum Teil nichts mehr gemein. Die beiden orthogonalen Kräfte in Abb. 8.6f haben eine Resultierende mit 45° nach rechts unten, sodass sich ein entsprechender 45°-Stab entwickelt. Dieses Ergebnis ist für praktische Bauteile absolut inakzeptabel. Eine kleine Änderung einer der beiden Kräfte würde eine starke Biegespannung ergeben.

In Abb. 8.7 werden eine horizontale und eine vertikale Last kombiniert. In Abb. 8.7c werden die beiden Lasten zusammen in einem Lastfall behandelt. Wie in Abb. 8.6f bildet sich ein Stab (bzw. ein Ausleger) in Verlängerung der resultierenden Kraft aus.

Kombiniert man die beiden Lasten aber als unterschiedliche Lastfälle einer Topologieoptimierung, so ergibt sich eine optimale Struktur gemäß Abb. 8.7d. Wenn Lasten einzeln wirken, müssen sie auch in einzelnen Lastfällen berücksichtigt werden. In Abb. 8.8 werden nur vertikale Lasten behandelt. Die Ergebnisse der unterschiedlichen Lastkombinationen sind sehr unterschiedlich (s. Abb. 8.8a, b). Die Ergebnisse bei der separaten Behandlung der Lastfälle sind hingegen identisch (s. Abb. 8.8c, d). In Abb. 8.9 sind zwei Topologieoptimierungen gezeigt, die sich bei der Berücksichtigung von nicht

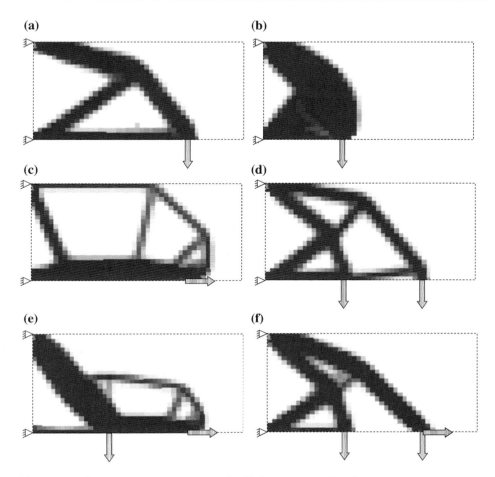

Abb. 8.6 Topologieoptimierung mit unterschiedlichen Lastangriffpunkten

auffüllbaren Bereichen (schraffierte Bereiche) ergeben, wie sie z. B. aus Montagegründen für andere Bauteile definiert werden müssen. In Abb. 8.10 werden die Randbedingungen variiert, deren richtige Definition genauso wichtig ist, wie die richtige Definition der Lasten. Im Gegensatz zu den beiden bisher verwendeten Festlagern wird nun ein Festlager in ein Loslager umgewandelt.

Es entsteht ein vertikaler Steg zur Verbindung der beiden Lager. Bei Loslagern bilden sich immer Strukturkomponenten aus, die senkrecht zum Loslager wirken. So wird die schräge Teilstruktur am oberen Lager in Abb. 8.10a zu einer horizontalen Struktur (Abb. 8.10b). In Abb. 8.11 werden Streckenlasten behandelt. Waren bisher an den Kräften und Lagerungen oft Knoten der Stabstrukturen entstanden, so sucht sich der Optimierungsalgorithmus nun die Knotenpositionen an anderen Stellen, die nicht mehr so eindeutig sind.

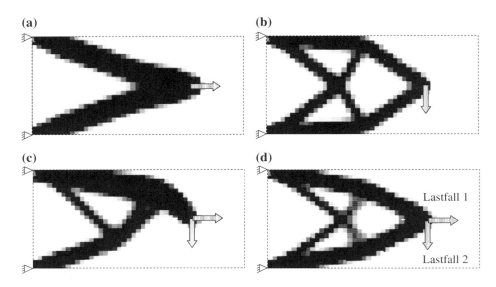

Abb. 8.7 Topologieoptimierung bei unterschiedlichen Lastfällen bestehend aus orthogonalen Lasten

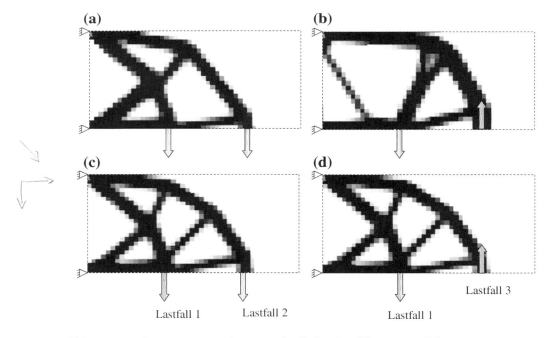

Abb. 8.8 Topologieoptimierung bei unterschiedlichen Lastfällen aus parallelen Lasten

Je nachdem, ob eher filigrane oder eher massive Strukturen entstehen sollen, ist es sinnvoll den Füllungsgrad zu verändern. In Abb. 8.12 sind statt dem bisher verwendeten

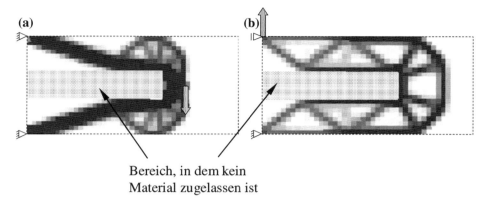

Bereich, in dem kein
Material zugelassen ist

Abb. 8.9 Topologieoptimierung bei der Berücksichtigung von nicht auffüllbaren Bereichen

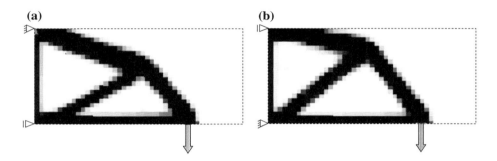

Abb. 8.10 Topologieoptimierung bei unterschiedlichen Lagerungen

Füllungsgrad von 0.33 die Füllungsgrade 0.25 (Abb. 8.12a) und 0.1 (Abb. 8.12b) definiert worden.

Mit Aufgabe 8.1 kann die Topologieoptimierung am Beispiel eines Fahrradrahmens geübt werden.

8.3 Anwendungen der Pixel-Methode

Ein großes Problem ist die Interpretation der Topologieoptimierungsergebnisse. Auch bei der Übertragung des Design-Vorschlags in eine umsetzbare CAD-Konstruktion ist man auf eigene, ingenieurmäßige Interpretation angewiesen. Wichtig ist, die erstellte Konstruktion sehr nah am Designvorschlag zu erstellen. Auch kleine Streben haben ihre Begründung. Es stehen wenige Softwaretools zur Verfügung, welche die Anwender/-innen dabei unterstützen. Beispielsweise kann der Glättungsalgorithmus in HyperMesh® unterstützend eingesetzt werden. Wird die Struktur in ein parametrisiertes CAD-Modell umgesetzt, so kann die gefundene Topologie durch eine Formoptimierung gemäß Kap. 7 weiter verbessert werden.

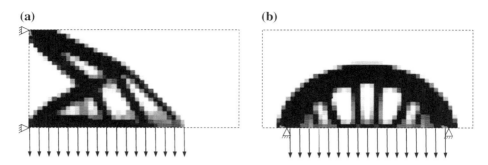

Abb. 8.11 Topologieoptimierung bei Streckenlasten

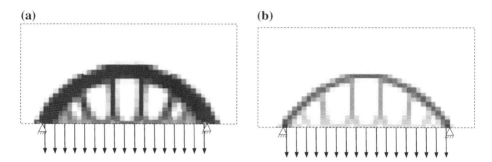

Abb. 8.12 Topologieoptimierung mit unterschiedlichen Füllungsgraden

Abb. 8.13 Startentwurf für die Topologieoptimierung des Motorschutzschildes

Stellvertretend für die Vielzahl der unterschiedlichen Anwendungsmöglichkeiten sollen zwei Anwendungen aus dem Fahrzeugbau beschrieben werden. Die erste Anwendung ist die Optimierung eines Schutzschildes (Abb. 8.13), welches den Motor vor Steinschlag schützen soll (Harzheim et al. 1999). Die Struktur besteht aus Schalenelementen und ist an den skizzierten Bohrungen fest eingespannt. Die möglichen Belastungen werden mit 25 Lastfällen berücksichtigt, indem an 25 gleichmäßig verteilten

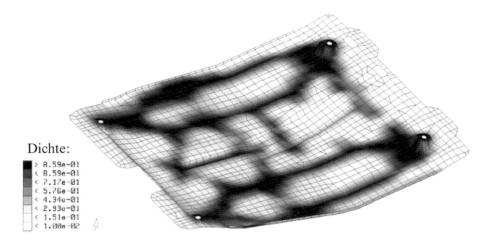

Abb. 8.14 Ergebnis der Topologieoptimierung für den Motorschutzschild

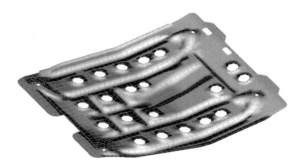

Abb. 8.15 Realisierte Konstruktion des Motorschutzschildes

Stellen des Schutzschildes Einheitslasten aufgebracht werden. Ziel der Optimierung ist die Minimierung der mittleren Nachgiebigkeit, also die Erhöhung der mittleren Steifigkeit. Die Zielfunktion ist also die Minimierung der Summe der Nachgiebigkeit aus allen Lastfällen, wobei alle Lastfälle gleich gewichtet sind. Die Optimierung soll Aussagen über die optimale Lage von Sicken und optimale Position von Löchern liefern. Es bildet sich eine optimale Struktur mit Bereichen hoher Materialdichte gemäß der schwarzen Einfärbung in Abb. 8.14 aus. Diese Bereiche erfordern eine geringe Nachgiebigkeit, die durch die Ausbildung von Sicken realisiert wird. Die Topologieoptimierung hat zunächst also keine Änderung der Topologie der Konstruktion bewirkt.

In einer weiteren, verfeinerten Topologieoptimierungsrechnung werden an den Stellen, an denen eine geringe Materialdichte erforderlich ist (Abb. 8.14), Löcher angeordnet. Die realisierte Konstruktion des Motorschutzschilds ist in Abb. 8.15 gezeigt.

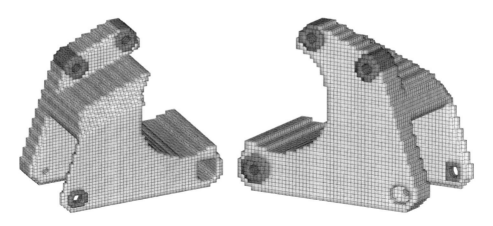

Abb. 8.16 Startentwurf für die Topologieoptimierung eines Motorhalters: Vollständig mit *Finiten Elementen* gefüllter Entwurfsraum (zwei Ansichten)

Die zweite Anwendung ist die Topologieoptimierung eines Motorhalters. Das verwendete *Finite Elemente Modell* besteht aus Volumenelementen, Abb. 8.16 zeigt den Startentwurf in zwei Ansichten. In Abb. 8.17 sind vier Ansichten des Ergebnisses der Topologieoptimierung dargestellt.

Den realisierten Motorhalter zeigt Abb. 8.18. Bezüglich des Ablaufs der Topologieoptimierung besteht zwischen der Verwendung von Schalenmodellen und der Verwendung von Volumenmodellen kein Unterschied. Der Hauptunterschied liegt in der aufwendigeren Interpretation der dreidimensionalen Ergebnisse. Zudem können die Topologieoptimierungen von Volumenbauteilen zu nicht fertigungsfähigen Konstruktionen führen. Da man bei der Umsetzung in eine reale Konstruktion nur geringe Abweichungen vom Topologieoptimierungsergebnis zulassen darf, gibt es manchmal auch kein Ergebnis. Jüngere Entwicklungen der Topologieoptimierung wirken dem entgegen und können beispielsweise die Entformungsrichtung von Gussbauteilen vorgeben. Das ist ein erster Schritt, die Fertigungsfähigkeit im Prozess der Topologieoptimierung zu berücksichtigen (Harzheim und Graf 2001).

8.4   Erweiterungen der Pixel-Methode

Neben der *Homogenisierungsmethode* existiert eine Vielzahl weiterer Verfahren, deren Anwendungsgebiete und Ergebnisse sehr ähnlich sind. Um einen Überblick über die Verfahren zu bekommen, werden sie hier beschrieben:

- Sehr einfache Ansätze verwenden keinen Optimierungsalgorithmus und eliminieren anhand einer Elementvergleichsspannung die Elemente im Bauteil, die unterhalb eines bestimmten Niveaus liegen. Dabei sind allerdings bestimmte Zusammengehö-

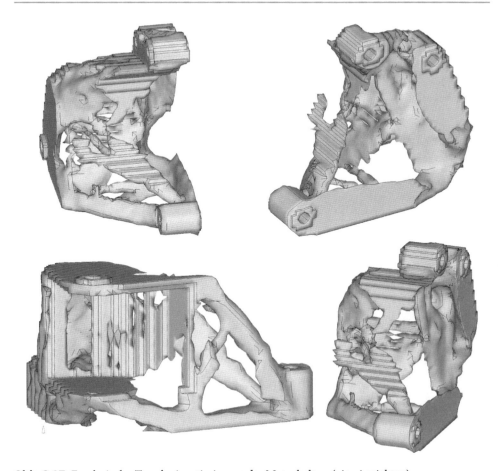

Abb. 8.17 Ergebnis der Topologieoptimierung des Motorhalters (vier Ansichten)

rigkeitsregeln zu beachten. Dieses Verfahren ist der *Homo-genisierungsmethode* unter-
legen (Rodriguez und Seireg 1985; Russel und Manoochehri 1989).
- Besser ist der Einsatz von Optimalitätskriterien zur Variation der Dicken der Elemente.
  Aber auch die Güte dieser Ergebnisse kommt an Güte der *Homogenisierungsmethode*
  nicht heran (Atrek 1989).
- Die in Kap. 7 beschriebene Nachbildung des biologischen Wachstums kann auch für
  die Topologieoptimierung angewendet werden. Die Ergebnisse sind mit denen der
  Homogenisierungsmethode vergleichbar (Mattheck 1992; Harzheim et al. 1999; Toska*
  s. A3.3).
- Die Idee, das diskrete Optimierungsproblem (Abschn. 4.6) auch mit einem diskreten Algorithmus zu lösen, führt ebenfalls zu sehr guten Ergebnissen. Hierbei wird
  das Optimierungsproblem so definiert, dass die Entwurfsvariablen die Werte „0"

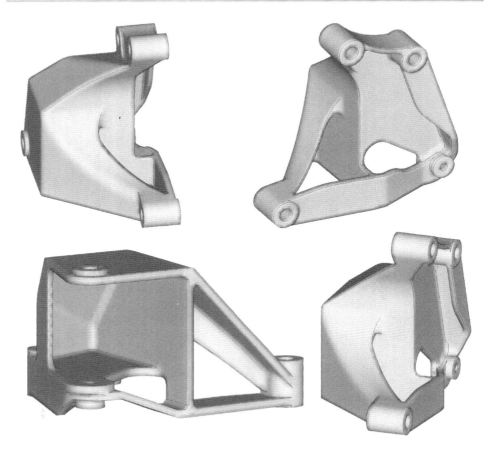

Abb. 8.18 Realisiertes CAD-Modell des Motorhalters

für kein Material und „1" für Material annehmen können. Die diskrete Version des Optimierungsalgorithmus CONLIN (Kap. 4.4.2) hat sich als sehr geeignet erwiesen (Kölsch 1992; Beckers 1999).

Die vorgestellten Verfahren der Pixel-Methode können um die Behandlung praktischer Zusatzbedingungen erweitert werden. Im Software-Programme OptiStruct® ist beispielsweise die Berücksichtigung folgender Bedingungen möglich:

• Vermeiden von Schachbrettmustern (*Checkerboard control*): In der Standard-Anwendung der Homogenisierungsmethode kann die Materialdichte von Pixel zu Pixel, also von Finite Element zu Finite Element springen. Die Ergebnisse sind auch abhängig vom Feinheitsgrad des Finite Elemente Netzes. In ungünstigen Fällen kommt es zu schachbrettartigen Mustern (*Checkerboard pattern*), die mit folgenden Möglichkeiten vermieden werden können: (1) Nutzen von Finiten Elementen mit quadratischem Ansatz statt linearem Ansatz, (2) direkter Kontrolle der Breite von sich bildenden Strukturen durch Kontrolle der Nachbarschaftsbeziehungen, (3) Kontrolle der Dichteänderung im Raum, (4) netzunabhängige Filterfunktionen (Bendsøe und Sigmund 2003)

- Definition kleinster Ausmaße von Strukturelementen (*Minimum member size control*): Sich bildende Strukturelemente können kleiner sein, als es der vorgesehene Fertigungsprozess zulassen würde. Zudem können Strukturelemente so klein schmal ausfallen, dass sie knick- und beulgefährdet sind. Die Behandlung dieser Stabilitätsprobleme sieht das Verfahren ja nicht vor. Aus diesem Gründen wird die „*Minimum member size control*" über Nachbarschaftsbeziehungen durchgeführt.
- Definition größter Ausmaße von Strukturelementen (*Maximum member size control*): Es können sich Strukturelemente bilden, die aus Fertigungsgesichtspunkten zu massiv sind. Deshalb wird die „*Maximum member size control*" über Nachbarschaftsbeziehungen durchgeführt.
- Kontrolle der Ausformrichtung (*Draw direction constraints*): Oft haben optimierte Strukturen Hohlräume, die in vielen Herstellungsprozessen aber nicht realisierbar sind.
- Erzeugen von Extrusionsprofilen (*Rail sections*)
- Gruppieren von Mustern (*Pattern grouping*): Sinnvoll bei Symmetriebedingungen
- Wiederholen von Mustern (*Pattern repetition*): Ist z. B. sinnvoll, wenn aus Kostengründen mehrere gleiche Rippen im Flügel eines Verkehrsflugzeugs verbaut werden sollen.

Nicht exakte Modellierung von mechanischen Anbindungspunkten führen zu entsprechend verfälschten Entwürfen. Wenn dies im konkreten Fall nicht zulässig ist, müssen die Anbindungspunkte z. B. mit Kontaktbedingungen modelliert werden.

Die Minimierung der mittleren Nachgiebigkeit kann lokale Kerbspannungen hervorrufen, die inakzeptabel sind. Abhilfe schafft nur die wesentlich rechenzeitintensivere Berücksichtigung der maximal zulässigen Spannung während der Topologieoptimierung.

8.5   Kombinierte Topologie- und Formoptimierung

Ein sehr nahe liegender Ansatz zur Topologieoptimierung ist, nach einer „klassischen" Formoptimierung geeignete Positionen für mögliche neue Löcher bzw. Hohlräume zu finden und diese, zusammen mit den anderen variablen Rändern, einer weiteren Formoptimierung zu unterziehen. Nach dieser Formoptimierung soll ein weiteres Loch bzw. ein weiterer Hohlraum positioniert werden, sodass ein iterativer Prozess entsteht. Gegenüber den Verfahren, die den Entwurfsraum in viele kleine Bereiche aufteilen und deshalb auf analytisch ableitbare Ziel- und Restriktionsfunktionen beschränkt sind, ist dieser Ansatz wesentlich allgemeingültiger. Der Nachteil ist der Modellierungsaufwand des CAD-Geometriemodells. Dieser Modellierungsaufwand kann in Zukunft durch den Einsatz moderner CAD-Systeme (vgl. Abschn. 2.2.2) reduziert werden.

Stellvertretend für die kombinierten Verfahren wird die von Eschenauer, Kobelev und Schumacher entwickelte *Bubble Methode* anhand von zweidimensionalen Beispielen vorgestellt (Eschenauer et al. 1994).

8.5.1 Optimierungskonzept der Bubble Methode

Das Lösungskonzept der *Bubble Methode* ist die abwechselnde Folge von Formoptimierungen und Loch- bzw. Hohlraumpositionierungen, wobei die Form aller in der jeweiligen Topologieklasse vorhandenen variablen Ränder variiert wird. Dieses Vorgehen

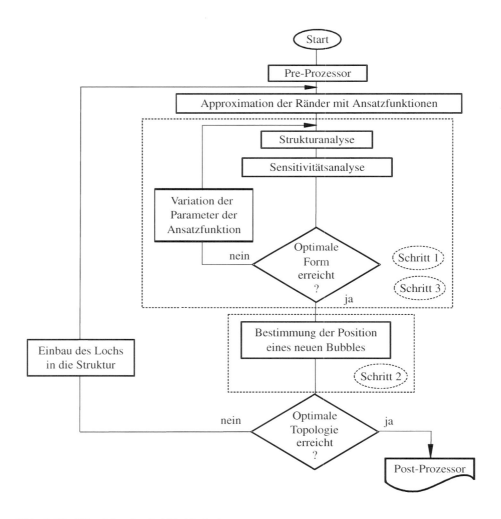

Abb. 8.19 Ablaufplan der *Bubble Methode*

gestattet die Berücksichtigung aller Optimierungsfunktionale, die auch in der reinen Formoptimierung verwendet werden. Die Optimierung gliedert sich in folgende Schritte:

1. Für einen gegebenen Entwurfsraum wird unter Berücksichtigung definierter Ziel- und Restriktionsfunktionen eine Formoptimierung durchgeführt. Zur maximalen Flexibilität wird hier am besten der auf parametrisierte CAD-Modelle basierende Ansatz (Abschn. 7.2) verwendet. In dieser Topologieklasse kann die Bauteilstruktur nicht weiter verbessert werden.
2. Durch die Einführung eines Loches bzw. Hohlraums (Änderung der Topologieklasse) wird versucht, bessere Ergebnisse zu erhalten. Hierzu werden die Koordinaten der optimalen Position des neuen Loches bzw. Hohlraums (*Bubble*) benötigt. Diese Positionierung wird mit einem sog. Positionierungskriterium durchgeführt. Für spezielle Ziel- und Restriktionsfunktionale (z. B. die mittlere Nachgiebigkeit oder das Volumen) kann die Ermittlung analytisch erfolgen (*topologische Sensitivität*). Für komplizierte Funktionale muss sie numerisch, also mit einer Durchsuchung des kompletten Bauteils, bestimmt werden.
3. Nach der Positionierung folgt eine Formoptimierung, um die optimale Form des neuen Loches bzw. Hohlraums und der anderen variablen Ränder zu finden.

Ist die Formoptimierung in Schritt 3 (entspricht dem Schritt 1 der nächsten Topologieklasse) abgeschlossen, wird mit dem Positionierungskriterium ein weiteres Loch bzw. Hohlraum positioniert und die Form optimiert. So entsteht der in Abb. 8.19 skizzierte iterative Prozess.

Man erhält eine Reihe von möglichen Topologien, von denen je nach übergeordneten Anforderungen an die Konstruktion (z. B. Fertigungsmöglichkeiten) eine geeignete Variante mithilfe eines zu entwickelnden Kriteriums ausgewählt werden kann. Als Abbruchkriterium wird eine Lochposition an einem nicht mehr zu verfeinernden variablen Rand herangezogen.

8.5.2   Analytische Ausdrücke für die optimale Lochpositionierung (indirekte Methode)

Zum Finden analytischer Formulierungen für die optimale Lochposition wird der in Abschn. 7.4 hergeleitete Ausdruck (7.26) herangezogen, der für den nicht belasteten Lochrand Γ_γ allgemein gilt:

$$\delta J_\gamma = \int_{\Gamma_\gamma} \left[1 + \sum_{\nu=1}^{N} \lambda_\nu g_\nu - \left(\psi_i \tau^{ij} \right) |_j \right] \delta s \, d\Gamma_\gamma = 0. \tag{8.7}$$

Zur weiteren Rechnung sind analog zu Abschn. 7.4 spezielle Restriktionsfunktionale in (8.7) einzusetzen. Beispielhaft wird die bei der *Homogenisierungsmethode* verwendete mittlere Nachgiebigkeit auch an dieser Stelle herangezogen:

$$G_1 = \int_\Omega g_1 \, d\Omega \quad \text{mit} \quad g_1 \equiv \overline{U}^* = \frac{1}{2} D_{ijkl} \tau^{ij} \tau^{kl} + \alpha_T \tau_i^i (T - T_0). \tag{8.8}$$

Sie wird als Optimierungsfunktional in den Variationsausdruck (8.7) eingebaut und man erhält für ein selbst-adjungiertes Problem (vgl. Kap. 7.4, Gl. 7.44), in dem das Integral durch eine sog. *Charakteristische Funktion* Φ_γ ersetzt werden kann:

$$\delta J_\gamma = \int_{\Gamma_\gamma} \left(\frac{1}{2} D_{ijkl} \tau^{ij} \tau^{kl} \right) \delta s \, d\Gamma_\gamma = 0 \quad \text{bzw.} \quad \delta J_\gamma = \Phi_\gamma \, \delta\Omega = 0. \tag{8.9}$$

Die optimale Position des einzusetzenden Loches ist an der Stelle im Bauteil, an der die *Charakteristische Funktion* den Minimalwert annimmt. Im Folgenden wird die *Charakteristische Funktion* Φ_γ für einige Anwendungen berechnet. Zur Auswertung des Variationsfunktionals δJ_γ bzw. der *Charakteristischen Funktion* in (8.9) ist die Berechnung der Spannungen am Lochrand erforderlich. Für kreisförmige Löcher in Membranbauteilen lautet die Tangentialspannung am Lochrand in Abhängigkeit der globalen Hauptspannungen σ_1 und σ_2 am Rand des Auswertegebiets (vgl. Aufgabe 2.2 und Abb. 8.20):

$$\sigma_{\varphi\varphi} = (\sigma_1 + \sigma_2) - 2(\sigma_1 - \sigma_2) \cos 2\varphi, \quad \sigma_{rr} = \tau_{r\varphi} = 0. \tag{8.10}$$

Hierbei wird davon ausgegangen, dass die Spannungserhöhungen durch das Loch im Auswertegebiet abklingen und den globalen Spannungszustand im Bauteil nicht beeinflussen (St. VENANTsches Prinzip). Es wird also davon ausgegangen, dass das Auswertegebiet und die Lochgröße viel kleiner als die Bauteilabmessung sind.

Um die *Charakteristische Funktion* zur Positionierung eines Loches zu erhalten, wird (8.10) in (8.9) eingesetzt und entlang des Lochrands $d\gamma = r_B d\varphi$ integriert:

$$\Phi_1(\sigma_1, \sigma_2) = \frac{1}{2E} \left[(\sigma_1 + \sigma_2)^2 + 2(\sigma_1 - \sigma_2)^2 \right]. \tag{8.11}$$

Durch den einfachen Aufbau der *Charakteristischen Funktion* kann das komplette Bauteil schnell zur Suche des Minimums ausgewertet werden. Es ist dazu kein weiterer Optimierungsschritt erforderlich. Im Fall der Verwendung eines *Finite Elemente Modells* werden alle im Topologieraum vorhandenen *Knoten* ausgewertet. Ergebnis der Auswertung ist der optimale Positionierungsvektor $\mathbf{r}^*(x, y)$.

Auch für Bauteile aus anisotropen Werkstoffen lassen sich *Charakteristische Funktionen* zur optimalen Lochpositionierung finden. Beispielsweise gehen bei orthotropem Material die Steifigkeitswerte E_{xx}, E_{yy}, G_{xy}, ν_{xy} in die Berechnung ein.

Da die Positionierung kreisförmiger Löcher keinen Aufschluss über die Orientierung und die optimale Form des Loches liefert, wird die Positionierung nicht-kreisförmiger Löcher durchgeführt. Beispielsweise lautet die Spannung am Rand eines ellipsenförmigen Loches, das im kartesischen Koordinatensystem durch

$$x = a \cos(\varphi) = R(1 + m) \cos(\varphi) \quad \text{und} \quad y = b \sin(\varphi) = R(1-m) \sin(\varphi)$$

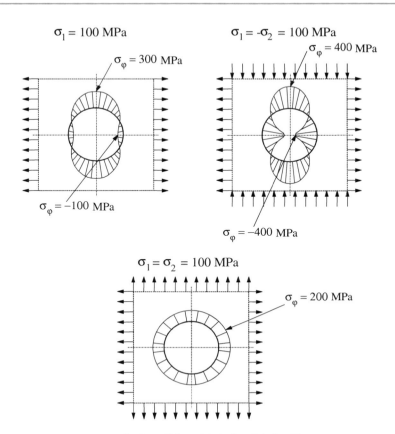

Abb. 8.20 Spannungen am Kreisloch in Abhängigkeit der globalen Hauptspannungen σ_1 und σ_2

mit den Ellipsenbeschreibungen $m = \frac{a-b}{a+b}$ und $R = \frac{a+b}{2}$ (mittleren Halbachse) beschrieben ist (Sawin 1956; Mußchelischwili 1971):

$$\sigma_{\varphi\varphi} = \frac{(\sigma_1 + \sigma_2)\left(1 - m^2\right) + 2\,(\sigma_1 - \sigma_2)\,(m\cos 2\alpha - \cos 2\,(\alpha + \varphi))}{m^2 - 2m\cos 2\varphi + 1}. \quad (8.12)$$

In Abb. 8.21a ist ein Spannungsergebnis am Ellipsenrand mit $m = 1/2$ (entspricht dem Achsverhältnis 3) für einen bestimmten Belastungsfall gezeigt. Die *Charakteristische Funktion* zur Lochpositionierung lautet (Schumacher 1996):

$$\begin{aligned}
\Phi_{1SE}\,(\sigma_1, \sigma_2, \alpha) = \Big[&(\sigma_1 + \sigma_2)^2 \left(1 - m^2\right)^2 I_a + 2\,(\sigma_1 - \sigma_2)^2\,(I_a - I_d) + \\
&+ 4\left(\sigma_1^2 - \sigma_2^2\right)\left(1 - m^2\right)^2 \cos 2\alpha\,(mI_a - I_b) \\
&+ 4\,(\sigma_1 - \sigma_2)^2 \left(1 - m^2\right)^2 \cos 2\alpha \left(m^2 I_a - 2mI_b + \tfrac{1}{2}I_d\right) \Big] \cdot \frac{1}{4\pi E} \quad (8.13)
\end{aligned}$$

mit den Koeffizienten I_a, I_b und I_d gemäß Tab. 8.1.

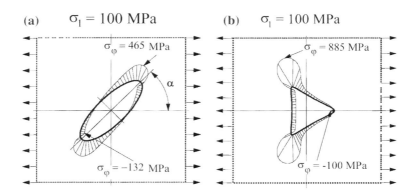

Abb. 8.21 Spannungen am Rand für $\sigma_1 = 100$ MPa eines Ellipsenloches (**a**) und eines Dreieckloches (**b**)

Fachwerkartige Strukturen lassen sich relativ einfach mit der Positionierung dreieckiger Löcher erzeugen. Um die Kerbwirkung der Ecken gering zu halten, sollen abgerundete Ecken verwendet werden (Sawin 1956; Mußchelischwili 1971). Die Gesamtspannung am Lochrand lautet (Abb. 8.21b):

$$\sigma_{\varphi\varphi} = \frac{5\,(\sigma_1 + \sigma_2) + [-18\cos{(2\,(\alpha+\varphi))} + 12\cos{(2\alpha-\varphi)}]\,(\sigma_1 - \sigma_2)}{13 - 12\cos{3\varphi}} \quad (8.14)$$

Man erhält die *Charakteristische Funktion* zur Positionierung dreieckiger Löcher

$$\Phi_{1SD}\,(\sigma_1, \sigma_2) = \frac{1}{2E}\left[c_1 \cdot (\sigma_1 + \sigma_2)^2 + c_2 \cdot (\sigma_1 - \sigma_2)^2\right] \quad (8.15)$$

mit $c_1 = 7{,}000$ und $c_2 = 14{,}472$.

Die *Charakteristische Funktion* zur Kreislochpositionierung in Plattenbauteilen lautet:

$$\Phi_{1PK}\left(\sigma_{1(o)}, \sigma_{2(o)}\right) = \frac{1}{6E}\left[\left(\sigma_{1(o)} + \sigma_{2(o)}\right)^2 + \left(\frac{2(1+\nu)}{3+\nu}\right)^2 \left(\sigma_{1(o)} - \sigma_{2(o)}\right)^2\right] \quad (8.16)$$

mit den Hauptspannungen $\sigma_{1(o)}, \sigma_{2(o)}$ an der Plattenoberseite bei reiner Plattenbelastung.

Tab. 8.1 Koeffizienten der Charakteristischen Funktion zur Positionierung von Ellipsenlöchern	m	I_a	I_b	I_d
	0,0	2π	0	0
	0.5	10,0519	5,1221	7,2944
	0,8	44,582	43,1306	40,8223

In Volumenbauteilen ist nicht mehr die Positionierung eines zweidimensionalen Loches Aufgabe, es muss ein dreidimensionaler Hohlraum (Neuber 1985) positioniert werden. Die *Charakteristische Funktion* zur Kugelpositionierung lautet:

$$\Phi_{1VK}(\sigma_1, \sigma_2, \sigma_3) = \frac{1}{2E(14 - 10\nu)} \cdot [c_a (\sigma_1^2 + \sigma_2^2 + \sigma_3^2)$$
$$+ c_b (\sigma_1\sigma_2 + \sigma_1\sigma_3 + \sigma_2\sigma_3)] \tag{8.17}$$

mit $c_a = 1920\pi (1 - \nu^2) - 160\pi c (1 - \nu^2) + 8\pi c^2 (1 - \nu)$ und
$c_b = 1440\pi (1 - 3\nu^2) + 160\pi c (2\nu^2 + \nu - 1) + 8\pi c^2 (1 - 2\nu)$, $c = 3 + 15\nu$.

8.5.3 Lochpositionierung durch numerische Suchverfahren (direkte Methode)

Die Auswertung der bisher vorgestellten *Charakteristischen Funktionen* ist einfach in den Postprozessor-Modulen der *Finite Elemente Programme* durchführbar. Oft ist aber die Suche nach analytischen Ausdrücken für die *Charakteristische Funktion* schwierig. Für beliebige Ziel- und Restriktionsfunktionen werden numerische Verfahren zur Positionierung eingesetzt. Diese haben gegenüber der bisher vorgestellten Lochpositionierung den Vorteil, dass das zu positionierende Loch Rückwirkung auf die Gesamtstruktur haben kann. Bei der Herleitung der *Charakteristischen Funktionen* ist immer davon ausgegangen worden, dass sich das Loch in einem Auswertegebiet befindet, das viel kleiner als die Bauteilabmessung ist. Bei den numerischen Positionierungsverfahren kann das Loch endliche Größen annehmen. Dadurch ist eine Rückwirkung auf den globalen Spannungszustand möglich. Die numerischen Verfahren sind allerdings mit größerem Rechenaufwand verbunden. Zur Suche nach der optimalen Position wird das kleine Loch in die Struktur eingebaut und kann jede Position annehmen. Da das Optimierungsproblem bei der Positionierung eines Loches sehr klein ist (bei ebenen Bauteilen ergibt sich die Position des Loches aus einer Kombination von zwei Koordinatenrichtungen), können einfache Suchverfahren der mathematischen Programmierung angewendet werden (Abb. 8.22). Es handelt sich also um eine Formoptimierung, wobei wegen der großen Änderung während der Optimierung nur der in Abschn. 7.2 vorgestellte parameterbasierte Ansatz funktioniert.

8.5.4 Geometrische Verarbeitung der positionierten Löcher

Um zu Beginn der Optimierung mit möglichst wenigen Entwurfsvariablen auszukommen, ist es sinnvoll, Standarddefinitionen für die Ränder der Löcher vorzugeben, die im Laufe der Optimierung sukzessiv verfeinert werden. Diese Verfeinerung ist durch die

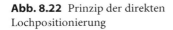

Abb. 8.22 Prinzip der direkten
Lochpositionierung

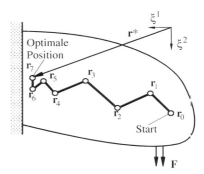

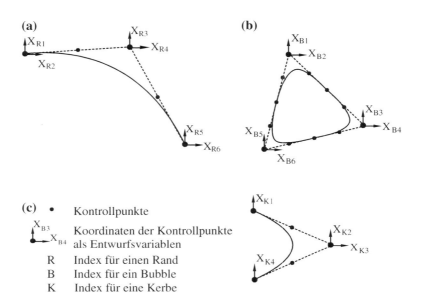

Abb. 8.23 Standarddefinierte Beschreibungen der Ränder. **a** Bauteilrand, **b** Loch bzw. *Bubble*,
c Kerbe

Verwendung der flexiblen NURBS programmtechnisch leicht möglich. Aufgrund der
Lochposition lässt sich programmtechnisch folgende Unterscheidung treffen:

- Position inmitten des Bauteils: Da viele optimierte, stabwerkartige Strukturen fast
  ausschließlich dreieckförmige Aussparungen besitzen, ist als Standarddefinition das
  in Abb. 8.23b skizzierte Dreieck zu empfehlen.
- Position am Bauteilrand: Die Lochpositionierung an einem Bauteilrand liefert die
  Information, dass die entsprechende Randbeschreibung verfeinert werden muss und eine
  Formoptimierung in der gleichen Topologieklasse wiederholt werden kann. Soll ein Loch
  bzw. ein *Bubble* an einem nicht-variablen Bauteilrand (z. B. Einspannung) positioniert

werden, so ist die Implementierung einer Kerbe sinnvoll (Abb. 8.23c). Wird bei der Berechnung die Bauteilsymmetrie genutzt und findet das Positionierungskriterium eine Position auf der Symmetrielinie, so kann ebenfalls eine Kerbe verwendet werden. Sie muss dann allerdings die C^0- und C^1-Stetigkeit an der Symmetrieebene erfüllen.

8.5.5   Form- und Topologieoptimierung einer Kragscheibe

Die in Abschn. 7.4 (Abb. 7.32) vorgestellte Kragscheibe aus Stahl (E-Modul = 210.000 MPa, $v = 0{,}3$) wird jetzt zusätzlich hinsichtlich ihrer Topologie optimiert (Abb. 8.24). Die Scheibe ist am linken Rand eingespannt und rechts unten mit einer Streckenlast von $p = 333$ N/mm auf 20 mm beaufschlagt (Topologieraum: 150 mm × 100 mm). Minimiert werden soll die mittlere Nachgiebigkeit (hier die Ergänzungsenergie), was in diesem Fall der Minimierung der mittleren vertikalen Verschiebung an der Krafteinleitung entspricht. Die Gewichtsrestriktion ist so definiert, dass der halbe Topologieraum ausgefüllt ist. Nach der ersten Formoptimierung wird automatisch eine Kerbe an der Einspannung modelliert.

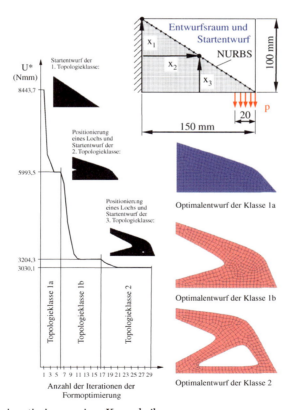

Abb. 8.24 Topologieoptimierung einer Kragscheibe

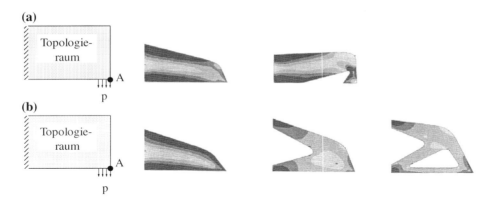

Abb. 8.25 Vergleich der Optimierungshistorie der Minimierung der horizontalen Verschiebung (a) mit der Minimierung der vertikalen Verschiebung (b)

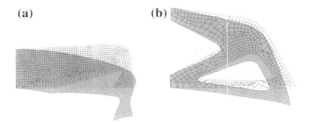

Abb. 8.26 Vergleich der Ergebnisse der Minimierung der horizontalen Verschiebung mit der Minimierung der vertikalen Verschiebung (25 fache Vergrößerung der Verschiebung)

Das zweite Loch entsteht in der Bauteilmitte. Das nächste Loch wird an einem variablen Lochrand positioniert. Im Weiteren muss die Ansatzfunktion dieses alten Loches verfeinert werden, worauf in diesem Beispiel verzichtet wird. Für die gewählten Ansatzfunktionen liegt nun eine optimale Topologie mit optimaler Form vor. Die Ergänzungsenergie konnte von 8443,7 Nmm auf 3030,1 Nmm reduziert werden. Grob betrachtet entspricht diese Optimierung auch einer Reduktion der Verschiebung des äußeren rechten Punktes. Alle in Abb. 8.24 dargestellten Optimalentwürfe weisen das gleiche Gewicht auf (halb gefüllter Bauraum).

Für die Minimierung der horizontalen Verschiebung des rechten äußeren Punktes der Einleitungsstelle der vertikalen Last genügt nicht mehr die Verwendung der mittleren Nachgiebigkeit, weil die Verschiebung und die Kraft nicht in die gleiche Richtung zeigen. Deshalb wird die Lochpositionierung in diesem Fall numerisch durchgeführt. In Abb. 8.25 ist die Minimierung der horizontalen Verschiebung u der Minimierung der vertikalen Verschiebung v des rechten äußeren Punktes A gegenüber gestellt. Bereits in der zweiten Iteration ist die horizontale Verschiebung u auf Null reduziert. Die Verformungsbilder der beiden Endergebnisse sind in Abb. 8.26 dargestellt.

Mit Aufgabe 8.2 kann die Topologieoptimierung mit der *Bubble Methode* an einem anderen Beispiel geübt werden.

8.5.6   Positionierung einer Spannungsentlastungsbohrung

Um die Möglichkeit des Strukturversagens ausgehend von Montagelöchern zu vermeiden, können Spannungsentlastungsbohrungen verwendet werden. Diese Zusatzbohrungen sind vor allem dann sinnvoll, wenn die Montagelöcher im Betrieb durch Riefen und Kerben leicht beschädigt sind. Bei hohem Spannungsniveau geht von diesen Kerben Bauteilversagen aus. Wesentlich bei der Verwendung der Spannungsentlastungsbohrungen ist die optimale Position. Diese Position wird mithilfe einer numerischen Loch-positionierung gefunden.

Für die ersten Untersuchungen wird das Viertelmodell einer Lochscheibe nach Abb. 8.27 betrachtet, die mit einer Gleichstreckenlast beaufschlagt ist. Die Minimierung der Randspannung am Montageloch soll mit einem Loch erfolgen, welches achtmal kleiner ist. Gesucht ist der Positionierungsvektor **r** nach Abb. 8.28.

Die optimale Position der Entlastungsbohrung ist in Abb. 8.29 eingezeichnet. Die maximale Spannung am Montageloch konnte von 4.21q auf 3.78q reduziert werden. Diese Reduzierung der Spannungen am Montageloch liefert aber eine höhere Spannung an der kleinen Bohrung, was jedoch an diesem geschützten Rand (keine Montagekerben) unkritischer ist.

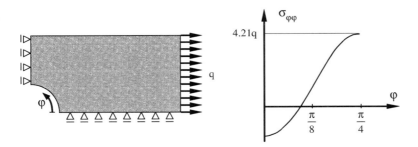

Abb. 8.27 Lochscheibe unter Gleichstreckenlast und resultierende Spannungen am Lochrand

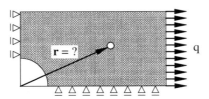

Abb. 8.28 Definition des Lochpositionierungsproblems

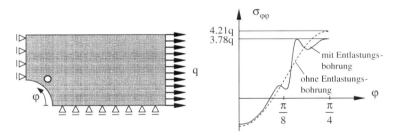

Abb. 8.29 Ergebnis der Lochpositionierung zur Minimierung der maximalen Spannung am Montageloch

8.5.7 Bewertung der Verfahren mit parametrisierter Randbeschreibung

Verfahren mit parametrisierter Randbeschreibung erfordern im Vergleich zur *Homogenisierungsmethode* bzw. ähnlichen Verfahren einen größeren Formulierungsaufwand. In diesem Abschnitt werden die Begründungen angegeben, warum der Einsatz von Verfahren mit parametrisierter Randbeschreibung trotzdem angestrebt werden sollte:

- Durch die Verwendung parametrischer Ansatzfunktionen ist die Approximation der Bauteilränder beliebig genau zu formen.
- Die Beschreibung der Geometrie kann mit wenigen Parametern erfolgen.
- In jeder Phase der Optimierung existieren glatte Bauteilränder, es ist keine nachträgliche Glättung erforderlich. Somit bestehen keine Schwierigkeiten bei der Interpretation von Gebieten mit oder ohne Material.
- In der Topologieoptimierung können wegen der glatten Ränder lokale Funktionen (z. B. Spannungen) berücksichtigt werden.
- Lasten und Randbedingungen können auch an variablen Bauteilrändern aufgeprägt werden.
- Es ist keine Aufteilung des Topologieraums in viele kleine Bereiche (i. a. *Finite Elemente*) zur Definition der Entwurfsvariablen erforderlich. Die Optimierung ist nicht a priori abhängig vom Feinheitsgrad eines *Finite Elemente Netzes*.
- Ein interaktiver Eingriff während der Optimierung ist möglich. Eine grafische Unterstützung und Kontrolle der Modellerstellung ist komfortabel, da alle Entwurfsgrößen geometrisch zuzuordnen sind.
- Vorgaben bezüglich Herstellungskosten und fertigungstechnischer Forderungen sind möglich. Der Feinheitsgrad der Topologie ist so vorzubestimmen, dass praxisnahe Ergebnisse erzielt werden können.
- Durch die explizite Beschreibung der Bauteilränder liegt eine vollständige Information über die einzelnen Komponenten vor.

Abb. 8.30 Topologieoptimierung
einer quadratischen Platte

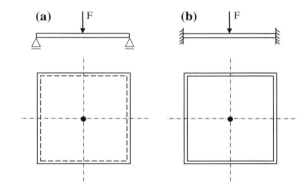

8.6   Übungsaufgaben

Aufgabe 8.1: Topologieoptimierung eines zweidimensionalen Fahrradrahmens (TOP)
Die grobe Topologie eines Fahrradrahmens kann mit einer zweidimensionalen
Topologieoptimierung gefunden werden. Definieren Sie zunächst mögliche Lastfälle und
definieren Sie diese Lastfälle in einem Topologieoptimierungsprogramm, welches auf der
Homogenisierungsmethode basiert. Interpretieren Sie die Ergebnisse.

Aufgabe 8.2: Topologieoptimierung einer quadratischen Platte (FE,OPT)
In Abb. 8.30 sind zwei unterschiedliche Lagerungen einer quadratischen Platte dargestellt. Die Platte in Abb. 8.30a ist gelenkig gelagert, während die Platte in Abb. 8.30b fest
eingespannt ist. Ermitteln Sie mithilfe der *Bubble Methode* die optimalen Lochpositionen
für eine weitere Formoptimierung.

Literatur

Atrek E (1989) Shape: A program for shape optimization of continuum structures. In: Proceedings
   of the first inernational conference: Opti'89. Computational mechanics publications, Springer,
   Berlin, 135–144
Beckers M (1999) Topology optimization using a dual method with discrete variables. Struct
   Optim 17:14–24
Bendsøe MP, Kikuchi N (1988) Generating optimal topologies in optimal design using a homoge-
   nization method. Comp Methods Appl Mech Eng 71:197–224
Bendsøe MP, Mota Soares CA (1993) Topology design of structures. Kluwer Academic Publishers,
   Dordrecht
Bendsøe MP, Sigmund O (2003) Topology optimization – theory methods and applications.
   Springer, Berlin, Heidelberg
Courant R, Robbins H (1962) Was ist Mathematik? Springer, Göttingen
Eschenauer HA, Kobelev VV, Schumacher A (1994) Bubble method for topology and shape opti-
   mization of structures. J Struct Optimiz 8:42–51
Hajela P, Lee E, Lin CY (1993) Genetic algorithms in structural topology optimization. In: Bendsøe
   MP, Mota Soares CA (Hrsg) Topology design of structures. Kluwer Academic Publishers,
   Netherlands, S 117–133

Harzheim L, Graf G (2001) The importance of topology optimisation in the development process. In: Proceedings of NAFEMS world congress 2001 on the evolution of product simulation Bd. 1, Lake Como, Italy, 24–28 April 2001, 361–372

Harzheim L, Graf G, Klug S, Liebers J (1999) Topologieoptimierung im praktischen Einsatz. ATZ Automobiltechnische Zeitschrift 101(7/8):530–539

Hassani B, Hinton E (1998a) A review on homogenization and topology optimization: I. Homogenization theory for media with periodic structure. Comp Struct 69:707–717

Hassani B, Hinton E (1998b) A review on homogenization and topology optimization: II. Analytical and numerical solution of homogenization equations. Comp Struct 69:719–738

Hassani B, Hinton E (1998c) A review on homogenization and topology optimization: III. Topology optimization using optimality criteria. Comp Struct 69:739–756

Hörnlein H (1994) Topologieoptimierung von Stabstrukturen, VDI/WZL-Seminar 32-63-08: Optimierungsstrategien mit der Finite Element Methode, Aachen

Jäger J (1980) Elementare topologie. Schöning, Paderborn

Jänisch K (1980) Topologie. Springer, Berlin, Heidelberg

Kirsch U (1990) On the relationship between optimum structural and geometries. J Struct Optimiz 2:39–45

Kölsch G (1992) Diskrete Optimierungsverfahren zur Lösung konstruktiver Problemstellungen im Werkzeugmaschinenbau. Fortschr.-Ber. VDI-Reihe 1, Nr. 213, Düsseldorf

Koumousis VK (1993) Layout and sizing design of civil engineering structures in accordance with the eurocodes. In: Bendsøe MP, Mota Soares CA (Hrsg) Topology design of structures. Kluwer Academic Publishers, The Netherlands, S 103–116

Mattheck C (1992) Design in der Natur – Der Baum als Lehrmeister. Rombach, Freiburg

Michell AGM (1904) The limits of economy of materials in frame structures. Philos Mag, Ser 6 8(47):589–597

Mußchelischwili NI (1971) Einige Grundaufgaben zur mathematischen Elastizitätstheorie. VEB Fachbuchverlag, Leipzig

Neuber H (1985) Kerbspannungslehre. Springer, Berlin, Heidelberg

Padula S, Sandridge CA (1993) Passive/active strut placement by integer programming. In: Bendsøe MP, Mota Soares (Hrsg) Topology design of structures. Kluwer Academic Publishers, The Netherlands, 145–156

Pederson P (1989) On optimal orientation of orthotropic materials. J Struct Optimiz 1:101–106

Prager W (1974) A note on discretized michell structures. Comp Methods Appl Mech Eng 3:349–355

Ringertz UT (1986) A branch and bound – algorithm for topology optimization of truss structures. Eng Optimiz 10:111–124

Rodriguez J, Seireg A (1985) Optimizing the shape of structures via a rule-based computer program. Comp Mech Eng 20–28

Rozvany GIN, Zhou M, Rotthaus M, Gollub W, Spengemann F (1989) Continuum-type optimality criteria methods for large Finite Element Systems with a displacement constraints, Part I + II. J Struct Optim 1:47–72

Russel DM, Manoochehri SP (1989) A two dimensional rule-based shape synthesis method. In: Proceedings of ASME advances in design automation, DE Bd 19-2, 217–224

Sawin GN (1956) Spannungserhöhung am Rande von Löchern. VEB Verlag Technik, Berlin

Schumacher A (1996) Topologieoptimierung von Bauteilstrukturen unter Verwendung von Lochpositionierungskriterien. Dissertation, Universität-GH Siegen, FOMAAS, TIM-Bericht T09-01.96

Sigmund O (2001) A 99 line topology optimization code written in Matlab. Struct Multidisc Optim 21:120–127

Sigmund (2012) www.topopt.dtu.dk

Weitere exemplarische Anwendungen der Strukturoptimierung

9

In diesem Kapitel werden einige neue bzw. aktuelle Einsatzgebiete der Strukturoptimierung mit großem Entwicklungspotenzial genauer beschrieben. Nach einer kurzen Einführung in die einzelnen Gebiete werden exemplarisch Anwendungen der mathematischen Optimierung vorgestellt. Allen Beispielen ist gemein, dass die Aufbereitung der Simulation im Vergleich zu den bisher vorgestellten Optimierungsrechungen wesentlich aufwendiger ist.

9.1 Optimierung bei Crashlastfällen

Bereits in Kap. 6 wurde eine Crash-Simulation im Rahmen der multidisziplinären Optimierung behandelt. In diesem Unterkapitel wird auf die Besonderheiten bei der Behandlung von Crash-Problemen eingegangen. Der größte Wissenstand zur Crash-Simulation ist in der Automobilentwicklung zu finden. Zunehmend wird aber auch in der Flugzeugentwicklung crashsicher ausgelegt. Erste Anwendungen sind einzelne Komponenten der Kabinensysteme von Großraumflugzeugen. Dieser Abschnitt bezieht sich auf die Fahrzeugentwicklung.

9.1.1 Passive Sicherheit

Die crashsichere Auslegung ist ein Teilgebiet der passiven Sicherheit, also die Verbesserung der Eigenschaften des Fahrzeugs für den Fall, dass ein Unfall nicht mehr vermeidbar ist. Die passive Sicherheit beinhaltet folgende Teilgebiete:

- Unfallstatistik: Wie groß sind die Wahrscheinlichkeiten für bestimmte Unfallarten (wer kollidiert mit wem?) und für bestimmte Kollisionsarten (Frontal-Crash, Seiten-Crash...),

A. Schumacher, *Optimierung mechanischer Strukturen*,
DOI: 10.1007/978-3-642-34700-9_9, © Springer-Verlag Berlin Heidelberg 2013

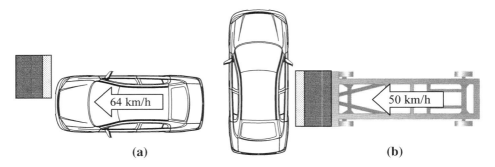

Abb. 9.1 Frontal-Crash (**a**) und Seiten-Crash (**b**) nach EuroNCAP

- Erstellung von Testprozeduren und Zulassungsvorschriften basierend auf den Ergebnissen der Unfallstatistik, z. B. *EuroNCAP*-Tests (EuroNCAP 2012) (s. Abb. 9.1),
- Technische Realisierung und Auslegung von Sicherheitsmaßnahmen (z. B. Ausbilden der Knautschzonen, Airbag, Gurtstraffer …),
- Versuchs- und Simulationstechniken.

In der Simulationstechnik wird zwischen der mit Mehrkörper-Simulationsprogrammen durchgeführten Abstimmung der Insassen-Sicherungssysteme (z. B. Abb. 5.7) und der mit der *Methode der finiten Elemente* durchgeführten Auslegung von Teilen der Karosserie (z. B. Abb. 5.5) unterschieden. Es gibt aber auch Anwendungen, in denen beide Verfahren kombiniert werden

9.1.2   Abstimmung der Insassen-Sicherungssysteme

Die Simulationsrechnung zur Abstimmung der Insassen-Sicherungssysteme mit einem Programm zur *Mehrkörpersimulation* (z. B. MADYMO®) dauert nur wenige Minuten. Beispielsweise können folgende Entwurfsvariablen verwendet werden, wobei einige Entwurfsvariablen nur diskrete Werte annehmen dürfen:

- Position des oberen Umlenkbeschlags des Anschnallgurtes,
- Gurtbanddehnung (8 %/14 %/22 %),
- Gurtklemmer (ja/nein),
- Airbagtyp bzw. Airbagvolumen(40 Liter/60 Liter),
- Zündzeitpunkt des Airbags (6 ms/10 ms/14 ms),
- Airbagdurchlässigkeit, Durchmesser der beiden Auslasslöcher (18 mm/25 mm/30 mm),
- Aufrollstraffer (ja/nein),
- Schlossstraffer (ja/nein),
- Kniepolster (ja/nein),
- Verformbarkeit des Lenkungsquerträgers (ja/nein),

- Einsatz einer adaptiven Kopfstütze (ja/nein),
- Einsatz eines Schlauchgurts (ja/nein).

Ziel- und Restriktionsfunktionen sind verschiedene Beschleunigungswerte und Bewegungsabläufe der Insassen.

9.1.3 Crash-Auslegung der Karosserie

Die Entwurfsvariablen beschreiben die Dimensionierung, die Form und die Topologie von Strukturkomponenten der Karosserie (vgl. vorangegangene Kapitel). Im Folgenden sind exemplarisch einige Kriterien zur Crash-Auslegung zusammengestellt:

- Fahrgastzelle: Stabile Bodengruppe mit eingebauten Längs- und Querträgern,
- hohe Energieabsorption durch Faltenbeulen,
- das Kraftniveau von Verformungselementen für geringe Geschwindigkeiten soll so gering ausgelegt werden, dass angrenzende Bauteile nur rein elastisch verformt werden und damit unversehrt bleiben. Im Frontalcrash soll z. B. erst eine Crashbox, dann der Stoßfänger, dann die restliche Karosserie verformt werden.
- Kraftstoffdichtigkeit der Tankanlage,
- Im Seitencrash soll der Kraftfluss von der Tür auf die Säule und in den Boden geleitet werden.

9.1.4 Einsatzfelder der Optimierung bei der Crashauslegung

Die Strukturoptimierung kann eine sinnvolle Ergänzung zur Unterstützung der Auslegung basierend auf der durchgeführten Simulation sein. Problematisch ist allerdings der Tatbestand, dass die Crash-Simulationen hochgradig nicht-linear sind. Zudem tritt numerisches Rauschen bei der Simulation auf. Kleine Veränderungen der Eingabegrößen, wie z. B. der Materialwerte, können zu großen Unterschieden im Crashverhalten führen. Dieses unrobuste Verhalten (vgl. Kap. 6.5) kann zu großen Problemen bei den Optimierungsrechnungen führen. Von der Verwendung lokaler Gradienten der Ziel- und Restriktionsfunktionen nach den Entwurfsvariablen ist wegen des numerischen Rauschens abzuraten. Die beste Möglichkeit zur Behandlung von Crashsimulationen im mathematischen Optimierungsprozess besteht in der Heranziehung der globalen Approximationsverfahren (siehe Abschn. 4.3.2). Diese Verfahren sind aber sehr rechenintensiv. Vor allem der Einsatz der nicht-linearen *Finite Elemente* Rechnung ist problematisch, weil die einzelnen Simulationsrechnungen bereits mehrere Stunden dauern. Die Kapazität der Rechenzentren der Automobilfirmen ist so ausgelegt, dass z. B. eine Frontcrash-Simulation mit einem *Finite Elemente Modell* mit 500.000 Elementen ca. 12 Stunden dauert. Damit wird gewährleistet, dass man über Nacht zu neuen Ergebnissen kommen kann; wohlgemerkt für eine einzige Simulationsrechnung. Wesentlich geringere

Rechenzeiten benötigen die Mehrkörper-Simulationsprogramme zur Abstimmung der Insassen-Sicherungssysteme (z. B. MADYMO®).

9.1.5   Beispiel: Steifigkeitsauslegung der Karosserie für den Fahrzeugüberschlag

Das in diesem Abschnitt vorgestellte Anwendungsbeispiel (Schumacher und Brunies 2000) basiert auf der *Finite Elemente* Simulation eines Dacheindrücktests, der zur Steifigkeitsauslegung eines Fahrzeugs für den Fall des Überrollens herangezogen wird. In diesem Dacheindrücktest (Abb. 9.2) wird eine Eindrückplatte mit einer seitlichen Neigung von 25° und leichter Längsneigung in das Fahrzeug eingedrückt. Die Berechnung erfolgt mit dem Crash-Rechenprogramm LS-DYNA®.

Ziel der Optimierung ist die Erhöhung der maximalen Kraft (F_{MAX}). Dabei soll eine Massenrestriktion (MASS) eingehalten werden. Zudem darf die Kraftreduzierung nach dem Erreichen der maximalen Kraft (bei 100 ms) nicht mehr als 20 % betragen ($F_{RED} = (F_{MAX}-F_{MIN})/F_{MAX}*100$ [%]).

Wegen der hohen Rechenzeit muss die Optimierung von Gesamtfahrzeugmodellen mit möglichst wenig LS-DYNA®-Simulationen auskommen. Deshalb werden zunächst die acht wichtigsten Blechdicken als Entwurfsvariablen definiert:

> X1 – A-Säule außen,
> X2 – B-Säule außen,
> X3 – Seitenwand innen hinten,
> X4 – Verstärkung Scharniersäule,
> X5 – Verstärkung Scharniersäule B-Säule unten,
> X6 – A-Säule innen,
> X7 – Dachrahmen seitlich,
> X8 – Seitenwand vorne.

In der ersten Parameterstudie (vgl. Tab. 9.1) werden die Wanddicken jeweils eines Bauteils um 0,5 mm erhöht. Die jeweiligen Ergebnisse für die Masse und die Kräfte F_{MAX}

Abb. 9.2 Dacheindrücktest zur Steifigkeitsauslegung für den Fall des Überrollens

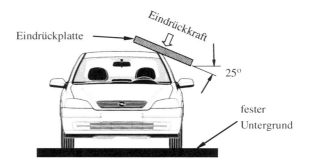

Tab. 9.1 Parameterstudie für die Erhöhung der Wanddicke jeweils eines Bauteils um 0,5 mm

X1	X2	X3	X4	X5	X6	X7	X8	MASS [kg]	F_{MAX} [kN]	F_{MIN} [kN]
0,8	0,8	0,75	1,2	1,8	2,0	1,0	0,75	301,77	29,29	21,42
1,3	0,8	0,75	1,2	1,8	2,0	1,0	0,75	311,57	32,06	26,92
0,8	1,3	0,75	1,2	1,8	2,0	1,0	0,75	308,62	32,29	27,12
0,8	0,8	1,25	1,2	1,8	2,0	1,0	0,75	318,60	31,04	20,17
0,8	0,8	0,75	1,7	1,8	2,0	1,0	0,75	307,14	29,27	19,75
0,8	0,8	0,75	1,2	2,3	2,0	1,0	0,75	303,09	29,39	19,51
0,8	0,8	0,75	1,2	1,8	2,5	1,0	0,75	303,09	29,31	20,94
0,8	0,8	0,75	1,2	1,8	2,0	1,5	0,75	303,48	29,88	23,46
0,8	0,8	0,75	1,2	1,8	2,0	1,0	1,25	306,43	33,17	28,63

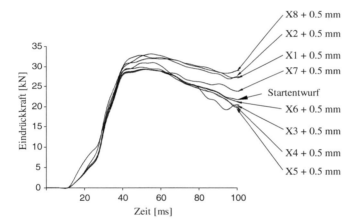

Abb. 9.3 Kraft-Zeit-Verläufe der Parameterstudie

und F_{MIN} sind ebenfalls in Tab. 9.1 gezeigt. Die exakten Verläufe der Kräfte über der Zeit sind in Abb. 9.3 zusammengestellt.

Basierend auf diesen 9 Rechnungen (eine Referenzrechnung und 8 Parameter-variationen) wird einem linearen *Meta-Modell* aufgebaut. Mithilfe dieses *Meta-Modells* können zum einen die Sensitivitäten der Strukturantworten ermittelt werden. Zum anderen, und das ist wesentlich effektiver, können bereits erste Optimierungen mit diesem einfachen Modell durchgeführt werden.

Um in einer ersten Optimierungsreihe die anderen Strukturanforderungen (beispielsweise andere Crash-Lastfälle) nicht zu verletzen, wird nur eine Erhöhung und keine Verringerung der Wanddicken zugelassen. Die Abb. 9.4 zeigt die Strukturantworten F_{MAX} und F_{MIN} in Abhängigkeit unterschiedlicher zugelassener Massen in den jeweiligen Optimalpunkten (PARETO-optimaler Rand). Die gefundenen optimalen

Abb. 9.4 Strukturantworten in Abhängigkeit unterschiedlicher Massen in den jeweiligen Optimalpunkten bei einer ersten Optimierung des Dacheindrückverhaltens

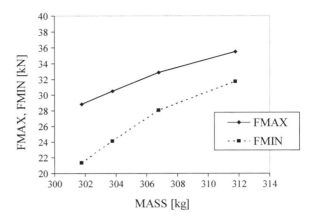

Wanddicken werden mit LS-DYNA$^{®}$ nachgerechnet und stimmen bereits gut mit den Werten des *Meta-Modells* überein.

Sind auch Reduzierungen der Blechdicken möglich, so erhält man zumindest auf der *Meta-Modell* noch wesentlich bessere Ergebnisse. Bei einer unveränderten Masse von 301,77 kg bekommt man das in Tab. 9.2 gezeigte Ergebnis. Die in Klammern angegebenen Werte wurden mit LS-DYNA$^{®}$ nachträglich ermittelt.

Auffällig ist die äußerst schlechte Approximation von F_{MIN}. Während F_{MAX} gut mit dem linearen *Meta-Modell* abgebildet werden kann, sind die Zusammenhänge für F_{MIN} offensichtlich stark nichtlinear. Es ist also eine Variation über einen größeren Bereich außerhalb der Parameterstudie nicht möglich.

Für eine geringere Anzahl von Entwurfsvariablen wird ein besseres Modell aufgebaut. Um geeignete Entwurfsvariablen auszuwählen, wird der Einfluss der einzelnen Entwurfsvariablen auf das Optimalergebnis ermittelt. Hierzu werden nach Abschn. 6.1 acht Optimierungsrechnungen durchgeführt, wobei jeweils eine Entwurfsvariable fixiert wird.

Bei drei Entwurfsvariablen sorgt deren Fixierung für sehr schlechte Ergebnisse. Diese Entwurfsvariablen sind also wesentlich für die Strukturverbesserung:

X2 – B-Säule außen,

X4 – Verstärkung Scharniersäule,

X8 – Seitenwand vorne.

Für diese drei Entwurfsvariablen wird mit dem DOE-Verfahren „Full Factorial" nach Abschn. 4.3.2 ein Versuchsplan erstellt und mit LS-DYNA$^{®}$ berechnet. Die definierten

Tab. 9.2 Optimaler Entwurf basierend auf einfachen *Meta-Modellen*

X1	X2	X3	X4	X5	X6	X7	X8	MASS [kg]	F_{MAX} [kN]	F_{MIN} [kN]
0,75	1,19	0,75	0,75	1,3	1,5	0,75	1,25	301,77 (301,8)	34,1 (34,6)	32,1 (24,0)

Grenzen der Wanddicken entsprechen auch den Grenzen der in Tab. 9.3 gezeigten Optimierung.

Mit diesen Ergebnissen wird ein *Meta-Modell* 2. Grades angepasst und darauf die Optimierung durchgeführt, s. Tab. 9.4 (in Klammern sind die LS-DYNA®- Nachrechnungen notiert). Bei gleicher Masse konnte die maximale Kraft F_{MAX} um 11 % und die Kraft bei 100 ms F_{MIN} um 28 % erhöht werden (Abb. 9.5).

Die in diesem Abschnitt vorgestellten Ergebnisse basieren auf insgesamt 23 Crash-Simulationen. Bei der Verwendung der parallelisierten Version von LS-DYNA®

Tab. 9.3 „Full Factorial"-Versuchplan für drei Entwurfsvariablen

X1	X2	X3	X4	X5	X6	X7	X8	MASS [kg]	F_{MAX} [kN]	F_{MIN} [kN]
0,8	1,30	0,75	1,700	1,8	2,0	1,0	1,25	318,65	31,33	31,33
0,8	0,80	0,75	1,700	1,8	2,0	1,0	1,25	311,80	30,68	30,68
0,8	0,80	0,75	0,750	1,8	2,0	1,0	1,25	301,80	27,09	27,09
0,8	1,30	0,75	0,750	1,8	2,0	1,0	0,75	303,79	26,21	26,21
0,8	0,80	0,75	1,700	1,8	2,0	1,0	0,75	307,14	19,75	19,75
0,8	1,30	0,75	0,750	1,8	2,0	1,0	1,25	308,45	29,84	29,84
0,8	1,30	0,75	1,700	1,8	2,0	1,0	0,75	313,99	25,63	25,63
0,8	0,80	0,75	0,750	1,8	2,0	1,0	0,75	296,93	22,64	22,64
0,8	1,05	0,75	1,225	1,8	2,0	1,0	1,00	307,85	28,21	28,21

Tab. 9.4 Optimaler Entwürfe basierend auf verfeinerten Meta-Modellen

X1	X2	X3	X4	X5	X6	X7	X8	MASS [kN]	F_{MAX} [kN]	F_{MIN} [kN]
0,8	0,8118	0,75	0,75	1,8	2,0	1,0	1,25	301,77 (301,76)	32,71 (32,67)	27,73 (27,1)
0,8	0,9578	0,75	0,75	1,8	2,0	1,0	1,25	303,77 (303,76)	33,87 (33,77)	28,61 (28,56)

Abb. 9.5 Gegenüberstellung der mit LS-DYNA® berechneten Kraft-Zeit-Verläufe des Startentwurfs und der optimierten Struktur bei gleichem Gewicht

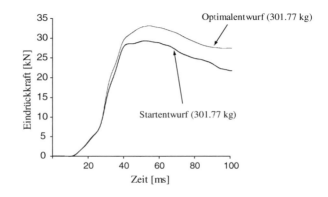

(DYNA-MPP 940.2a) auf einer ORIGIN-R12-K® mit 8 CPUs werden für eine Simulation 3 h 30 min. benötigt. Damit sind solche Optimierungen im täglichen Betrieb praktikabel.

9.2   Betriebsfestigkeitsoptimierung

Ein effizienter Leichtbau macht die Definition einer begrenzten Nutzungszeit erforderlich. Eine dauerfeste Auslegung führt zu schweren Strukturen, sodass Flugzeuge erst gar nicht abheben würden und bei Fahrzeugen zumindest die Öko-Bilanz wesentlich schlechter ausfällt. Eine betriebsfeste Auslegung beinhaltet:

- Berücksichtigung des Phänomens der Materialermüdung,
- Erstellung von Auslegungskonzepten für zuverlässige Strukturen,
- bruchmechanische Beschreibung der Rissausbreitung unter Ermüdungsbelastung und experimentelle Ermittlung der Rissausbreitungsparameter,
- Lebensdauervorhersage und Auswahl von Inspektionsintervallen,
- rissgerechtes Konstruieren (z. B. Einbau von Rissfallen).

Ein Maß für die Spannungskonzentration an der Rissspitze ist der *Spannungsintensitätsfaktor* K (Irwin 1958).

$$K = \sigma \sqrt{a}\ Y \tag{9.1}$$

mit der anliegenden Spannung σ, der charakteristischen Risslänge a und der Geometriefunktion zur Berücksichtigung von Riss- und Bauteilgeometrie Y (zu finden in Tabellenwerken (Sähn und Göldner 1993)). Der Spannungsintensitätsfaktor K [MPa$\sqrt{m}$] beschreibt die Belastung an der Rissspitze und wird dem kritischen Spannungsintensitätsfaktor K_C, auch Bruchzähigkeit oder Bruchwiderstand genannt, gegenübergestellt. Das Kriterium für die Ausbreitung eines Risses lautet:

$$K \geq K_C \tag{9.2}$$

Dieses *K-Konzept* gilt nur im Bereich der linear elastischen Bruchmechanik. Grundsätzlich wird zwischen folgenden Auslegungskonzepten unterschieden:

1. Spannungsauslegung: Es werden die Spannungen bei maximalen Betriebslasten (z. B. bei Flugzeugen Böenlasten oder extreme Flugmanöver) ermittelt und der Werkstofffestigkeit gegenübergestellt.
2. *Safe-Life*-Auslegung: Der Lebensdauernachweis erfolgt durch Ermüdungsversuche. Das Bauteil wird in Wöhlerversuchen bis zur erkennbaren Rissbildung beobachtet.
3. *Fail-Safe*-Auslegung: Man lebt mit Rissen, wobei durch konstruktive Maßnahmen sichergestellt werden soll, dass der Riss nicht zum katastrophalen Versagen der Struktur führt. Dies wird mithilfe redundanter Lastpfade, Rissstopper, Rissfallen etc. realisiert.
4. *Damage-Tolerance*-Auslegung: Es wird davon ausgegangen, dass im Bauteil von vornherein Risse vorhanden sind. Die angenommene Rissgröße ist so groß wie der kleinste

mit zerstörungsfreien Prüfverfahren sicher entdeckbare Fehler. Das Wachstum eines solchen Risses unter Betriebsbelastungen wird mit bruchmechanischen Methoden auf Grundlage des experimentell bestimmten Rissausbreitungsverhaltens des Werkstoffs abgeschätzt. Bevor der (angenommene) Riss eine kritische Länge erreichen kann, werden Inspektionen durchgeführt.

Bei der Konstruktion von Flugzeugstrukturen wird die *Damage-Tolerance*-Auslegung bevorzugt, wobei folgende Bedingungen sichergestellt werden müssen (Schumacher und Seibel 2006):

- der erwartete Lastverlauf (Betriebslasten) ist zuverlässig bekannt,
- die Spannungsverteilung im Bauteil ist bekannt,
- das Rissausbreitungsverhalten des Werkstoffs ist bekannt,
- die ermüdungskritischen Stellen müssen inspizierbar sein und der Betrieb muss Inspektionen zulassen. Bauteile, die nicht inspizierbar und nicht austauschbar sind, müssen das ganze Flugzeugleben lang halten.

Soll eine Betriebsfestigkeitsoptimierung durchgeführt werden, so ist eine sichere Möglichkeit der Betriebsfestigkeitsberechnung erforderlich. Die einfachste Art der Betriebsfestigkeitsberechnung ist die Lebensdauerberechnung basierend auf Wöhler-Versuchen. Sie ist inzwischen in der Automobilindustrie sehr verbreitet und unterstützt die Auslegung nach dem *Safe-Life*-Konzept. Durch die großen Streuungen der Einflussfaktoren kann sie aber nur zu vergleichenden Untersuchungen herangezogen werden. Eine absolute Aussage zur Lebensdauer ist nur mit sehr großen Unsicherheitern (bis zu Faktor 30) möglich. Im Folgenden wird kurz in die Betriebsfestigkeitsrechnung nach dem *Safe-Life*-Konzept eingeführt und eine Bauteiloptimierung vorgestellt.

9.2.1   Einflussfaktoren der Betriebsfestigkeitsrechnung für eine Safe-Life-Auslegung

Folgende Faktoren werden bei einer Betriebsfestigkeitsberechnung berücksichtigt:

- Materialdaten,
- Beanspruchungs-Zeit-Funktionen,
- *Finite Elemente Modell.*

Die Materialdaten ergeben sich aus den Wöhler-Versuchen, in denen glatte Proben unter sinusförmiger Last mit konstanter Amplitude bis zum Bruch beansprucht werden. Für gewöhnliche Werkstoffe findet man die Materialdaten in Datenbanken (z. B. in Falance®).

Die Beanspruchungs-Zeit-Funktionen können sich aus den folgenden Teillasten zusammensetzen:

- Konstante Beanspruchung (z. B. Eigengewicht),

- Quasistatische Beanspruchung (z. B. Zuladung, Kabinendruck bei Flugzeugen, Temperaturwechsel),
- Schwingungsvorgänge (z. B. Motorschwingung),
- Arbeitsvorgänge (z. B. Bremsvorgänge, Manövriervorgänge),
- Seltene Ereignisse (z. B. Bordsteinüberfahrt eines Fahrzeugs).

Anhand dieser Aufzählung ist zu erkennen, wie aufwendig eine realitätsnahe Annahme der Beanspruchungs-Zeit-Funktionen ist. In den frühen Phasen des Entwicklungsprozesses müssen die Lasten durch Tests am Vorgängermodell oder durch Simulation mitHilfe eines Mehrkörper-Simulations-Programms ermittelt werden. Die verwendeten *Finite Elemente Modelle* müssen so fein sein, dass Spannungsberechnungen durchgeführt werden können. Dann sind sie auch zur Betriebsfestigkeitsrechnung geeignet.

9.2.2 Ablauf der Betriebsfestigkeitsrechnung

Die ermittelten Beanspruchungs-Zeit-Funktionen müssen zur Betriebsfestigkeitsrechnung bewertet werden. Ergebnis der Betriebsfestigkeitsrechnung ist die „Lebenszeit" oder das maximale „verbrauchte Leben" für einen bestimmten Lastzyklus. Dazu existieren unterschiedliche Verfahren, die in kommerziell verfügbaren Programmen (z. B. Falancs®) zur Verfügung stehen. Mit diesen Programmen kann man über definierte Schnittstellen auf die *Finite Elemente* Ergebnisse zugreifen. Für die Betriebsfestigkeitsrechnung wird die Steifigkeitsmatrix nur einmal zerlegt und die Spannungen für verschiedene Einheitslastenfälle ermittelt. Diese werden gemäß den aufgeprägten Last-Zeit-Funktionen an unterschiedlichen Stellen und Richtungen (Kanäle, s. Beispiel in Abb. 9.6) einander so überlagert, dass sehr schnell die Spannungen im Bauteil für einen bestimmten Zeitpunkt ermittelt werden können. Bei realen Problemen benötigt die Betriebsfestigkeitsrechnung noch einmal die gleiche Zeit, die die FE-Berechnung benötigt hat.

Abb. 9.6 Last-Zeit-Funktionen an unterschiedlichen Stellen und Richtungen (N Kanäle)

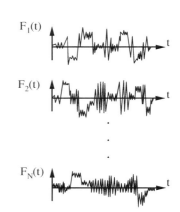

9.2.3 Betriebsfestigkeitsoptimierung eines Achsschenkels

Für den in Abschn. 2.2 vorgestellten Achsschenkel (Abb. 2.6 und 2.7) wurde eine Betriebsfestigkeitsoptimierung durchgeführt (Merkel und Schumacher 2003). Das Optimierungsproblem hat zwei Zielfunktionen:

- Für einen definierten Lastzyklus soll das maximale „verbrauchte Leben" reduziert werden. Es wird im Folgenden als „dam_max" bezeichnet und wird im Zehnerlogarithmus angegeben.
- Die Masse des Achsschenkels soll reduziert werden (Bezeichnung: „mass".

Die Entwurfsvariablen sind drei CAD-Parameter zur Beschreibung der Bauteilform, s. Tab. 9.5.

Die Abb. 9.7 zeigt eine Simulationssequenz, die direkt in einen Optimierungsprozess einzubinden ist. Es handelt sich um eine Formoptimierung, wie sie in Abschn. 7.2 beschrieben ist. mithilfe des *PATRAN_Session_File* kann das in NX® erstellte CAD-Modell automatisch manipuliert und vernetzt werden (Abb. 9.8).

Die erhöhte Netzfeinheit am Radius zwischen Grundplatte und Schaft kann im Vorfeld in PATRAN® definiert werden. Nach einer NASTRAN®-Rechnung erfolgt die Betriebsfestigkeitsrechnung mit dem Programm Falancs®. Die Materialdaten (Datei: *cyclic_material*) und Last-Zeit-Daten (Datei: *load_history*) werden hierzu abgerufen. Ausgabegrößen sind die beiden Zielfunktionen „mass" und „dam_max".

Die Betrachtung der Ergebnisse in Abhängigkeit unterschiedlicher Werte des CAD-Parameters p1 verdeutlicht die starke Streuung der Ergebnisse der Betriebsfestigkeitsrechnung (Abb. 9.9).

Wegen der starken Streuung kommt kein Gradientenverfahren zum Einsatz. Es wird stattdessen ein *Meta-Modell* mit einem Polynom zweiten Grades aufgebaut. Auf diesem

	CAD-Parameter	Beschreibung	Startentwurf [mm]	Untere Grenze [mm]	Obere Grenze [mm]
Tab. 9.5 CAD-Parameter zur Beschreibung des Achsschenkels	p1	Ausrundung zwischen der Grundplatte und dem Schaft	3	1	6
	p2	Winkel des Konus des Schaftes	6	3	8
	p3	Durchmesser des Schaftes an der Grundplatte	80	80	90

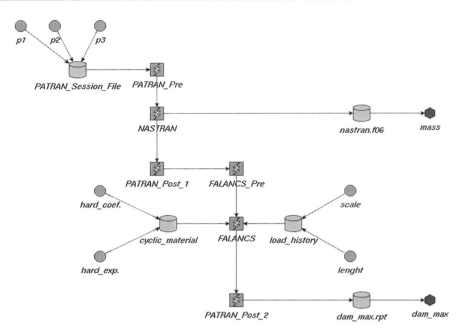

Abb. 9.7　Ablauf der Betriebsfestigkeitsuntersuchung

Abb. 9.8　Automatisch
erstelltes *Finite Elemente Modell*
des Achsschenkels

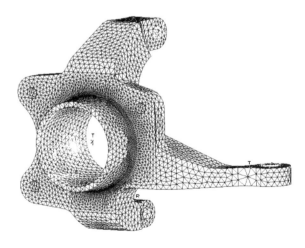

Modell wird die Optimierung durchgeführt und das Optimierungsergebnis am Schluss mit der Simulationssequenz nachgerechnet, vgl. Ergebnisse in Tab. 9.6.

Mit dem erstellten *Meta-Modell* werden weitere Optimierungen durchgeführt und mithilfe der restriktionsorientierten Transformation (Abschn. 6.2.3) ein PARETO-optimaler Rand erstellt. Die in Abb. 9.10 eingetragenen Punkte sind nachgerechnet und nicht die Werte auf der RSM. Der PARETO-optimale Rand stellt eine gute Grundlage zur Diskussion in

Abb. 9.9 Maximales „verbrauchtes Leben" dam_max in Abhängigkeit des CAD-Parameters p1

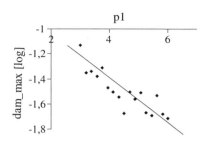

Tab. 9.6 Vergleich des Optimums mit dem Startentwurf für die Betriebsfestigkeitsoptimierung des Achsschenkels

	Startentwurf	Optimum
p1	3,0000	5,9843
p2	6,0000	7,2730
p3	80,0000	80,0000
mass (auf demRSM)	2,0040	2,0040
mass (nachgerechnet)	2,0040	2,0040
dam_max (auf dem RSM)	−1,3949	−1,6630
dam_max (nachgerechnet)	−1,1306	−1,5358

Abb. 9.10 PARETO-optimaler Rand für die Ziele „verbrauchtes Leben" und Masse

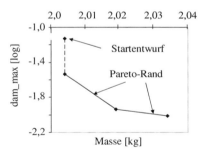

Projektgruppen dar. Mit einem Zufügen von nur 0,03 kg Masse des Achsschenkels ist eine Reduzierung des verbrauchten Lebens von $10^{-1,13}$ beim Startentwurf auf $10^{-2,01}$ zu erreichen.

9.2.4 Optimierung spröder Werkstoffe

Für viele Anwendungen sind keramische Werkstoffe sehr interessant. Eine Auslegung von Keramik-Bauteilen ist aber wegen der großen Streuungen der Werkstoffparameter schwierig. In der Regel geht das Versagen keramischer Werkstoffe von vorhandenen Fehlstellen aus. Die Ausdehnung und Orientierung der Fehlstellen ist stochastisch, sodass eigentlich eine stochastische Analyse erforderlich ist. Unter Verwendung einer geschlossenen Gleichung für die Versagenswahrscheinlichkeit kommt man in der Optimierung aber ohne die aufwendige stochastische Analyse aus. In der Optimierung wird die mithilfe einer Weibull-Verteilung (Weibull 1951) berechnete Bruchwahrscheinlichkeit als Restriktion berücksichtigt:

$$P_f = 1 - \exp\left\{ -\frac{1}{V_0} \int_V \left[\left(\frac{\sigma_1}{\sigma_0}\right)^m + \left(\frac{\sigma_2}{\sigma_0}\right)^m + \left(\frac{\sigma_3}{\sigma_0}\right)^m \right] dV \right\} \leq P_{f,zul}. \quad (9.3)$$

mit den Hauptspannungen σ_1, σ_2 und σ_3, der charakteristischen Spannung σ_0, dem Weibullmodul m zur Berücksichtigung der Streuung sowie dem Referenzvolumen V_0, in dem die größte Fehlstelle sicher vorliegt. Wenn keine genaueren Angaben vorhanden sind, dann muss man näherungsweise V_0 gleich dem Bauteilvolumen setzen (Sähn und Göldner 1993). Die Versagenswahrscheinlichkeit P_f soll kleiner als die zulässige Versagenswahrscheinlichkeit $P_{f,zul}$ sein. In der Tab. 9.7 sind die Werkstoffkennwerte einer Aluminiumoxidkeramik den Werten von Stahl gegenüber gestellt (Vietor 1994).

Als Anwendung wird die Formoptimierung einer Kragscheibe vorgestellt (Abb. 9.11) (Eschenauer et al. 1993). Verglichen werden die Ergebnisse für duktilen Stahl und

Tab. 9.7 Werkstoffkennwerte einer Aluminiumoxid-Keramik im Vergleich zu Stahl	Bezeichnung	Al_2O_3	Stahl	Einheit
	E	340.000	210.000	N/mm^2
	ν	0,22	0,3	–
	ρ	3,5	7,9	kg/dm^3
	m	13	50	–
	σ_0	300	–	N/mm^2

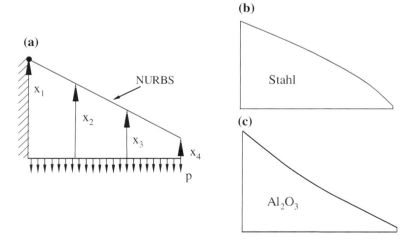

Abb. 9.11 Formoptimierung einer Kragscheibe. **a** Geometriemodell, **b** optimale Form der Stahlscheibe, **c** optimale Form der Keramikscheibe

sprödes Al_2O_3. Die Kragscheibe ist mit einer Gleichstreckenlast beaufschlagt, der NURBS wird mit 4 Entwurfsvariablen gesteuert.

Ziel ist die Minimierung des Gewichts. Bei der Stahlscheibe wird eine Spannungsrestriktion nach v. Mises definiert, sodass der Weibullmodul m und die charakteristische Spannung σ_0 sowie das Referenzvolumen V_0 nicht zur Anwendung kommen. Bei der Keramikscheibe wird die Versagenswahrscheinlichkeit nach Gl. (9.3) berücksichtigt. Bei der Stahlscheibe ist eine konvexe Form optimal (vgl. auch Formoptimierung in Kap. 7, Abb. 7.32), während die Form bei der Keramik konkav ist. Mit vergrößertem Volumen sinken die Spannungen. Gleichzeitig nimmt aber auch die Wahrscheinlichkeit zu, dass ein kritischer Fehler auftritt. Dieser Effekt hat einen stärkeren Einfluss auf die Versagenswahrscheinlichkeit P_f als die sinkende Spannung.

9.3 Faserverbundoptimierung

Mit Faserverbundwerkstoffen (FVW) kann man sehr flexibel gewünschte Eigenschaften eines Bauteils realisieren. Meist werden unidirektionale, in Harz getränkte Fasermatten (*UD-Gelege*) verwendet, aus denen das sog. Laminat des Bauteils zusammengebaut wird. Faserverbunde zeichnen sich durch eine starke Anisotropie aus, die in mechanischen Systemen genutzt werden kann. Zu variieren sind die Schichtdicken und die Orientierungswinkel der einzelnen UD-Schichten. Besonders eignet sich der Einsatz von FVW bei großflächigen Bauteilen, wie beispielsweise Flügelsegmente eines Flugzeugs. In Tab. 9.8 sind die Materialwerte einer UD-Schicht bestehend aus *Kohlefasern* (T400®) und *Epoxidharz* (Ciba6376®) aufgelistet. Die Richtung „11" ist die Richtung der Fasern, und die Richtung „22" liegt quer zur Faser. Die Indizes „t" (tensile) stehen für Zugbelastung, die Indizes „c" (compressive) für Druckbelastung. Durch

Tab. 9.8 Werkstoffkennwerte eines unidirektionalen Kohlefaserverbundes (Die Indizes „11" stehen für die Faserrichtung, „22" für die Richtung quer zu den Fasern, „t" für Zugbelastung und „c" für Druckbelastung)

	Werkstoffwerte	Einheit
$\sigma_{11t,zul}$	1670	MPa
$\sigma_{11c,zul}$	1300	MPa
$\sigma_{22t,zul}$	60	MPa
$\sigma_{22c,zul}$	190	MPa
$\tau_{12,zul}$	90	MPa
E_{11t}	135.000	MPa
E_{11c}	125.000	MPa
E_{22t}	8500	MPa
E_{22c}	9000	MPa
G_{12}	5000	MPa

die vielen Kombinationsmöglichkeiten von Lagendicken und Orientierungswinkeln an verschiedenen Orten im Bauteil ist die optimale Struktur nur mithilfe der mathematischen Optimierung zu finden. Nach einer kurzen Einführung in die Mechanik der Verbundwerkstoffe werden einige Strukturoptimierungen vorgestellt.

9.3.1 Mechanik der Verbundwerkstoffe

Hauptsächlich werden Faserverbundwerkstoffe in flächigen Konstruktionen verbaut. Die folgenden Ausführungen beschränken sich auf diese flächigen Konstruktionen bzw. Laminate. Man kann eine sog. *Laminatsteifikeitsmatrix* zusammenstellen. Das Elastizitätsgesetz des Laminates in Matrixdarstellung lautet:

$$
\begin{pmatrix} N_x \\ N_y \\ N_{xy} \\ M_x \\ M_y \\ M_{xy} \end{pmatrix} = \begin{pmatrix} A_{11} & A_{12} & A_{16} & B_{11} & B_{12} & B_{16} \\ A_{12} & A_{22} & A_{26} & B_{12} & B_{22} & B_{26} \\ A_{16} & A_{26} & A_{66} & B_{16} & B_{26} & B_{66} \\ B_{11} & B_{12} & B_{16} & D_{11} & D_{12} & D_{16} \\ B_{12} & B_{22} & B_{26} & D_{12} & D_{22} & D_{26} \\ B_{16} & B_{26} & B_{66} & D_{16} & D_{26} & D_{66} \end{pmatrix} \cdot \begin{pmatrix} \varepsilon_x \\ \varepsilon_y \\ \gamma_{xy} \\ \kappa_x \\ \kappa_y \\ \kappa_{xy} \end{pmatrix}
\tag{9.4}
$$

Die Schnittkräfte N_x, N_y, N_{xy} in Scheibenrichtung und die Schnittmomente M_x, M_y, M_{xy} in Plattenrichtung berechnen sich damit aus den Verzerrungen ε_x, ε_y, γ_{xy}, den Verkrümmungen bzw. der Verdrillung κ_x, κ_y, κ_{xy} und der *Laminatsteifigkeitsmatrix* (A-B-D-Matrix). Die *Laminatsteifigkeitsmatrix* ist symmetrisch und setzt sich zusammen aus der Matrix der Dehnsteifigkeiten **A**, der Matrix der Koppelsteifigkeiten **B** und der Matrix der Biegesteifigkeiten **D**. Diese Untermatrizen sind ebenfalls symmetrisch und haben maximal 6 verschiedene Koeffizienten (Christensen 1979; Niederstadt et al. 1985).

Im Gegensatz zur Verwendung von isotropen Werkstoffen sind erheblich mehr unterschiedliche Versagensformen in den Versagenskriterien zu berücksichtigen. In der Literatur findet sich eine Vielzahl unterschiedlicher Versagenskriterien für Faserverbundwerkstoffe, die u. a. Faserbruch, Zwischenfaserbruch und Delamination einbeziehen (Baptiste 1991). Ein verbreitet eingesetztes Versagenskriterium ist das *Tsai-Wu-Kriterium* (Tsai und Wu 1971). Es ist auch in den gängigen *Finite Elemente Programmsystemen* implementiert. Ausgehend von einer Versagensfläche, in der die Festigkeitswerte in Faserrichtung $\sigma_{11t,zul}$ (Zug), $\sigma_{11c,zul}$ (Druck) und quer zur Faserrichtung $\sigma_{22t,zul}$ (Zug), $\sigma_{22c,zul}$ (Druck) und $\tau_{12,zul}$ (Schub) für jede Einzelschicht berücksichtigt werden, wird folgendes Kriterium aufgestellt:

$$
\frac{c^2 \sigma_{11}^2}{\sigma_{11t,zul}\sigma_{11c,zul}} - \frac{c^2 \sigma_{11}\sigma_{11}}{\sqrt{\sigma_{11t,zul}\sigma_{11c,zul}\sigma_{22t,zul}\sigma_{22c,zul}}} + \frac{c^2 \sigma_{22}^2}{\sigma_{22t,zul}\sigma_{22c,zul}}
$$

$$
+ \frac{c^2 \tau_{12}^2}{\tau_{22,zul}^2} + c\sigma_{11}\left(\frac{1}{\sigma_{11t,zul}} - \frac{1}{\sigma_{11c,zul}}\right) + c\sigma_{22}\left(\frac{1}{\sigma_{22t,zul}} - \frac{1}{\sigma_{22c,zul}}\right) = 1
\tag{9.5}
$$

mit den Spannungen σ_{11}, σ_{22}, τ_{12} im Koordinatensystem der Faser und den Beträgen der Festigkeitswerte. Es ist der Vorfaktor c zu finden, der beim Nicht-Versagen größer als 1 und beim Versagen kleiner als 1 ist. Für bestimmte Fälle kann man die Ungültigkeit dieses Kriteriums zeigen (Hart-Smith 1993). Hierbei lässt sich auch keine Aussage treffen, ob man vielleicht auf der „sicheren" Seite liegt. Eine Verbesserung bezüglich der Auslegung von Faserverbundwerkstoffen ist die Verwendung verschiedener Versagenskriterien. Hashin (Hashin 1980) macht bei seinem Versagenskriterium Fallunterscheidungen bezüglich der unterschiedlichen Versagensarten und kommt auf den folgenden Satz von Gleichungen:

Faserzugversagen („Tensile Fiber Mode") $\sigma_{11} > 0$:

$$c^2\left(\frac{\sigma_{11}}{\sigma_{11t,zul}}\right)^2 + c^2\left(\frac{\tau_{12}}{\tau_{12,zul}}\right)^2 = 1, \tag{9.6}$$

Faserdruckversagen („Fiber Compressive Mode") $\sigma_{11} < 0$:

$$c\sigma_{11} = -\sigma_{11c,zul}, \tag{9.7}$$

Matrixzugversagen („Tensile Matrix Mode") $\sigma_{22} > 0$:

$$c^2\left(\frac{\sigma_{22}}{\sigma_{22t,zul}}\right)^2 + c^2\left(\frac{\tau_{12}}{\tau_{12,zul}}\right)^2 = 1, \tag{9.8}$$

Matrixdruckversagen („Compressive Matrix Mode") $\sigma_{22} < 0$:

$$c\sigma_{22} = -\sigma_{22c,zul}, \tag{9.9}$$

mit den Spannungen σ_{11}, σ_{22}, τ_{12} im Koordinatensystem der Faser und den Beträgen der Festigkeitswerte.

Der Aufbau der *Laminatsteifigkeitsmatrix* und die Auswertung der Versagenkriterien erfolgt innerhalb der *Finite Elemente Programme* (z. B. in NASTRAN®) oder mit speziellen *Laminatanalyseprogrammen* (z. B. innerhalb PATRAN®):

- Auswahl der Analyseverfahren,
- Definition des Laminataufbaus mit Informationen für jede Einzelschicht (Dicke, Orientierungswinkel, Faservolumenanteil, Referenztemperatur, Material).

Typische Ergebnisse der Laminatanalyseprogramme sind:

- Elastische Größen des Laminats,
- Platteneigenschaften,
- Spannungsverteilung und Spannungskonzentrationsfaktoren,
- Versagensanalyse nach unterschiedlichen Verfahren.

9.3.2 Prinzipielle Studie zum Einfluss der Laminateigenschaften auf das Bauteilverhalten

Eine Anwendung der Faserverbundoptimierung ist die gezielte Einstellung gerichteter Steifigkeiten. Der in Abb. 9.12 skizzierte Träger ist aus zwei Faserlaminat-Deckschichten und einem Kernmaterial aufgebaut, welches z. B. durch Rippen realisiert werden könnte. Der Träger sei mit einem Biegemoment um y_F belastet. Ziel der Optimierung ist es, mithilfe der Biegung auch eine Torsionsverformung des Trägers zu erreichen.

Durch eine gezielte Besetzung der *Laminatsteifigkeitsmatrix* mithilfe der Veränderung des Laminataufbaus ist

- die Durchbiegung des Trägers (äquivalent zur Biegekrümmung κ_x) und
- die Verdrehung des Trägers (äquivalent zur Torsionskrümmung κ_{xy})

bei gegebenen Schnittlasten einstellbar.

Benötigt man eine bestimmte Torsionsverformung, so bezahlt man dies auf den ersten Blick mit einer Erhöhung der Biegeverformung, was unerwünscht ist. Es handelt sich dann um einen typischen Kompromiss. Bei der Suche nach einem geeigneten Kompromiss hilft ein Optimierungsprogrammsystem. Dabei soll die Biegeverformung minimal werden. Außerdem soll die Festigkeit des Laminats erhöht werden. Das Laminatverhalten ist mit der *Laminatsteifigkeitsmatrix* (Gl. 9.4) gegeben. Die Optimierungsaufgabe lautet:

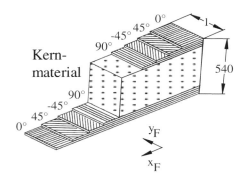

	Dicke	Winkel	Material
1	10.0	0.0	T400
2	4.0	45.0	T400
3	4.0	-45.0	T400
4	2.0	90.0	T400
5	500.0	0.0	Kern
6	2.0	90.0	T400
7	4.0	-45.0	T400
8	4.0	45.0	T400
9	10.0	0.0	T400

Abb. 9.12 Aufbau eines Faserverbund-Trägers mit Deckschichten und Kernmaterial

Suche einen Lagenaufbau der Faserverbundstruktur des Trägers, sodass die Biegeverformung minimal ist und eine Verdrehung von $\kappa_{xy} = -1{,}5\text{E-}5$ mm^{-1} (Torsionskrümmung) erreicht wird. Dabei ist die Laminatfestigkeit nach Hashin zu berücksichtigen.

Hierzu werden einfache Laminatmodifikationen durchgeführt. In Tab. 9.9 sind optimale Ergebnisse dieser Modifikationen zusammengefasst. Für die Varianten 1 und 4 sind in den Abb. 9.13 und 9.14 die Ergebnisse über dem Modifikationswinkel aufgetragen.

Die Varianten 1, 2 und 4 ermöglichen die Einhaltung der Verdrehungsrestriktion. Dabei wird bei den Varianten 1 und 2 die Biegeverformung erheblich erhöht und die Laminatfestigkeit erheblich reduziert. Nur die Variante 4 (Modifikation der Orientierungen der negativen 45°-Schichten) liefert Verbesserungen in allen Optimierungszielen und kann die geforderte Verdrehung von $\kappa_{xy} = -1{,}5\text{E-}5$ mm^{-1} erreichen.

9.3.3 Faserverbundoptimierung eines Außenflügels

In diesem Abschnitt wird eine Optimierungsrechnung durchgeführt, welche eine Einsatzmöglichkeit von Faserverbundwerkstoffen im Flügel des Airbus A380 (Abb. 9.15) aufzeigt. Mit Faserverbundwerkstoffen ist es auf effiziente Weise möglich, dem Problem der Flügelverdrehung, welches bei gepfeilten Flügeln durch die Luftlasten entsteht, entgegen zu wirken. Im Idealfall ist die Flügelverdrehung unabhängig von

Tab. 9.9 Optimale Ergebnisse der Laminatmodifikationen

	Optimaler Winkel (degree)	κ_{xy} [mm^{-1}]	κ_x [mm^{-1}]	Laminat-festigkeit (%)
Referenz (0°)	–	nicht möglich	0,2446 E-5	100
Variante 1 Orientierung des Gesamtlaminats	21	−0,15E−4	0,3043 E−4	76
Variante 2 Orientierung der 0°-Schichten	10	−0,15E−4	0,2790E−4	86
Variante 3 Orientierung der ±45°-Schichten	–	nicht möglich	–	–
Variante 4 Orientierung der −45°-Schichten	56	−0,15E−4	0,2127E−4	103
Variante 5 Erhöhung der −45°-Schichtdicken auf Kosten der +45°-Schichten	–	nicht möglich	–	–

Abb. 9.13 Effekt der
Variation der Orientierung des
Gesamtlaminats (Variante 1)

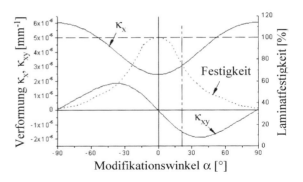

Abb. 9.14 Effekt der
Variation der Orientierung der
−45°-Schichten (Variante 4)

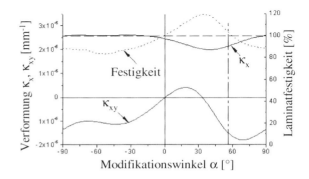

Abb. 9.15 Flügel des Airbus
A380. **a** CAD-Zeichnung,
b einfaches *Finite Elemente
Modell*

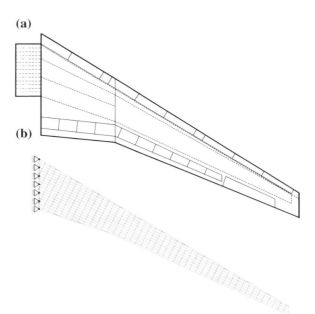

der Geschwindigkeit und unabhängig von der Flugzeugmasse (inkl. Treibstoffmasse). mithilfe des in Abschn. 9.3.2 gezeigten Biege-Torsions-Zusammenhangs von Faserverbundstrukturen soll diesem Ideal so weit wie möglich entsprochen werden. Dies ist eine klassische Aufgabe der *Aeroelastik*. Bei einer bestimmten Flügelverdrehung entstehen Luftkräfte, die zu wiederum einer bestimmten Flügelverdrehung führen. Für eine Simulation der *Aeroelastik* sind folgende Rechenmodule erforderlich:

- *Finite Elemente Modul* zur Simulation der Struktureigenschaft,
- Aerodynamikmodul zur Berechnung der Belastung aus der Luftströmung,
- Kopplungsmodul zur Kopplung der Verschiebungen.

Mit *Aeroelastik-Simulationen* können statische und dynamische Probleme (z. B. Flattern) sehr gut berechnet werden (Hönlinger 1998). Hauptproblem der *Aeroelastik* ist die Simulation der Aerodynamik. Vor allem für den Einsatz in einer Optimierungsschleife muss ein guter Kompromiss zwischen Rechengenauigkeit und -zeit gefunden werden. Bei Verkehrsflugzeugen wie dem Airbus-A380 liegen auf dem Flügel *transonische* Strömungsverhältnisse vor, deren Berechnung sehr aufwendig ist. In dem hier vorgestellten Beispiel wird das Aerodynamikmodul nicht in die Optimierungsschleife integriert. Die *Aeroelastik-Simulation* wird zur Lastermittlung verwendet, diese Lasten werden dem *Finite Elemente Modell* aufgeprägt. Diese Entkopplung ist nur für erste Prinzipstudien zulässig.

Die Optimierungsaufgabe wird folgendermaßen formuliert:
Minimiere die Veränderung der Flügelverdrehung (Abb. 9.16) infolge der Kraftstoffreduktion unter Beibehaltung der Flügeldurchbiegung und des Flügelgewichts (Basis: Aluminium-Konstruktion).

Die Deckschichten des Außenflügels bestehen aus CFK (T400®). Die Definition der Entwurfsvariablen ist Abb. 9.17 zu entnehmen. Der Außenflügel wird in acht gleich

Abb. 9.16 Verdrehung und Biegung des gepfeilten Flügels infolge der Luftlasten

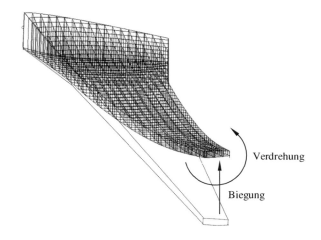

breite Bereiche unterteilt. Für die Ober- und Unterseite eines jeden Bereichs werden die Dicke und der Faserwinkel der –45°-Schichten als Entwurfsvariablen definiert.

Als Startentwurf wird das Optimum der Variante 4 in Abschn. 9.3.2 verwendet. Bereits dieser Startentwurf hat eine auf 75% reduzierte Flügelverdrehung. Die Optimierung wird innerhalb NASTRAN® mit dem *MMFD-Algorithmus* (Abschn. 4.2.2) durchgeführt. Er findet sehr schnell eine gute und zulässige Lösung. In Abb. 9.17 ist zusätzlich der Verlauf der Zielfunktion bei der Optimierung ohne Verwendung der Ergebnisse aus Abschn. 9.3.2 eingezeichnet.

Definition der Entwurfsvariablen:

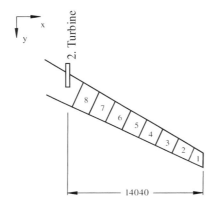

Entwurfsvariablen:
Dicken und Faserwinkel der
-45°-Schichten.

Ziel:
Minimierung der Verdrehung
des Flügelendes

Restriktion:
Gewicht des Flügels

Verdrehung des Flügelendes:

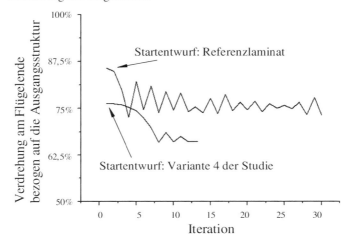

Abb. 9.17 Minimierung der Flügelverformung durch Modifikation der –45°-Schichten des A380-Außenflügels

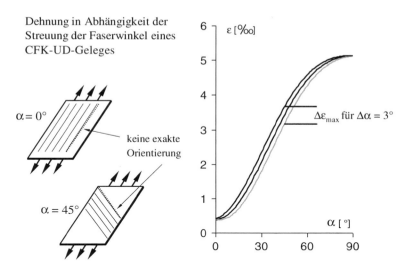

Abb. 9.18 Robustheitsuntersuchung an einem CFK-UD-Gelege

Der *MMFD-Algorithmus* findet lediglich ein schlechteres lokales Optimum. Dies zeigt die Notwendigkeit von solchen Voruntersuchungen.

9.3.4 Robustes Optimieren der Faserverbundstruktur

Die in Abschn. 6.5 vorgestellte Möglichkeit zur Berücksichtigung der Streuung von Einflussgrößen wird in diesem Abschnitt auf Faserverbundwerkstoffe angewendet. Die Abb. 9.18 zeigt den Einfluss der Streuung des Faserwinkels auf die Dehnung des UD-Geleges. Die maximale Streuung der Dehnung liegt bei $\alpha = 45°$. Die Winkel $\alpha = 0°$ und $\alpha = 90°$ sind die robustesten Stellen.

9.3.5 Lochpositionierung in einer Faserverbundscheibe

Die in Abschn. 8.5.2 vorgestellte optimale Lochpositionierung zur Reduzierung der *Nachgiebigkeit* eines Bauteils aus isotropem Werkstoff kann auf Bauteile aus Faserverbundwerkstoff erweitert werden. Hierzu werden zunächst die Spannungen am Rand eines Loches in einer Scheibe aus Faserverbundwerkstoff ermittelt. Die Abb. 9.19 zeigt den Unterschied zwischen den Spannungen am Lochrand bei Verwendung von isotropem Material und von anisotropem Material (z. B. Faserverbundwerkstoffe).

Die *Charakteristische Funktion* zur optimalen Lochpositionierung lautet für die Minimierung der mittleren Nachgiebigkeit der i-ten orthotropen Schicht (Schumacher 1997):

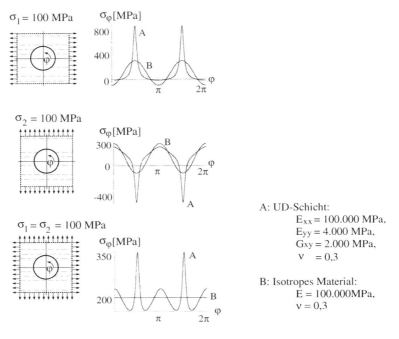

Abb. 9.19 Spannungen am Rand eines Loches in einer Scheibe aus Faserverbundwerkstoff

$$\Phi_i = \frac{{}^1/_2 E_{yy}\pi\sqrt{2}}{E_{xx}\psi_1\psi_2\psi_3\left[\kappa E_{xx}E_{yy} - E_{xx} - E_{yy}\right]} \cdot \qquad (9.10)$$

$$\left\{\chi_1^2 \cdot \left[E_{yy}\psi_1(\psi_2+\psi_3)+(E_{xx}E_{yy}^2\kappa - 2E_{yy}^2)\cdot(\psi_2 - \psi_3) - \sqrt{2}\,\psi_1\psi_2\psi_3\right]-(2\chi_1\chi_2 + \chi_3^2)\right.$$

$$\cdot\left[\sqrt{2}\psi_1\psi_2\psi_3+(2\,E_{xx}E_{yy} - E_{xx}E_{yy}^2\kappa)\cdot(\psi_2 - \psi_3) + E_{yy}\psi_1(\psi_2 + \psi_3)\right]$$

$$-\chi_2^2\cdot\left[\sqrt{2}\,\psi_1\psi_2\psi_3 + (E_{xx}^2E_{yy}^2\kappa - E_{xx}^2E_{yy}\kappa^2 - 2E_{xx}^2E_{yy}^2)\cdot(\psi_2 - \psi_3) + (E_{xx}\psi_1\right.$$

$$\left.-E_{xx}E_{yy}\kappa\psi_1)\cdot(\psi_2 - \psi_3)\right\},$$

mit

$$\psi_1 = \sqrt{E_{xx}^2E_{yy}^2\kappa^2 - 4E_{xx}E_{yy}}\,, \quad \psi_2 = \sqrt{(E_{xx}E_{yy}\kappa + \psi_1)E_{yy}}\,,$$

$$\psi_3 = \sqrt{(E_{xx}E_{yy}\kappa - \psi_1)E_{yy}}\,,$$

$$\chi_1 = \left[-\cos^2\varphi + (m + n)\sin^2\varphi\right]\cdot m\sigma_1 + \left[-\sin^2\varphi + (m + n)\cos^2\varphi\right]m\sigma_2,$$

$$\chi_2 = \left[(1+n)\cos^2\varphi - m\sin^2\varphi\right]\cdot\sigma_1 + \left[(1+n)\sin^2\varphi + m\cos^2\varphi\right]\sigma_2,$$

$$\chi_3 = \left[-n(1+n+m)\cos\varphi\sin\varphi\right]\cdot\sigma_1 + \left[n(1+n+m)\sin\varphi\cos\varphi\right]\sigma_2,$$

$$\kappa = \left(\frac{1}{G_{xy}} - \frac{2\nu_{xy}}{E_{xy}}\right),\ m = \sqrt{\frac{E_{xx}}{E_{yy}}},\ n = \sqrt{2\left(\sqrt{\frac{E_{xx}}{E_{yy}}} - \nu_{xy}\right) + \frac{E_{xx}}{G_{xy}}}.$$

Bei Laminaten, die aus i orthotropen Schichten bestehen, wird die *Charakteristische Funktion* für jede Einzelschicht ausgewertet und mit den Schichtdicken gewichtet aufaddiert. Die optimale Lochposition ist an der Stelle in der Struktur, an der die Summe der *Charakteristischen Funktionen* Φ_i einen Minimalwert annimmt.

Ein Beispiel (Abb. 9.20) zeigt die Effekte beim Einsatz von Faserverbundmaterialien. Auf der Symmetrielinie der skizzierten Rechteckscheibe (100 mm hoch und 150 mm breit) soll ein Loch an optimaler Stelle positioniert werden. Für die Berechnung wird die Symmetrie genutzt und ein FE-Modell mit 1000 Elementen für eine Seite aufgebaut. In Abhängigkeit vom Faserverbund-Lagenaufbau werden unterschiedliche Lochpositionen ermittelt. Die Studie wird mit einem $0°/+45°/-45°/90°$-Laminat durchgeführt, wobei die Dicke der $0°$-Schicht variiert wird (Tab. 9.10).

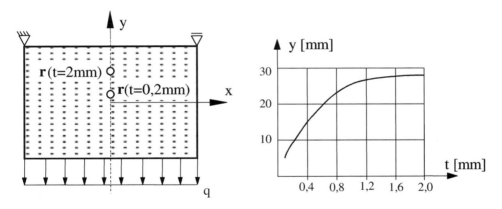

Abb. 9.20 Optimale Lochpositionen in einer Scheibe aus Faserverbundwerkstoff

Tab. 9.10 Faserverbund Lagenaufbau für das Beispiel zur Lochpositionierung	Lagenwinkel	Lagendicke
	0°	t (variabel)
	+45°	0,2 mm
	−45°	0,2 mm
	90°	0,1 mm

Mit Erhöhung der Dicke der 0°-Schicht wandert die optimale Lochposition in positiver y-Richtung von der Streckenlast weg.

Bei Verwendung von Faserverbundwerkstoffen ist es erstrebenswert, Aussparungen nicht nachträglich einzubringen, sondern bei der Laminatherstellung bereits vorzusehen. Die Berücksichtigung einer lokalen Faserlagenänderung in der Umgebung des Lochrands oder einer Versteifung eines Lochrands ist mit diesem einfachen Topologieoptimierungsansatz nicht möglich. Um für diese Fälle Löcher zu positionieren, muss man numerisch vorgehen (Abschn. 8.5.3).

9.4   Optimierungen basierend auf Versuchsergebnissen

Alle bisher in diesem Buch vorgestellten Anwendungen der Optimierung nutzen eine Rechnersimulation zur Abschätzung des Strukturverhaltens. Die Optimierungsverfahren sind aber ebenso auf in Hardware-Versuchen gemessene Größen der Systemeigenschaften anwendbar. Noch stärker als in der Simulation variiert hierbei der Zeitaufwand für einen Versuch. So ist es undenkbar, Crashversuche an Gesamtfahrzeugen in mathematische Optimierungsschleifen zu integrieren. Sie dienen nur zur Verifikation der Simulation. Anders sieht es bei schnell durchführbaren Versuchen aus. Diese können direkt in eine Optimierungsschleife integriert werden. Außerdem ist die Verwendung eines *Versuchsplans* mit sinnvollen Kombinationen von Einflussgrößen möglich (Abschn. 4.3.2). Mit dem damit erstellten *Meta-Modell* können dann Optimierungsrechnungen durchgeführt werden. Die Optimierungsergebnisse werden dann in Hardware-Versuchen verifiziert.

Große Erfolge verzeichneten Automobilhersteller in den letzten Jahren im Bereich der *Motorkalibrierung*. Hierbei werden für fertig hergestellte Motoren die durch das Steuergerät einzustellenden Größen optimiert. In der Regel erfolgt dies auf stationären Motorprüfständen. Pro Messung werden ca. 2 Minuten benötigt. Die Einstellung der Einflussgrößen erfolgt von Hand oder automatisch. Zur integrierten Einbindung in eine Optimierungsschleife ist die Automatisierung des Motorprüfstands erforderlich. Wenn die Einstellung von Hand erfolgt, kann ein Versuchsplan abgearbeitet werden und danach ein *Meta-Modell* erstellt werden, auf dem optimiert werden kann. Obwohl dieses Thema mit der Optimierung mechanischer Strukturen weniger zu tun hat, soll es trotzdem zur Illustration der Möglichkeiten der Einbindung von Hardware-Versuchen herangezogen werden.

Die prinzipielle Vorgehensweise wird anhand der Bestimmung der optimalen Zündwinkel für das gesamte Betriebsfeld aufgezeigt. Folgende Haupteinflussfaktoren werden berücksichtigt:

- Motordrehzahl (RPM),
- Last bzw. Gaspedalstellung (LAS),
- Luft-Kraftstoff-Verhältnis (EQR),
- Zündwinkel (SPA).

Das Optimierungsziel ist die Maximierung des effektiven Drehmoments (TOR) für das gesamte Motorkennfeld. Zur Programmierung des Steuergeräts sollen die optimalen Zündwinkel in Abhängigkeit der anderen Einstellgrößen für ein feines Datenraster ermittelt werden:

RPM: 1024, 1536, 2048, 2560, 3072, 3584, 4096, 4608, 5120, 5632,6144,

LAS: 120, 160, 200, 240, 280, 320, 360, 400, 440, 480, 520, 560, 600,

EQR: 1,0, 1,1, 1,2, 1,3.

Es handelt sich somit um 572 einzelne Optimierungen mit der Formulierung: Maximiere TOR(SPA) für alle Kombinationen von RPM, LAS und EQR.

Für eine Optimierung von Hand werden *Zündhaken* gefahren, das sind ca. 8 Variationen des Zündwinkels. Damit erfordert das Problem 4576 Messungen. Dieser Messaufwand kann mit dem Einsatz der statistischen Versuchsplanung, der Erstellung eines *Meta-Modells* und der mathematischen Optimierung erheblich reduziert werden. Hierzu sind am Anfang die zu variierenden Einflussgrößen und die entsprechenden Variationsbereiche für den Versuch festzulegen. Dabei ist die Ermittlung des „fahrbaren" Bereichs elementar, weil es außerhalb dieses Bereichs zum Motorstillstand oder im schlimmsten Fall zu Schäden am Motor kommen kann. Mit dem Versuchsplan werden die Anzahl der Kombinationen der einzelnen Stellgrößen sowie die Reihenfolge und die Anzahl von Wiederholungspunkten festgelegt. Hier ist ein prinzipieller Unterschied zur Einbindung der Rechnersimulation zu sehen: Durch die Streuungen im Versuch erhält man bei gleicher Kombination der Einflussgrößen unterschiedliche Ergebnisse.

In dem speziellen Anwendungsfall (Schumacher et al. 2001) wird ein Versuchsplan für die Parameter RPM, LAS und EQR aufgestellt. Die Abb. 9.21 zeigt einen Schnitt durch den Versuchplan in der RPM-LAS-Ebene. In diesem Versuchsplan ist bereits spezielles Wissen über die kritischen Stellen des Motors integriert. An diesen Stellen werden mehr Messungen durchgeführt. An den einzelnen Punkten werden die 8 Variationen des Zündwinkels

Abb. 9.21 Versuchsplan basierend auf einer Kombination aus mathematischen Verfahren und Erfahrungen

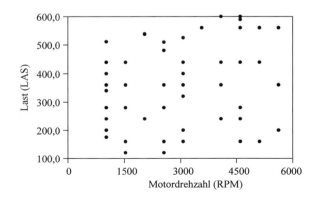

(*Zündhaken*) gefahren. Es wäre kein Problem, den Zündwinkel als zusätzlichen Parameter in den Versuchsplan aufzunehmen. Das ist aus den folgenden Gründen nur bedingt sinnvoll:

- Wenn *Zündhaken* gefahren werden, kann die Klopfgrenze direkt bestimmt werden. Damit werden bauteilrelevante Grenzen (z. B. Klopfgrenze, Abgastemperaturgrenzen) wirklich angefahren.
- Im Vergleich zu Betriebspunktänderungen ist es ein geringerer Aufwand, den Zündzeitpunkt zu ändern, d. h. einen *Zündhaken* zu fahren.

Insgesamt wurden 578 Messungen durchgeführt. Das sind knapp 13 % des Messaufwands der Handoptimierung. Zudem müssen die ausgewählten Kombinationen nicht so genau eingestellt werden, weil dies für die Erstellung der *Resonse Surface* unwichtig ist. Es ist lediglich die Stabilität des Messpunktes wichtig, um die Werte exakt ermitteln zu können.

Alle gemessenen Punkte werden gleichgewichtig zum Aufbau der *Meta-Modelle* herangezogen. Zur Quantifizierung der Güte des *Meta-Modells* werden die in Abschn. 4.3.2 beschriebenen Regressionsparameter herangezogen.

In Abb. 9.22 ist ein *Scatter Plot* zu sehen, in dem die Ergebnisse des *Meta-Modells* über alle gemessenen Betriebspunke aufgetragen sind. Die Werte von Messung und *Meta-Modell* stimmen sehr gut überein. Es liegt eine mittlere Abweichung des Drehmoments von 1 Nm vor. Die maximale Abweichung beträgt 3 Nm, weit entfernt von einer geforderten maximalen Abweichung von unter 5 %. Der Wert des in Gl. (4.29) definierten Regressionsparameters ist mit 0,999691 sehr nah an 1 und damit sehr gut.

Für die 572 auszuwertenden Betriebspunkte wurden Optimierungsrechnungen durchgeführt, wobei ein übergeordneter Prozess die speziellen Einstellungen von RPM, LAS und EQR vornahm und die Optimierungen der Zündwinkel gestartet hat. In diesem Fall wurde jeweils von Optimus® einen weiterer Optimus®-Lauf gestartet. Die Abb. 9.23

Abb. 9.22 *Scatter Plot* für das *Meta-Modell* 4. Grades basierend auf den 578 Betriebspunkten

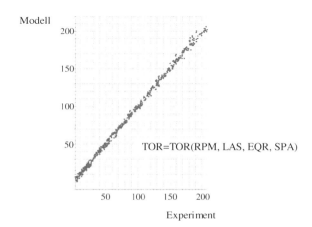

Abb. 9.23 Schnitt durch das *Meta-Modell* zur Darstellung der Optimierungsaufgabe

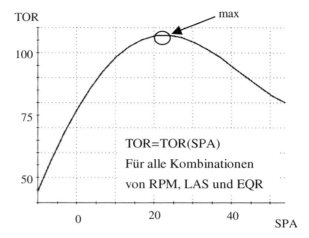

zeigt einen Schnitt an einem Betriebspunkt durch das *Meta-Modell*. Für diesen speziellen Betriebspunkt ist SPA = 21,5 optimal.

Literatur

Baptiste D (Hrsg) (1991) Mechanics and mechanisms of damage in composites and multi-Materials. ESIS Publication 11, Mechanical Engineering Publications Limited, London

Christensen RM (1979) Mechanics of composite materials. Wiley, New York

Eschenauer HA, Schumacher A, Vietor T (1993) „Decision makings for initial designs made of advanced materials". In: Bendsøe MP, Mota Soares CA (Hrsg) Topology design of structures. Kluwer Academic Publishers, Netherlands, S 469–480

EuroNCAP (2012) Homepage: www.euroncap.com

Hart-Smith LJ (1993) Should fibrous composite failure modes be interacted or superimposed?. Composites 24(1)

Hashin Z (1980) Failure criteria for unidirectional fiber composites. J Appl Mech 47:329–334

Hönlinger H (Hrsg) (1998) Aeroelastik-Tagung der DGLR, DGLR-Bericht 98-01

Irwin GR (1958) Fracture. In Flügge (Hrsg) Handbuch der Physik, Bd. VI: Elastizität und Plastizität, Springer, Berlin Göttingen Heidelberg

Merkel M, Schumacher A (2003) An automated optimization process for a CAE driven product Development. J Mech Des 125(4):694–700

Niederstadt G, Block J, Geier B, Rohwer K, Weiß R (1985) Leichtbau mit kohlenstoffaserverstärkten Kunststoffen. Kontakt & Studium, Bd 167

Sähn S, Göldner H (1993) Bruch- und beanspruchungskriterien in der festigkeitslehre. Fachbuchverlag Leipzig Köln

Schumacher A (1997) Bubble-methode zur gestalts- und topologieoptimierung im Konstruktionsprozeß. NAFEMS Seminar zur topologieoptimierung, Aalen, 23 Sept. 1997

Schumacher A, Brunies F (2000) Crash-Optimierung unter einbeziehung weiterer, fachübergreifender Strukturanforderungen. VDI-Berichte Nr. 1559, 275–297

Schumacher A, Seibel M (2006) Karosserieleichtbau: lernen von der flugzeugentwicklung. ATZ-Automob Z 12(2006):1068–1073

Schumacher A, Döhler A, Helmers R, Scherf O (2001) Einsatz moderner approximations- und optimierungsverfahren in der motorkalibrierung. In: Röpke K (Hrsg) Design of experiments (DoE) in der motorenentwicklung. Umdruck der Haus der Technik Tagung, Berlin

Tsai SW, Wu EM (1971) A general theory of strength for anisotropic material. J. Compos Mater 5:55–80

Vietor T (1994) Optimale Auslegung von Strukturen aus spröden Werkstoffen. Diss., Uni.-GH Siegen, FOMAAS, TIM-Bericht Nr. T02-02.94

Weibull W (1951) A statistical distribution function of wide applicability. J Appl Mech 293–297

Anhang

A.1 Lösungen der Übungsaufgaben

Aufgabe 1.1

Zu a

Entwurfsvariablen:

- Materialeinsatz,
- Durchmesser von einzelnen Abschnitte der Welle,
- Längen einzelner Abschnitte,
- Gestaltung von Übergängen,
- Positionierung der Lagerungen,
- Art der Lagerungen.

Zu b

Zielfunktionen für die Antriebswelle:

- Gewicht,
- Kosten für Herstellung und Einbau.

Restriktionsfunktionen für die Antriebswelle:

- Übertragung des erforderlichen Drehmoments ohne Versagen für die definierte Lebensdauer,
- Möglichkeit zum Einbau der Welle in das Gesamtsystem.

Zu c

Zur Strukturberechnung genügen evtl. Handrechnungen, mit denen auch die Betriebsfestigkeit abgeschätzt werden kann.

A. Schumacher, *Optimierung mechanischer Strukturen*,
DOI: 10.1007/978-3-642-34700-9, © Springer-Verlag Berlin Heidelberg 2013

Aufgabe 1.2

Zu a

Globale Entwurfsvariablen:

- Konfiguration (z. B. Nurflügler),
- Flügelpfeilung,
- Flügelstreckung,
- Flügelfläche, Flügelprofile,
- Triebwerksleistung und -anordnung,
- Abflugmasse, Nutzlast,
- Kraftstoffmasse.

Entwurfsvariablen unter Beibehaltung der äußeren Flügelgeometrie:

- Wanddicken,
- Material: Materialkennwerte, Faserverbund-Lagendicken, Faserverbund-Lagenwinkel, Faserverbund-Stapelfolgen,
- Form: Abstände und Geometrien der Rippen und Stringer,
- Topologie: Positionierung von Aussparungen, Zahl der Stringer, Aussparungen an Rippen und Stringern,
- Bauweisen: Art der Baukonstruktion: z. B. Sandwich-Bauweise, …
- Lage der Ruder: Größe und Lage.

Zu b

Zielfunktionen für den Flügel:

- Gewicht,
- Kosten zur Herstellung und Instandhaltung.

Restriktionsfunktionen für den Flügel:

- Eigenfrequenzen,
- Spannungen: Versagenskriterien,
- Grad der Werkstoffauslastung,
- Dämpfung (evtl. Verwendung spezieller Dämpfungsschichten),
- Stabilität (Beulen…),
- Ruderanschlusssteifigkeiten,
- Lokale Auslenkungen,
- Wärmespannungen,
- Schlagbeanspruchung,
- Materialermüdung,

- Gleitzahl, Auftrieb,
- Aeroelastische Wirksamkeit: Ruderwirksamkeit in Abhängigkeit der Flügelverformung,
- Flügelverformungen: „Flight shape" für mehrere Flugzustände, abhängig vom Betankungszustand,
- Flattergeschwindigkeit:
  $v_{Flatter} > 1,15 v_D$, V_D = ausgelegte Maximalgeschwindigkeit,
- Fertigungsgerechtes Bauen: Akzeptanz, Stringerbau, Kosten,
- Zulassungsvorschriften, u. a. (FAR25 2004).

Zu c

Zur Strukturberechnung genügt ein lineares *Finite Elemente Programm*:

a) Detailierungsgrad des *Finite Elemente Modells*:
- Ausrüstmassen (z. B. Stellmotoren für Klappen),
- Triebwerke: Gondel als starre Körper,
- Fahrwerk: besteht ausreichend Einbauraum?
b) Materialdaten: Aluminium, Faserverbunde ...
c) Es liegen folgende wesentlichen Lastfälle vor:
- Betankungszustand 1: Leerer Tank (gilt für Manöver- und Böenlast),
- Betankungszustand 2: Voller Tank (gilt für Rollen am Boden),
- Manöverlast: Abfangmanöver aus (FAR25 2004) mit Sicherheit $j = 1,5$, Bemerkungen: Kraftstoff bereits verbraucht,
- Böenlast: 15 m/s- Vertikalböe, Kraftstoff verbraucht,
- Rollen am Boden: Bemerkungen: $-2g$ mal $j = 1,5$; also $-3g$, voller Tank,
- Lasten zur Fahrwerksauslegung: Voller Tank.

Vertiefte Darstellungen zum Flugzeugentwurf finden sich in (Niu 1988; Raymer 1989 und Heinze 1994).

Aufgabe 2.1

Grundregeln:

- Kraftflussoptimale, großvolumige Trägerstrukturen,
- Großzügig ausgerundete Übergänge,
- Steife Knoten an A-, B-, und C-Säulen,
- Vermeiden von freien Trägern,
- Aggregate an Knoten nicht an Flächen anbinden.

Aufgabe 2.2

Mit der *Finite Elemente Methode* kann man das Problem aus Symmetriegründen mit einem Viertelmodell lösen. Die maximale Spannung ist am oberen und unteren Lochrand.

Mit der Annahme, dass die Spannungserhöhung durch die Bohrung bis zum Blechrand abklingen, kann man die Spannung am Rand der Bohrung für den kompletten Umfang auch analytisch beschreiben (Becker und Gross, 2002): $\sigma_{\varphi\varphi} = \sigma_1 - 2\sigma_1 \cos 2\varphi$, wobei φ am rechten Bohrungsrand Null ist. Für $\varphi = 0$ ist $\sigma_{\varphi\varphi} = -\sigma_1$, es liegt also Druckspannung vor, für $\varphi = 90°$ ist $\sigma_{\varphi\varphi} = 3\sigma_1$, es liegt dort Zugspannung vor. Die Spannungsanalyse mit der *Finite Elemente Methode* muss für das vorliegende Beispiel in der gleichen Größenordnung liegen.

Aufgabe 2.3

Die Lösung findet man durch Freischneiden der einzelnen Komponenten. Die Rippe wird auf Schub belastet. Die Schubspannung ist $\tau = F/2ht$. Bei der Lösung mit der *Finite Elemente Methode* erhält man zusätzlich die lokalen Spannungsüberhöhungen an den Krafteinleitungen.

Aufgabe 2.4

a) $f_A = \dfrac{Fl^3}{3EI_{yA}}$ mit $I_{yA} = \dfrac{b(2h)^3}{12}$; $f_B = \dfrac{7F(2l)^3}{768EI_{yB}}$ mit $I_{yB} = \dfrac{bh^3}{12}$ $\rightarrow$ $\dfrac{f_B}{f_A} = 1{,}75$

b) $f_A = f_B$ $\rightarrow$ $\dfrac{h_B}{h_A} = \sqrt[3]{1{,}75} = 1{,}2$.

Aufgabe 2.5

Wenn man einen analytischen Ausdruck benötigt, kann die Lösung z. B. mithilfe des Arbeitssatzes gefunden werden, in dem man an der Stelle $x = 0$ eine Einheitslast in negativer y-Richtung aufprägt:

$$w_0 = \frac{12\, q\, l^4}{h^3\, E}\left[\frac{1}{128\, b_1} + \frac{1}{8\, b_2} - \frac{1}{128\, b_2}\right]$$

Aufgabe 2.6

Zu a

Mit dem vorgegebenen Verschiebungsvektor

$$\mathbf{v} = \begin{pmatrix} v_1 \\ v_2 \end{pmatrix}$$

können die Konstanten der Verschiebungsfunktion $v(x) = a_0 + a_1 x$ (vgl. Gl. 2.1) mithilfe der Randbedingungen bestimmt werden:

$$v(0) = v_1 \text{ und } v(L) = v_2 \rightarrow a_1 = (v_2 - v_1)/L$$
$$\rightarrow v(x) = \left(1 - \frac{x}{L}\right)v_1 + \frac{x}{L}v_2.$$

Die Verzerrungs-Verschiebungsgleichung (vgl. Gl 2.2) lautet:

$$\varepsilon = \frac{\partial v}{\partial x} = \frac{v_2}{L} - \frac{v_1}{L} = \left(-\frac{1}{L}, \frac{1}{L}\right) \cdot \begin{pmatrix} v_1 \\ v_2 \end{pmatrix}.$$

Das Werkstoffgesetz lautet gemäß Gl. 2.3:

$$\sigma = E\varepsilon = E\left(\frac{v_2}{L} - \frac{v_1}{L}\right).$$

Mit dem Belastungsvektor

$$\mathbf{F} = \begin{pmatrix} F_1 \\ F_2 \end{pmatrix}$$

erhält man nach dem Prinzip der virtuellen Arbeit $\delta W = \delta U$ (Gl. 2.4) den folgenden Zusammenhang:

$$\mathbf{F} \cdot \mathbf{v} = \int_\Omega (\varepsilon^T E \varepsilon) d\Omega$$

Mit dem oben ermittelten Ausdruck für die Dehnung ε ergibt sich:

$$\begin{pmatrix} F_1 \\ F_2 \end{pmatrix} = \int_\Omega \begin{pmatrix} -\frac{1}{L} \\ +\frac{1}{L} \end{pmatrix} E \left(-\frac{1}{L}, \frac{1}{L}\right) d\Omega \begin{pmatrix} v_1 \\ v_2 \end{pmatrix} \rightarrow \begin{pmatrix} F_1 \\ F_2 \end{pmatrix} = A \cdot E \begin{bmatrix} \frac{1}{L} & -\frac{1}{L} \\ -\frac{1}{L} & \frac{1}{L} \end{bmatrix} \begin{pmatrix} v_1 \\ v_2 \end{pmatrix}$$

Die Systemgleichung gemäß Gl. 2.5 lautet:

$$\mathbf{F} = \mathbf{K} \cdot \mathbf{v} \text{ mit } \mathbf{K} = \frac{AE}{L} \begin{bmatrix} 1 & -1 \\ -1 & 1 \end{bmatrix}.$$

Zu b

Die Gesamtsteifigkeitsmatrix errechnet nach Gl. 2.6 und die Systemgleichung für die drei Stäbe lautet:

$$\begin{pmatrix} F_1 \\ F_2 \\ F_3 \\ F_4 \end{pmatrix} = \begin{pmatrix} \alpha_1 & -\alpha_1 & 0 & 0 \\ -\alpha_1 & \alpha_1 + \alpha_2 & -\alpha_2 & 0 \\ 0 & -\alpha_2 & \alpha_2 + \alpha_3 & -\alpha_3 \\ 0 & 0 & -\alpha_3 & \alpha_3 \end{pmatrix} \cdot \begin{pmatrix} v_1 \\ v_2 \\ v_3 \\ v_4 \end{pmatrix} \text{ mit } \alpha_i = \frac{EA_i}{L}.$$

Es sind also vier Gleichung mit vier Unbekannten zu lösen ($v_1 = v_4 = 0$; F_2 und F_3 sind aufgeprägt):

$$F_1 = -\alpha_1 v_2,$$

$$F_2 = (\alpha_1 + \alpha_2)\, v_2 - \alpha_2 v_3,$$

$$F_3 = -\alpha_2 v_2 + (\alpha_2 + \alpha_3)\, v_3,$$

$$F_4 = -\alpha_3 v_3.$$

Die Lösung eines Gleichungssystems erfolgt in der Regel numerisch und macht den Aufwand bei der linearen Finite Elemente Analyse aus. Hier kann das Ergebnis noch analytisch ermittelt werden:

$$v_3 = \frac{\alpha_2 F_2 + (\alpha_2 + \alpha_3) F_3}{(\alpha_1 + \alpha_2)(\alpha_2 + \alpha_3) - \alpha_2^2}; \quad v_2 = \frac{F_2}{\alpha_1 + \alpha_2} + \frac{\alpha_2}{\alpha_1 + \alpha_2} v_3;$$

$$F_1 = -\frac{F_2 v_2 + \alpha_2 v_2 v_3}{\alpha_1 + \alpha_2}; \qquad F_4 = -\frac{\alpha_2 \alpha_3 F_2 + \alpha_3 (\alpha_2 + \alpha_3) F_3}{(\alpha_1 + \alpha_2)(\alpha_2 + \alpha_3) - \alpha_2^2}.$$

Aufgabe 2.7

- Biegelastfall mit einem Halbmodell der Karosseriestruktur,
- Torsionslastfall mit einem Vollmodell,
- Vertikale Belastung durch die Türen (Vollmodell wegen Unsymmetrie),
- Belastung durch Aufreißen der Türen (Vollmodell wegen Unsymmetrie),
- Bodenbelastung,
- Kofferraumbelastung,
- „Polierlasten" an den großen Flächen,
- Abschlepplasten,
- Anhängerlasten,
- Wagenheberlasten,
- Gepäckträgerlasten.

Aufgabe 3.1

Es handelt sich um eine restriktionsfreie Optimierungsaufgabe, sodass die notwendigen Bedingungen gemäß Gl. 3.5 erfüllt werden müssen. Zur Lösung wird die Funktion nach den beiden Entwurfsvariablen x_1 und x_2 abgeleitet und zu Null gesetzt:

$$\frac{\partial f(x_1, x_2)}{\partial x_1} = \frac{9}{2} + 2x_1 - 2x_2 + 4x_1^3 - 4x_1 x_2 = 0$$

$$\frac{\partial f(x_1, x_2)}{\partial x_2} = -4 + 4x_2 - 2x_1 - 2x_1^2 = 0 \quad \rightarrow \quad x_2 = \frac{1}{2}\left(x_1^2 + x_1 + 2\right)$$

Wenn man das berechnete x_2 in die erste Gleichung einsetzt, so erhält man eine kubische Gleichung:

$$\frac{9}{2} + 2x_1 - \left(x_1^2 + x_1 + 2\right) + 4x_1^3 - 2x_1\left(x_1^2 + x_1 + 2\right) = 2x_1^3 - 3x_1^2 - 3x_1 + \frac{5}{2} = 0$$

Die Lösungen dieser Gleichungen lauten:

$x_{1(1)}{}^* = -1{,}0527$	$x_{1(2)}{}^* = 1{,}941$	$x_{1(3)}{}^* = 0{,}6118$
$x_{2(1)}{}^* = 1{,}0277$	$x_{2(2)}{}^* = 3{,}8542$	$x_{2(3)}{}^* = 1{,}493$
$f_{(1)}{}^* = -0{,}5134$	$f_{(2)}{}^* = 0{,}9855$	$f_{(3)}{}^* = 2{,}8091$

Abb. A.1 Höhenlinienplot
der Funktion aus Aufgabe 3.1

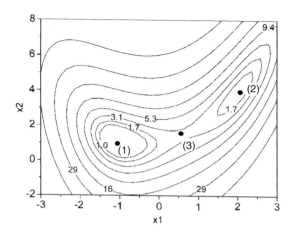

Zur Überprüfung der hinreichenden Bedingungen für ein lokales Optimum wird die HESSE-Matrix gemäß Gl. 3.6 ausgewertet:

$$\det\left[\left(\begin{matrix} 12x_1^2 - 4x_2 + 2 & -2 - 4x_1 \\ -2 - 4x_1 & 4 \end{matrix}\right)_{x^*} - \psi \left(\begin{matrix} 1 & 0 \\ 0 & 1 \end{matrix}\right)\right] = 0.$$

Es ergibt sich die quadratische Gleichung

$$(12x_1^2 - 4x_2 + 2 - \psi)(4 - \psi) - (-2 - 4x_1)^2 = 0,$$

deren Lösung folgendermaßen lautet:

$$\psi_{1,2} = 3 + 6x_1^2 - 2x_1 \pm \sqrt{\left(3 + 6x_1^2 - 2x_1\right)^2 - 32x_1^2 + 16x_1 + 16x_2 - 4},$$

$$\psi_{1,2(1)} = 7{,}59366 \pm \sqrt{(7{,}59366)^2 - 39{,}86} = 7{,}59366 \pm 4{,}2192$$

(beide positiv → lokales Minimum)

$$\psi_{1,2(2)} = 17{,}8964 \pm \sqrt{(17{,}8964)^2 - 31{,}836} = 17{,}8964 \pm 16{,}983$$

(beide positiv → lokales Minimum)

$$\psi_{1,2(3)} = 2{,}2597 \pm \sqrt{(2{,}2597)^2 + 17{,}699} = 2{,}2597 \pm 4{,}7755$$

(ein Eigenwert positiv, ein Eigenwert negativ → kein lokales Minimum sondern ein Sattelpunkt). Die Funktion ist in Abb. A.1. grafisch dargestellt.

Aufgabe 3.2

Die LAGRANGE-Funktion lautet:

$$L(x_1, x_2, \lambda) = x_1^2 + x_2^2 - (x_1 + x_2) + \lambda\left[x_1 - x_2 + 0{,}25\right]$$

Die KUHN-Tucker-Bedingungen lauten:

$$\left.\frac{\partial L(x_1, x_2,\ \lambda)}{\partial x_1}\right|_{x^*} = 2x_1 - 1 + \lambda = 0, \quad \left.\frac{\partial L(x_1, x_2,\ \lambda)}{\partial x_2}\right|_{x^*} = 2x_2 - 1 - \lambda = 0,$$

$$\left.\frac{\partial L(x_1, x_2,\ \lambda)}{\partial \lambda}\right|_{x^*} = x_1 - x_2 + 0,25 = 0 \;\rightarrow\; x_1^* = 0{,}375,\ x_2^* = 0{,}625,\ \lambda^* = 0{,}25.$$

Das entspricht einem Funktionswert von $f^* = -0{,}46875$.

Aufgabe 3.3

Die LAGRANGE-Funktion lautet:

$$L(b_1, b_2,\ \lambda) = w_0(b_1, b_2) + \lambda\ (b_1 + b_2 - B)$$

$$\rightarrow L(b_1, b_2,\ \lambda) = \frac{12\ q\ l^4}{h^3\ E}\left[\frac{1}{128\ b_1} + \frac{1}{8\ b_2} - \frac{1}{128\ b_2}\right] + \lambda\ (b_1 + b_2 - B).$$

Die KUHN-Tucker-Bedingungen lauten:

$$\left.\frac{\partial L(b_1, b_2,\ \lambda)}{\partial b_1}\right|_{b^*} = \frac{12\ q\ l^4}{h^3\ E}\left[-\frac{1}{128\ b_1^2}\right] + \lambda = 0,$$

$$\left.\frac{\partial L(b_1, b_2,\ \lambda)}{\partial b_2}\right|_{b^*} = \frac{12\ q\ l^4}{h^3\ E}\left[-\frac{15}{128\ b_2^2}\right] + \lambda = 0,$$

$$\left.\frac{\partial L(b_1, b_2,\ \lambda)}{\partial \lambda}\right|_{b^*} = b_1 + b_2 - B = 0.$$

Aus diesen drei Gleichungen mit drei Unbekannten lassen sich $b_1 = 0{,}2052\ B$ und $b_2 = 0{,}7948\ B$ ermitteln.

Abb. A.2 Verläufe der oberen und unteren Intervallgrenze der Entwurfsvariable für Aufgabe 4.1

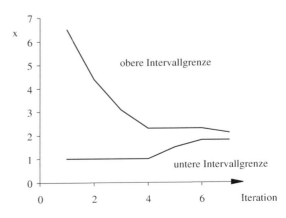

Aufgabe 3.4

Vertrauensintervall: [5,52; 4,44]

Aufgabe 4.1

Intervalle der Entwurfsvariable (s. Abb. A.2):

1. Auswertung	Iteration 0	1	−0,5
2. Auswertung	Iteration 1	6,5	−0,53179191
3. Auswertung	Iteration 2	3,101	−0,88581593
4. Auswertung	Iteration 3	4,399	−0,71720583
5. Auswertung	Iteration 4	2,298418	−0,98582569
6. Auswertung	Iteration 5	1,802582	−0,99082817
7. Auswertung	Iteration 6	1,495995	−0,92155004
8. Auswertung	Iteration 7	1,99189267	−0,99998677

Aufgabe 4.2

x_1	x_2	f
1,000	1,000	4,000
0,515	1,097	1,478
0,370	0,370	0,548
0,191	0,406	0,202

Aufgabe 4.3

Der Ansatz für die Geradengleichung lautet $\tilde{g} = ax + b$. Zur Fehlerquadratrechnung ist die folgende Funktion zu minimieren:

$$Q = \left[g(1) - \tilde{g}(1)\right]^2 + \left[g(3) - \tilde{g}(3)\right]^2 + \left[g(5) - \tilde{g}(5)\right]^2.$$

Mit den eingesetzten Werten lautet die zu minimierende Funktion:

$$Q = [1 - a - b]^2 + [3 - 3a - b]^2 + [4 - 5a - b]^2$$

Für $a = 0,75$ und $b = 0,41667$ nimmt Q ein Minimum an ($Q = 0,16666$). Die Regressionsparameter nehmen folgende Werte an: $R^2 = 0,96667$ (Gl. 4.29) und $R^2_{adj} = 0,93333$ (Gl. 4.30) an.

Aufgabe 4.4

Aus der Minimierung der LAGRANGE-Funktion

$$L = 8x_1^2 - 8x_1x_2 + 3x_2^2 + \lambda_1 \left(x_1 - 4x_2 + 3 + \mu_1^2\right) + \lambda_2 \left(-x_1 + 2x_2 + \mu_2^2\right)$$

nach den Entwurfsvariablen ergeben sich Bestimmungsgleichungen für die Entwurfsvariablen in Abhängigkeit der LAGRANGE-Multiplikatoren:

$$x_1 = \tfrac{13}{16}\lambda_1 - \tfrac{5}{16}\lambda_2 \text{ und } x_2 = \tfrac{7}{4}\lambda_1 - \tfrac{3}{4}\lambda_2$$

Diese sind in die LAGRANGE-Funktion einzusetzen und es ist eine Maximierung nach
den LAGRANGE-Multiplikatoren durchzuführen.

Aufgabe 4.5

Es gibt unterschiedliche Möglichkeiten zur Lösung des Problems. Die effizienteste
Methode ist die Programmierung einer Kombination aus Bestimmung der Suchrichtung
und eindimensionaler Optimierung. Mit diesem Algorithmus könnte die Optimierung
einen Ablauf gemäß Abb. A.3 aufweisen (vgl. Abb. A.1). In Abb. A.3a sind die Linien der
eindimensionalen Optimierung (*Line Search*) skizziert und mit It.1 bis It.4 bezeichnet.
Die Bestimmung der Suchrichtung erfolgt an den jeweiligen Optima mit der *Differenzen-
Methode*. Die zugehörigen Variationen von 0,002 sind in dem Diagramm nicht zu erkennen. In Abb. A.3b sind nur die Optima der einzelnen eindimensionalen Optimierungen
eingezeichnet. Die Abb. A.3c skizziert den Funktionsverlauf über die Iterationen. Bei
dem definierten Abbruchkriterium der Zielfunktionsvariation von unter 0,0001 werden
8 Iterationen und 29 Funktionsaufrufe benötigt.

Aufgabe 5.1

Das allgemein formulierte Gleichungssystem für die Finite Elemente Berechnung und
die Sensitivitätsberechnung

$$\mathbf{K}\hat{\mathbf{v}} = \mathbf{f} \rightarrow \mathbf{K}\frac{\partial\hat{\mathbf{v}}}{\partial x_i} + \frac{\partial\mathbf{K}}{\partial x_i}\hat{\mathbf{v}} = \frac{\partial\mathbf{f}}{\partial x_i}$$

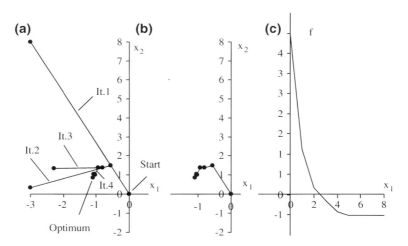

Abb. A.3 Möglicher Optimierungsverlauf für Aufgabe 4.5

lautet für das gegebene Stabwerk:

$$
\begin{pmatrix}
\alpha_1 & -\alpha_1 & 0 & 0 \\
-\alpha_1 & \alpha_1 + \alpha_2 & -\alpha_2 & 0 \\
0 & -\alpha_2 & \alpha_2 + \alpha_3 & -\alpha_3 \\
0 & 0 & -\alpha_3 & \alpha_3
\end{pmatrix}
\cdot
\begin{pmatrix}
v_1 \\ v_2 \\ v_3 \\ v_4
\end{pmatrix}
=
\begin{pmatrix}
F_1 \\ F_2 \\ F_3 \\ F_4
\end{pmatrix}
$$

$$
\rightarrow
\begin{pmatrix}
\frac{\partial \alpha_1}{\partial x_i} & -\frac{\partial \alpha_1}{\partial x_i} & 0 & 0 \\
-\frac{\partial \alpha_1}{\partial x_i} & +\frac{\partial(\alpha_2+\alpha_1)}{\partial x_i} & -\frac{\partial \alpha_2}{\partial x_i} & 0 \\
0 & -\frac{\partial \alpha_2}{\partial x_i} & \frac{\partial(\alpha_2+\alpha_3)}{\partial x_i} & -\frac{\partial \alpha_3}{\partial x_i} \\
0 & 0 & -\frac{\partial \alpha_3}{\partial x_i} & \frac{\partial \alpha_3}{\partial x_i}
\end{pmatrix}
\cdot
\begin{pmatrix}
v_1 = 0 \\ v_2 \\ v_3 \\ v_4 = 0
\end{pmatrix}
+
$$

$$
+
\begin{pmatrix}
\alpha_1 & -\alpha_1 & 0 & 0 \\
-\alpha_1 & \alpha_1 + \alpha_2 & -\alpha_2 & 0 \\
0 & -\alpha_2 & \alpha_2 + \alpha_3 & -\alpha_3 \\
0 & 0 & -\alpha_3 & \alpha_3
\end{pmatrix}
\cdot
\begin{pmatrix}
\frac{\partial v_1}{\partial x_i} = 0 \\ \frac{\partial v_2}{\partial x_i} \\ \frac{\partial v_3}{\partial x_i} \\ \frac{\partial v_4}{\partial x_i} = 0
\end{pmatrix}
=
\begin{pmatrix}
\frac{\partial F_1}{\partial x_i} \\ \frac{\partial F_2}{\partial x_i} = 0 \\ \frac{\partial F_3}{\partial x_i} = 0 \\ \frac{\partial F_4}{\partial x_i}
\end{pmatrix}
$$

Das entspricht dem folgenden Satz von Gleichungen für die unbekannten Verschiebungen:

$$
(\alpha_1 + \alpha_2)\, v_2 - \alpha_2 v_3 = F_2
$$

$$
\rightarrow (\alpha_1 + \alpha_2)\, \frac{\partial v_2}{\partial x_i} - \alpha_2 \frac{\partial v_3}{\partial x_i} = - \frac{\partial(\alpha_1 + \alpha_2)}{\partial x_i} v_2 + \frac{\partial \alpha_2}{\partial x_i} v_3
$$

$$
-\alpha_2 v_2 + (\alpha_2 + \alpha_3)\, v_3 = F_3
$$

$$
\rightarrow -\alpha_2 \frac{\partial v_2}{\partial x_i} + (\alpha_2 + \alpha_3)\, \frac{\partial v_3}{\partial x_i} = \frac{\partial \alpha_2}{\partial x_i} - \frac{\partial(\alpha_1 + \alpha_2)}{\partial x_i} v_2.
$$

In den bereits ermittelten Lösungen für die Verschiebungen kann man durch die folgenden Substitutionen die Sensitivitäten direkt und ohne neue Gleichungslösung hinschreiben:

$$
F_2^{SUB} = - \frac{\partial(\alpha_1 + \alpha_2)}{\partial x_i} v_2 + \frac{\partial \alpha_2}{\partial x_i} v_3, \quad F_3^{SUB} = \frac{\partial \alpha_2}{\partial x_i} - \frac{\partial(\alpha_1 + \alpha_2)}{\partial x_i} v_2
$$

$$
v_2^{SUB} = \frac{\partial v_2}{\partial x_i}, \quad v_3^{SUB} = \frac{\partial v_3}{\partial x_i}
$$

bzw. für die drei Entwurfsvariablen x_1, x_2, und x_3:

$$
\rightarrow \quad F_2^{SUB,x1} = - \frac{E}{L} v_2, \quad F_3^{SUB,x1} = 0,
$$

$$
F_2^{SUB,x2} = \frac{E}{L} v_2 + \frac{E}{L} v_3, \quad F_3^{SUB,x2} = \frac{E}{L} v_2 - \frac{E}{L} v_3
$$

$$F_2^{SUB,x3} = 0, \quad F_3^{SUB,x3} = -\frac{E}{L}v_3$$

$$\rightarrow \frac{\partial v_3}{\partial x_i} = \frac{\alpha_2 F_2^{SUB,xi} + (\alpha_2 + \alpha_3)\,F_3^{SUB,xi}}{(\alpha_1 + \alpha_2)\,(\alpha_2 + \alpha_3) - \alpha_2^2}; \quad \frac{\partial v_2}{\partial x_i} = \frac{F_2^{SUB,xi}}{\alpha_1 + \alpha_2} + \frac{\alpha_2}{\alpha_1 + \alpha_2}\frac{\partial v_3}{\partial x_i}$$

Für Plausibilitätschecks ist jetzt das Einsetzen von Zahlenwerten sinnvoll.

Aufgabe 5.2

	f [mm]	g [%]	x_1	x_2	x_3	x_4	x_5	x_6	x_7	x_8	Aufrufe
	3,804	0,26	7,54	6,82	6,15	5,52	4,86	4,10	3,19	1,94	9
a)	3,875	0,14	8,74	6,28	6,15	5,47	4,46	3,93	3,11	1,93	9
b1)	3,985	0,02	8,59	5,68	6,13	5,83	4,35	4,27	3,36	1,81	10
b2)	4,000	0,0	8,41	6,18	6,61	6,12	4,39	3,66	2,82	1,81	18
c)	59,390	0,15	2,58	2,26	2,00	1,83	1,61	1,36	1,05	1,00	8
d)	4,523	0,26	6,00	6,00	6,00	6,00	5,24	4,58	3,28	3,00	5
e)	0,332	−0,1	10,0	10,0	9,57	6,37	1,00	1,00	1,00	1,00	10
f)	4,161	−0,0	7,47		5,24		4,58		2,71		5
g)	4,948	0,0	6,67				3,35				3

Bemerkungen:

Zu a:	Bei den Startwerten von 3 mm braucht der Optimierungsalgorithmus die ersten 3 Iterationen, um einen zulässigen Entwurf zu finden.
Zu b1:	SLP-Algorithmus.
Zu b2:	SQP-Alogrithmus.
Zu c:	Der höhere Elastizitätsmodul wirkt sich bei dieser reinen Biegebelastung wesentlich weniger auf das Verhalten aus, als die höhere Dichte. Die minimale Durchbiegung ist somit über 15-mal so hoch wie bei Aluminium.
Zu d, f, g:	Der Lösungsraum wird eingeschränkt, was zu einer höheren minimalen Verschiebung führt.

Aufgabe 5.3

Stab	Optimaler Querschnitt (mm)	Stab	Optimaler Querschnitt (mm)
1	84,48	6	1,00
2	1,00	7	59,30
3	1,00	8	61,06
4	41,93	9	59,30
5	85,73	10	1,00

Aufgabe 6.1

Zu a

Aus den Gleichgewichtbedingungen sind die Stabkräfte bzw. die Spannungen in den Stabquerschnitten zu ermitteln:

$$\sigma_1 = \frac{S_1}{A_1} = \frac{F}{A_1 \tan \alpha} \text{ und } \sigma_2 = \frac{S_2}{A_2} = -\frac{F}{A_2 \sin \alpha}. \tag{a, b}$$

Das Volumen der Stabstruktur ist

$$V = A_1 L + \frac{A_2 L}{\cos \alpha}. \tag{c}$$

Beschreibt man die Querschnitte in Abhängigkeit des Maximums der Beträge der Spannungen $\sigma_{max} = \sigma_1 = \sigma_2$ gemäß (Gl. a) und (Gl. b) und setzt diese in (Gl. c) ein, so ergibt sich:

$$V = \frac{F L}{\sigma_{max}} \left[\frac{1}{\tan \alpha} + \frac{1}{\sin \alpha \cos \alpha} \right]. \tag{d}$$

Das optimale α erhält man durch Ableiten der (Gl. d) mit

$$\frac{\partial V}{\partial \alpha} = \frac{F L}{\sigma_{max}} \left[-\frac{1}{\sin^2 \alpha} + \frac{1}{\cos^2 \alpha} - \frac{1}{\sin^2 \alpha} \right] = 0$$

$$\rightarrow \alpha^* = \arctan \sqrt{2} = 54{,}74°$$

$$\rightarrow V = \sqrt{8} \, F L \frac{1}{\sigma_{max}} \tag{e}$$

Die Beträge der Spannungen in den Stäben sollen gleich sein. Daraus ergibt sich folgender Zusammenhang:

$$\frac{A_2}{A_1} = \frac{1}{\cos \alpha} = \sqrt{3} \tag{f}$$

Es handelt sich mit dieser Vorüberlegung um ein Optimierungsproblem mit einer Entwurfsvariablen, wobei die Grenzen der Querschnitte einzuhalten sind. Die Abb. A.4 zeigt den PARETO-optimalen Rand des Optimierungsproblems.

Zu b

Die beiden Ziele sind so unterschiedlich, dass eine geeignete Gewichtung sehr schwierig zu finden ist.

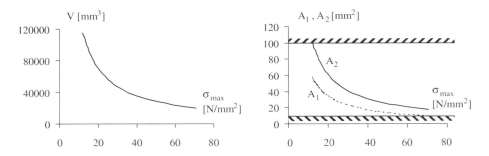

Abb. A.4   PARETO-optimaler Rand und Querschnittswerte zu Aufgabe 6.1

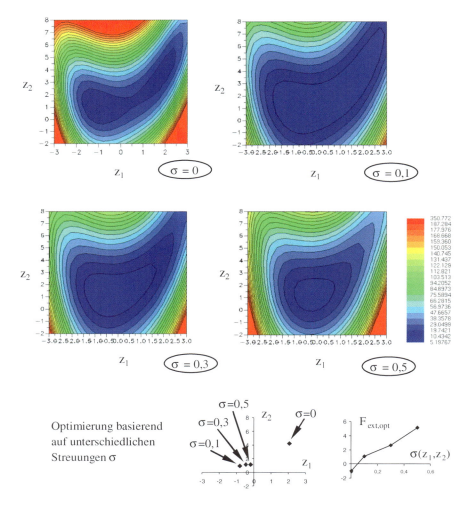

Abb. A.5   Zweidimensionale Funktion

Aufgabe 6.2

Die Ergebnisse sind in Abb. A.5 zusammengefasst dargestellt.

Aufgabe 7.1

$$d(x) = d_0 \sqrt[3]{\frac{x}{l}} \quad \text{mit} \quad d_0 = \sqrt[3]{\frac{32\,F\,l}{\pi\,\sigma_{max}}}.$$

Aufgabe 7.2

a) Die Entwurfsvariablen stellen sich folgendermaßen ein (s. Abb. A.6):

Name	Startwert	Optimum	Bemerkung
x_1	50	84,91	
x_2	50	50,03	
x_3	10	120,0	an der oberen Grenze
x_4	50	10,0	an der unteren Grenze

Am Optimalpunkt beträgt die maximale Vergleichspannung 277 N/mm^2 und die Masse entspricht der Masse der Restriktion von 0,098125 kg. Je nach Diskretisierungsgrad des FE-Netzes können sich leichte Änderungen ergeben. Der prinzipielle Trend sollte aber erkennbar sein.

Die untere Breite ist bei dieser Rechnung gleich geblieben, sodass je nach Höhe der Massenrestriktion eventuell auch eine Hinterschneidung durch den Radius optimal sein kann.

Abb. A.6 Optimale Entwürfe aus den Aufgabenteilen 7.2.a und 7.2.c

(a)   **(b)**

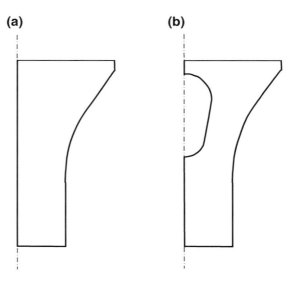

b) Mitunter ist es gar nicht so einfach, einen geeigneten Spline zu finden, der gleich gute Ergebnisse wie der Geraden-Kreisbogen-Ansatz liefert.

c) An der Außenkontur wird nur eine unwesentliche Veränderung vorgenommen. Die Masse kann aber durch den Einbau des Langlochs kann auf 0,0823 kg reduziert werden.

Name	Beschreibung	Startwert	Optimum
x_1	siehe Teil a)	84,91	79,50
x_2	siehe Teil a)	50,03	50,00
x_3	siehe Teil a)	120,00	119,46
x_4	siehe Teil a)	10,00	10,00
x_5	obere z-Koordinate	40,00	42,94
x_6	oberer Radius	20,00	27,79
x_7	untere z-Koordinate	80,00	83,88
x_8	unterer Radius	10,00	19,65

Aufgabe 8.1

Abhängig von den Lastfällen können unterschiedliche Strukturen entstehen. In der Regel entsteht eine Struktur, die dem klassischen Fahrradrahmen sehr ähnlich ist.

Aufgabe 8.2

Für diese Aufgabe genügt die Berechnung eines Viertelmodells. Bei der gelenkig gelagerten Platte liefert die Auswertung der Charakteristischen Funktion eine optimale Lochposition an der Kantenmitte. Die Lochpositionierung bei der fest eingespannten Platte erfolgt in der Plattenecke. Die unterschiedlichen Ergebnisse können folgendermaßen interpretiert werden: Die gelenkig gelagerte Platte benötigt zur Verringerung der Nachgiebigkeit die steifen Ecken. Durch das Aufeinandertreffen der beiden Kanten ist der Eckpunkt nahezu fest eingespannt. Dadurch entstehen hohe Eckkräfte, die großen Einfluss auf die Steifigkeit der Platte haben. Im Fall der Platte mit fest eingespannten Kanten ist durch die Lochpositionierung an den Ecken die kürzeste Verbindung vom Angriffspunkt der Kraft F zur Einspannung tragend. Die Eckkräfte werden nicht zur Steifigkeitserhöhung benötigt.

A.2 Schreibkonventionen und Rechenregeln in der Tensoralgebra

Vektoren und Matrizen werden in diesem Buch mit fetten Buchstaben gekennzeichnet:

$$\mathbf{a} = \begin{pmatrix} a_x \\ a_y \\ a_z \end{pmatrix} \text{ im kartesischen Koordinatensystem oder}$$

$$\mathbf{a} = \begin{pmatrix} a^1 \\ a^2 \\ a^3 \end{pmatrix} \quad \text{in einem beliebigen Koordinatensystem.}$$

Sie sind analytisch aber auch mit den Einheitsvektoren $\mathbf{e}_x$, $\mathbf{e}_y$, $\mathbf{e}_z$ im kartesischen Koordinatensystem zu beschreiben:

$$\mathbf{a} \;=\; a_x \mathbf{e}_x + a_y \mathbf{e}_y + a_z \mathbf{e}_z$$

oder mit den Basisvektoren $\mathbf{e}_1$, $\mathbf{e}_2$, $\mathbf{e}_3$ für beliebige Koordinatensysteme:

$$\mathbf{a} \;=\; a^1 \mathbf{e}_1 + a^2 \mathbf{e}_2 + a^3 \mathbf{e}_3 \;=\; \sum_{i=1}^{3} a^i \mathbf{e}_i$$

Zur Beschreibung von Vektoren wird oft die Indexschreibweise verwendet, bei der ein Ausdruck t^i (oder t_i) stellvertretend für den gesamten Vektor steht. Es wird die Summationskonvention von EINSTEIN verwendet: Tritt in einem Term ein und derselbe Index zweimal auf, einmal oben und einmal unten, so ist im dreidimensionalen über diesen Index von 1 bis 3 zu summieren. Es gilt z. B.

$$a_i b^i = \sum_{i=1}^{3} a_i b^i \tag{A2.1}$$

$$a_i^j b_j^{ik} = \sum_{i=1}^{3} \sum_{j=1}^{3} a_i^j b_j^{ik} \tag{A2.2}$$

Die hochgestellten Ziffern sind also auch Indizes und keine Potenzen. Der Unterschied zwischen einem hoch und einem tief gestellten Index kommt bei krummlinigen Koordinatensystemen zum Tragen; bei kartesischen Koordinatensystemen beschreiben sie identische Terme. Über Indizes, die in Klammern gesetzt sind, soll nicht summiert werden.

Der Vektor der Ableitungen einer mehrdimensionalen Funktion wird mit dem Nabla-Operator gekennzeichnet:

$$\nabla a \;=\; \begin{pmatrix} \partial a/\partial x_1 \\ \partial a/\partial x_2 \\ \partial a/\partial x_3 \end{pmatrix} = \begin{pmatrix} \partial/\partial x_1 \\ \partial/\partial x_2 \\ \partial/\partial x_3 \end{pmatrix} a = a|_j\, \mathbf{g}^j \tag{A2.3}$$

Die partielle Ableitung nach einer Koordinate wird mit einem Strich hinter der Variablen und dem nachfolgenden, tiefer gestellten Index beschrieben.

Die Divergenz eines Vektors wird beschrieben mit

$$\operatorname{div} \mathbf{v} \;=\; \nabla \cdot \mathbf{v} \;=\; v^j\big|_j\,. \tag{A2.4}$$

Mithilfe des GAUSSschen Integralsatzes können Volumenintegrale in Oberflächenintegrale überführt werden. In vektorieller Schreibweise lautet der Integralsatz:

$$\iiint_V \operatorname{div} v \, dV = \iint_A \mathbf{v}\, \mathbf{n}\, dA \tag{A2.5a}$$

In Komponentenschreibweise lautet der Integralsatz

$$\iiint_V v^j\big|_j \sqrt{g}\, d\xi^1 d\xi^2 d\xi^3 = \iint_A v^j n_j \, dA \tag{A2.5b}$$

mit dem Normalenvektor n_j. Die Variable g ist in kartesischen Koordinatensystemen gleich 1.

A.3 Referenzen kommerzieller Software (Stand 2012)

A3.1 Allgemein verwendbare Optimierungssoftware

Programm- name	Vertreiberfirma (vorzugsweise Vertretung in Deutschland)	Bemerkung
Boss quattro®	LMS International, Researchpark Z1, Interleuvenlaan 68, 3001 Leuven, Belgium, http://www.lmsintl.com/; LMS Germany, Neue Ramtelstraße 4/2, 71229 Leonberg	
ClearVu®	DIVIS Intelligent Solutions GmbH, Joseph-von-Fraunhofer-Str. 20, 44227 Dortmund, www.cv-analytics.de	Workflow-Auf-bau in Optimus® möglich
Dakota	Sandia National Laboratories, P.O. Box 5800, Mail Stop 1318, Albuquerque, NM 87185-1318, http://dakota.sandia.gov/download.php	Open Source
Genesis®	Vanderplaats Research & Development, Inc., 1767 S. 8th Street, Suite 100, Colorado Springs, CO 80906, USA, www.vrand.com	
HyperStudy®	Altair Engineering GmbH, Calwer Straße 7, D-71034 Böblingen, www.altair.de	Bestandteil von HyperWorks®
Isight®	Dassault Systemes Deutschland GmbH, Meitnerstr. 8, 70563 Stuttgart, dach.info@3ds.com, Dassault Systèmes, 10, Rue Marcel Dassault, 78140 Vélizy-Villacoublay, Frankreich	
LS-OPT®	DYNAmore GmbH, Industriestraße 2, D-70565 Stuttgart, www.dynamore.de Livermore Software Technology Corporation, 7374 Las Positas Road, Livermore, CA 94551, USA, www.lstc.com	Vertrieb zusammen mit dem Crash-Programm LS-DYNA®
ModeFRON-TIER®	ESTECO, AREA Science Park,Padriciano 99, 34149 Trieste, Italien, info@esteco.com	

Programm-name	Vertreiberfirma (vorzugsweise Vertretung in Deutschland)	Bemerkung
Optimus®	ISKO Engineers, Taunusstr. 42, 80807 München, info@isko-engineers.de, Noesis Solutions, Gaston Geenslaan, 11 B4, 3001 Leuven, Belgien, http://www.noesissolutions.com/	inkl. ClearVu®-Funktionalitäten
OptiSLang®	DYNARDO GmbH, Luthergasse 1D, D-99423 Weimar, www.dynardo.de	
PAMOPT®	ESI Software; 20, rue Saarinen, Parc d'Affaires SILIC; F-94588 Rungis Cedex, France, www.esi-group.com	Vertrieb zusammen mit dem Crash-Programm PAM-Crash®

A3.2 FEM-basierte Optimierungssoftware

Programm-name	Vertreiberfirma (vorzugsweise Vertretung in Deutschland)	Bemerkung
NASTRAN® Sol 200	MSC Software GmbH, Carl-Zeiss-Str. 2, 63755 Alzenau, MSC Software Corporation, 2 MacArthur Place, Santa Ana, CA 92707, USA, http://www.mscsoftware.com/	
OptiStruct®	Altair Engineering GmbH, Calwer Straße 7, D-71034 Böblingen, www.altair.de	Bestandteil von HyperWorks®

A3.3 Software zur Topologieoptimierung

Programm-name	Vertreiberfirma (vorzugsweise Vertretung in Deutschland)	Bemerkung
OptiStruct®	Altair Engineering GmbH, Calwer Straße 7, D-71034 Böblingen, www.altair.de	Bestandteil von HyperWorks®
TOSCA®	FE-Design, Haid-und-Neu-Str. 7, 76131 Karlsruhe, www.fe-design.de	

A3.4 Software zur Simulation und Berechnung

Software	Vertreiberfirma (vorzugsweise Vertretung in Deutschland)
ABAQUS®	Dassault Systemes Deutschland GmbH, Meitnerstr. 8, 70563 Stuttgart, dach. info@3ds.com, Dassault Systèmes, 10, Rue Marcel Dassault, 78140 Vélizy-Villacoublay, Frankreich
ADAMS®	MSC Software GmbH, Carl-Zeiss-Str. 2, 63755 Alzenau

Software	Vertreiberfirma (vorzugsweise Vertretung in Deutschland)
ANSA®	BETA CAE Systems S.A., Kato Scholari, Thessaloniki, 57500 Epanomi, Griechenland, www.beta-cae.gr und, LASSO Ingenieurgesellschaft mbH, Leinfelder Str. 60, 70771 Leinfelden-Echterdingen, www.lasso.de
ANSYS®	Swanson Analysis System Inc., P.O. Box 65, Houston, PA., CAD-FEM GmbH, Marktplatz 2, D-85567 München, www.cadfem.de
AutoForm®	AutoForm Engineering Deutschland GmbH, Emil-Figge-Str. 76-80, 44227 Dortmund
CATIA®	Dassault Systemes Deutschland GmbH, Meitnerstr. 8, 70563 Stuttgart, dach.info@3ds.com, Dassault Systèmes, 10, Rue Marcel Dassault, 78140 Vélizy-Villacoublay, Frankreich
Creo Parametric	PTC Firmenzentrale, 140 Kendrick Street, Needham, MA 02494, USA (ehemals Pro/Engineer und Pro/Mechanica)
HyperMesh®	Altair Engineering GmbH, Calwer Straße 7, D-71034 Böblingen, www.altair.de
HyperMorph®	Altair Engineering GmbH, Calwer Straße 7, D-71034 Böblingen, www.altair.de
HyperWorks®	Altair Engineering GmbH, Calwer Straße 7, D-71034 Böblingen, www.altair.de
LMS FALANCE®	LMS Germany, Neue Ramtelstraße 4/2, 71229 Leonberg
LS-DYNA®	Livermore Software Technology Corporation, 7374 Las Positas Road, Livermore, CA 94551, USA, www.lstc.com, DYNAmore GmbH, Industriestraße 2, D-70565 Stuttgart, www.dynamore.de, CAD-FEM GmbH, Marktplatz 2, D-85567 München, www.cadfem.de
MADYMO®	TNO Automotive, Shoemakerstraat 97, 2628 VK Delft, Niederlande, www.automotive.tno.nl
Magmasoft®	MAGMA Gießereitechnologie GmbH, Kackertstr. 11, 52072 Aachen, www.magmasoft.de
MATLAB®	MathWorks, Adalperostraße 45, 85737 Ismaning, www.mathworks.de
MS-Excel®	www.microsoft.com
NASTRAN®	MSC Software GmbH, Carl-Zeiss-Str. 2, 63755 Alzenau, MSC Software Corporation, 2 MacArthur Place, Santa Ana, CA 92707, USA, http://www.mscsoftware.com/
NX®	Siemens PLM Software, Franz-Geuer-Straße 10, 50823 Köln, http://www.plm.automation.siemens.com/de_de/products/nx/
OptiStruct®	Altair Engineering GmbH, Calwer Straße 7, D-71034 Böblingen, www.altair.de
PATRAN®	MSC Software GmbH, Carl-Zeiss-Str. 2, 63755 Alzenau, MSC Software Corporation, 2 MacArthur Place, Santa Ana, CA 92707, USA, http://www.mscsoftware.com/
PBS®	Altair Engineering GmbH, Calwer Straße 7, D-71034 Böblingen, www.altair.de
Permas®	INTES Ingenieurgesellschaft für technische Software mbH, Schulze-Delitzsch-Str. 16, 70565 Stuttgart
PAMCRASH®	ESI Software; 20, rue Saarinen, Parc d'Affaires SILIC; F-94588 Rungis Cedex, Frankreich, www.esi-group.com
SFE CONCEPT®	SFE GmbH, Voltastr. 5, 13355 Berlin, www.sfe-berlin.de

Englische Fachausdrücke

Deutsch	Englisch
Ableitungen	derivatives
adjungiert	adjoint
Anforderung	requirement
Anspruchsniveau	demand level
Anwendung	application
Approximation	approximation
Approximationsfunktion	Response Surface
Ausgabedatensatz	output deck
Bauweise	type of construction
Betriebsfestigkeit	durability
Biegung	bending
Dämpfung	damping
Deformation	deformation
Dimensionierung	dimensioning
dreidimensionaler Körper	solid body
Eigenfrequenzanalyse	modal analysis
Eigenwerte	eigenvalues
eindimensionale Optimierung	line search
Eingabedatensatz	input deck
Elastizitätsmodul	Young's modulus
Elementsteifigkeitsmatrix	element stiffness matrix
Entwicklungsprozess	development process
Entwurfsvariable	design variable
Ergänzungsenergie	complementary energy
Ermüdung	fatigue
explizite Restriktionen	side constraints
Fachwerk	truss

A. Schumacher, *Optimierung mechanischer Strukturen*,
DOI: 10.1007/978-3-642-34700-9, © Springer-Verlag Berlin Heidelberg 2013

Deutsch	Englisch
Faserverbund	fibre composite
Fehlerquadratrechnung	least squares solution
finites Element	finite element
Formänderungsenergie	strain energy
Formänderungsenergiedichte	strain energy density
Formoptimierung	shape optimization
Funktionsauswertung	function call
Gebietsintegral	domain integral
Gestaltoptimierung	shape optimization
Gleichgewicht	equilibrium
Gleichheitsrestriktion	equality constraint
Gleitmodul	shear modulus
Gleitung	shear strain
Gradient	gradient
grafische Oberfläche	Graphic User Interface
Grenze	bound
Hauptachsenrichtungen	principal directions
Hauptspannungen	principal stresses
hinreichende Bedingungen	sufficiency conditions
homogen	homogeneous
Homogenisierung	homogenisation
Hookesches Gesetz	Hooke's law
innere Energie	internal energy
isotrop	isotropic
kinematische Beziehungen	kinematic relations
Knoten	node
Konstruktion	design
Konvexität	convexity
Kopplung	coupling
Kopplungssteifigkeit	coupling stiffness
Kraft	force
Lastfall	load case
Leichtbau	lightweight construction
Lochpositionierung	hole positioning
Lochpositionierungskriterium	hole positioning criterion
Mehrfaktorenversuch	factorial experiment
Mehrzieloptimierung	multi objective optimization

Deutsch	Englisch
Moment	moment
multidisziplinär	multidisciplinary
Nachgiebigkeit	compliance
Normalspannungen	normal stresses
Normalverteilung	normal distribution
notwendige Bedingungen	necessary conditions
obere Grenze	upper bound
Optimalitätskriterien	optimality criteria
Optimierungsalgorithmus	optimization algorithm
orthotropes Materialverhalten	orthotropic material behaviour
Platte	bending plate
Plattensteifigkeit	plate bending stiffness
porös	porous
Querkontraktionszahl	Poisson's ratio
Querkräfte	transverse forces
Randbedingungen	boundary conditions
Randelement Methode	boundary element method
Regressionsparameter	regression parameter
Restriktion	constraint
Riss	crack
robustes Entwickeln	robust design
Robustheitsanalyse	robust analysis
Schale	shell
Scheibe	Plate, disc
Schlupfvariable	slack variable
Schnittgrößen	cross-section forces
Schnittstelle	interface
Schrittweite	step wide
Schubkopplung	shear coupling
Schubspannung	shear stress
Schubverformung	shear strain
Selbst-adjungiert	self-adjoint
Sensibilität	sensitivity
Sensitivität	sensitivity
Singularität	singularity
Spannung	stress
Spannungskomponenten	stress component

Deutsch	**Englisch**
Spannungstensor	stress tensor
Spezifikationsliste	requirement list
Standardabweichung	standard deviation
Startentwurf	initial design
statisch unbestimmt	statically undetermined
Steifigkeit	stiffness
Steifigkeitsmatrix	stiffness matrix
steilster Abstieg	steepest descent
Straffunktion	penalty function
Suchrichtung	search direction
Suchstrategie	search strategy
Topologieoptimierung	topology optimization
Topologieraum	topology domain
Ungleichheitsrestriktion	inequality constraint
untere Grenze	lower bound
unzulässig	unfeasible
Verdrehung	twist
Verdrehwinkel	inclination
Verformung	deformation
Versagenskriterien	failure criteria
Verschiebungen	Displacements, deflections
Versuchsplanung	Design of Experiments
Versuchsstand	test bench
Vollbeanspruchte Konstruktion	fully-stress-design
Wahrscheinlichkeit	Probability, likelihood
Wärmeausdehnungskoeffizient	coefficient of thermal expansion
wissensbasiert	knowledge based
Zauberer	wizard
Zielfunktion	objective function, goal function
Zielgewichtung	objective weighting
Zufall	random
zugehörig	adjoint
zulässig	feasible

Englisch	**Deutsch**
adjoint	adjungiert, zugehörig
application	Anwendung
approximation	Approximation

Englisch	Deutsch
bending	Biegung
bound	Grenze
boundary conditions	Randbedingungen
boundary element method	Randelement Methode
coefficient of thermal expansion	Wärmeausdehnungskoeffizient
complementary energy	Ergänzungsenergie
compliance	Nachgiebigkeit
composite	Faserverbund
constraint	Restriktion
convexity	Konvexität
coupling	Kopplung
coupling stiffness	Kopplungssteifigkeit
crack	Riss
cross-section forces	Schnittgrößen
damping	Dämpfung
deflections	Verschiebungen
deformation	Deformation
demand level	Anspruchsniveau
derivatives	Ableitungen
design	Konstruktion
design of Experiments	Versuchsplanung
design variable	Entwurfsvariable
development process	Entwicklungsprozess
dimensioning	Dimensionierung
disc	Scheibe
displacements	Verschiebungen
domain integral	Gebietsintegral
durability	Betriebsfestigkeit
eigenvalues	Eigenwerte
element stiffness matrix	Elementsteifigkeitsmatrix
equality constraint	Gleichheitsrestriktion
equilibrium	Gleichgewicht
factorial experiment	Mehrfaktorenversuch
failure criteria	Versagenskriterien
fatigue	Ermüdung
feasible	zulässig
finite element	finites Element
force	Kraft

Englisch	**Deutsch**
fully-stress-design	vollbeanspruchte Konstruktion
function call	Funktionsauswertung
general purpose	allgemein verwendbar
goal function	Zielfunktion
gradient	Gradient
Graphic User Interface	grafische Oberfläche
hole positioning	Lochpositionierung
hole positioning criterion	Lochpositionierungskriterium
homogeneous	homogen
homogenisation	Homogenisierung
Hooke's law	Hookesches Gesetz
inclination	Verdrehwinkel
inequality constraint	Ungleichheitsrestriktion
initial design	Startentwurf
input deck	Eingabedatensatz
interface	Schnittstelle
internal energy	innere Energie
isotropic	isotrop
kinematic relations	kinematische Beziehungen
knowledge based	wissensbasiert
least squares solution	Fehlerquadratrechnung
lightweight construction	Leichtbau
likelihood	Wahrscheinlichkeit
line search	eindimensionale Optimierung
load case	Lastfall
lower bound	untere Grenze
modal analysis	Eigenfrequenzanalyse
moment	Moment
multi objective optimization	Mehrzieloptimierung
multidisciplinary	multidisziplinär
necessary conditions	notwendige Bedingungen
node	Knoten
normal distribution	Normalverteilung
normal stresses	Normalspannungen
objective function	Zielfunktion
objective weighting	Zielgewichtung
optimality criteria	Optimalitätskriterien
optimization algorithm	Optimierungsalgorithmus

Englisch	**Deutsch**
orthotropic material behaviour	orthotropes Materialverhalten
output deck	Ausgabedatensatz
penalty function	Straffunktion
plate	Platte, Scheibe
plate bending stiffness	Plattensteifigkeit
Poisson's ratio	Querkontraktionszahl
porous	porös
principal directions	Hauptachsenrichtungen
principal stresses	Hauptspannungen
probability	Wahrscheinlichkeit
random	Zufall
regression parameter	Regressionsparameter
requirement	Anforderung
requirement list	Spezifikationsliste
Response Surface	Approximationsfunktion
robust analysis	Robustheitsanalyse
robust design	robustes Entwickeln
search direction	Suchrichtung
search strategy	Suchstrategie
self-adjoint	selbst-adjungiert
sensitivity	Sensibilität, Sensitivität
shape optimization	Formoptimierung (Gestaltopt.)
shear coupling	Schubkopplung
shear modulus	Gleitmodul
shear strain	Gleitung, Schubverformung
shear stress	Schubspannung
shell	Schale
side constraints	explizite Restriktionen
singularity	Singularität
slack variable	Schlupfvariable
solid body	dreidimensionaler Körper
standard deviation	Standardabweichung
statically undetermined	statisch unbestimmt
steepest descent	steilster Abstieg
step wide	Schrittweite
stiffness	Steifigkeit
stiffness matrix	Steifigkeitsmatrix
strain	Dehnung

Englisch	**Deutsch**
strain energy	Formänderungsenergie
strain energy density	Ergänzungsenergiedichte
stress	Spannung
stress component	Spannungskomponenten
stress tensor	Spannungstensor
sufficiency conditions	hinreichende Bedingungen
test bench	Versuchsstand
topology domain	Topologieraum
topology optimization	Topologieoptimierung
transverse forces	Querkräfte
Truss	Fachwerk
twist	Verdrehung
type of construction	Bauweise
unfeasible	unzulässig
upper bound	obere Grenze
wizard	Zauberer
Young's modulus	Elastizitätsmodul

Sachverzeichnis

A. Schumacher, *Optimierung mechanischer Strukturen*,
DOI: 10.1007/978-3-642-34700-9, © Springer-Verlag Berlin Heidelberg 2013

Printed by Printforce, the Netherlands